Antal-Festetics-Festschrift

WAS IST LEBEN?

ENTSTEHUNG – ERFORSCHUNG – ERHALTUNG

Grußwort:
PRINZ PHILIP, HERZOG VON EDINBURGH

Autoren:
IRENÄUS EIBL-EIBESFELDT • MANFRED EIGEN

ANTAL FESTETICS • BERNHARD HASSENSTEIN

DIETRICH VON HOLST • HENRY MAKOWSKI

CLAUDE MARTIN • JOSEF REICHHOLF

MICHAEL SUCCOW • WOLFGANG WICKLER

NEUMANN-NEUDAMM

Herausgeber:

KONRAD-LORENZ-GESELLSCHAFT FÜR UMWELT- UND VERHALTENSKUNDE

Danksagung:

Verlag und Jubilar danken für die Mitwirkung an diesem Festband: Dr. Ulrike **Kubetzki** (Meeresbiologin am Forschungs- und Technologiezentrum Westküste der Universität Kiel und Wissenschaftsjournalistin), Henry **Makowski** (Pionier des deutschen Naturschutzes der Nachkriegszeit, mehrfach ausgezeichneter Gestalter von Naturfilmen und Autor zahlreicher Sachbücher mit Lebensmittelpunkt in der Lüneburger Heide), Prof. Dr. Reinhold **Knoll** (Institut für Soziologie der Universität Wien), Dr. Christoph **Hinkelmann** (Ostpreußisches Landesmuseum in Lüneburg), den Grafikern Wolfgang **Tambour** und Nora **Tomm** (beide Göttingen) und schließlich den **Autoren** der wissenschaftlichen Beiträge dieser Festschrift für ihre Geduld.

Realisiert wurde dieses Werk mit dankenswerter Unterstützung durch:

Hortense Anda-Bührle

André und Rosalie Hoffmann

Fürst Hans-Adam II. von und zu Liechtenstein

Prof. Dr. Franz Rhomberg

Wir danken an dieser Stelle aber auch den bei Redaktionsschluss noch nicht erfassten Sponsoren für ihre Unterstützung. Sie werden selbstverständlich in den folgenden Auflagen dankbar erwähnt werden.

Kontaktadresse: Konrad-Lorenz-Gesellschaft
(Prof. DDr. Antal Festetics)
Büsgenweg 3 • D-37077 Göttingen
Tel.: 0551/39-36-21 • Fax: 0551/39-87-04

Inhaltsverzeichnis

IMPRESSUM:

Die Deutsche Bibliothek - CIP Einheitsaufnahme

Antal-Festetics-Festschrift: *Was ist Leben? Entstehung, Erforschung, Erhaltung*, Verlag J. Neumann-Neudamm, Melsungen 2010

ISBN 978-3-7888-1355-0

© 2010 Verlag J. Neumann-Neudamm AG, Melsungen
Schwalbenweg 1, 34212 Melsungen
Tel. 05661-9262-0, Fax 05661-9262-20
www.neumann-neudamm.de, info@neumann-neudamm.de

Printed in the European Community
Satz/Layout: J. Neumann-Neudamm AG
Titelgestaltung: J. Neumann-Neudamm AG, unter Verwendung eines Fotos von Reiner Bernhardt.
Bildnachweis: Soweit nicht anders erwähnt, alle Fotos aus dem Archiv der Verfasser.
Druck und Weiterverarbeitung: Gutenberg Riemann GmbH, Kassel

Der Jubilar Prof. Dr. Antal **Festetics** (im Bild rechts!) (Foto: ORF)
Institut für Wildbiologie und Jagdkunde
der Universität Göttingen

*Wir widmen unsere Beiträge in dieser Festschrift unserem liebem Freund und geschätzten Kollegen **Antal Festetics** anlässlich seines 70.Geburtstages.*

*Wir wünschen ihm weiterhin Gesundheit, Schaffenskraft und viel Freude an der **Wildbiologie** in Forschung, Lehre und Öffentlichkeitsarbeit für eine **lebens**werte Welt!*

Prof. Dr. Irenäus
Eibl-Eibesfeldt
Forschungsstelle
Humanethologie
der Max-Planck-Gesellschaft
Andechs-Erling

Prof. Dr. Manfred
Eigen
Nobelpreisträger
Max-Planck-Institut
für biophysikalische Chemie
Göttingen

Prof. Dr. Bernhard
Hassenstein
Institut für Biologie I
der Universität
Freiburg/Breisgau

Prof. Dr. Dietrich
von Holst
Institut für Zoologie
der Universität
Bayreuth

Generaldirektor Dr. Claude
Martin
World Wide Fund
for Nature
CH – Gland

Prof. Dr. Josef
Reichholf
Zoologische Sammlung
des Bayerischen Staates
München

Prof. Dr. Michael
Succow
Institut für Botanik
und Naturschutz
der Universität Greifswald

Prof. Dr. Wolfgang
Wickler
Max-Planck-Institut
für Verhaltensphysiologie
Seewiesen

Zwischen „birdwatching" und Buckingham-Palast: Antal FESTETICS war Gründer des WWF-Österreich. Er ist von Prinz PHILIP, Herzog von Edinburgh und Präsident des WWF-International, für seinen Einsatz um die Gründung der Nationalparke Donauauen und Neusiedler See mit dem „WWF-Award" ausgezeichnet worden. Im Bild oben ziehende Graugänse.　　　　(Foto: A. FESTETICS, „EUROPRESS" und ORF)

I am delighted to know that the massive contribution to the understanding of the natural world by Professor Antal Festetics is to be celebrated by a special colloquium on *Life – Diversity and Change*. Professor Festetics was one of the pioneers in the study of wildlife biology and animal behaviour at a time when there was little, if any, popular concern about the high rate of extinction of wild species.

His very active part in the foundation of WWF-Austria is remembered with appreciation by the whole WWF family, and I am sure it will join me in wishing him a long, happy and, I hope, active retirement.

Einleitung

Henry Makowski
(Konrad-Lorenz-Gesellschaft für Umwelt- und Verhaltenskunde)

Drei Ereignisse waren der Anlass zur Herausgabe dieser Festschrift: das **300. Wildbiologische Seminar** an der Universität Göttingen, das damit verbundene **Festkolloquium** anlässlich der Emeritierung seines Gründers Professor DDr. Antal Festetics und schließlich sein **70. Geburtstag**. Die Beiträge in diesem Band haben die Autoren beim o. g. Festkolloquium 2005 vorgetragen und den Jubilar zu seinem „runden" Geburtstag 2007 gewidmet. Dass sie nun jetzt, 2010, in Buchform erscheinen, bestätigt den alten, bewährten Spruch: „Gut Ding braucht Zeit!" Was nun den Zeitfaktor betrifft, sind die Inhalte dieser Beiträge allesamt keine wissenschaftlichen Eintagsfliegen „neuester", aber vielleicht morgen schon widerlegter Thesen eines sich selbst ständig beschleunigenden Forschungsbetriebes, wie er für unsere Zeit vielerorts symptomatisch ist.

Was hier vorliegt sind Erkenntnisse und Ansichten, die von den Autoren dieser Festschrift jeweils in ihren eigenen Forschungsbereichen erarbeitet und im Göttinger „Wildbiologischen Seminar" einem größeren Kreis von Studierenden und Lehrenden, aber auch einer interessierten Öffentlichkeit zur kritischen Diskussion präsentiert worden sind. Für den Inhalt der Beiträge sind jeweils die Autoren verantwortlich. Es galt dabei mit den in Stil und Aufmachung unterschiedlichen Manuskripten unserer hochkarätigen Autoren respektvoll umzugehen, das Individuelle dabei nicht zu beeinträchtigen und damit ein Werk zu präsentieren, das ein hohes Maß an **Diversität** kennzeichnet. Demgegenüber zieht sich das **gemeinsame Anliegen** wie ein roter Faden durch diesen Festband. Es geht um das **Leben** schlechthin, seine Entstehung, Vielfalt und Wandel, seine Erforschung, Gefährdung und Erhaltung.

Neun Naturwissenschaftler von Rang beleuchten grundlegende Aspekte des Lebens wie Stress und Prägung, Rivalität und Sexualität, Fressen und Gefressenwerden, Aggression und Lebensraumanspruch, Sterben und Aussterben. Im letzten Beitrag zieht der Jubilar Bilanz über 33 Jahre Wildbiologie an der Universität Göttingen in Form eines informativen Text-Bild-Berichtes. Im Mittelpunkt der Forschung, akademischen Lehre und Öffentlichkeitsarbeit des von Prof. Antal Festetics geleiteten Göttinger Wildbiologie-Institutes standen die **Mensch-Tier-Beziehungen** in ihren vielfältigen Formen. Das galt auch für das „Wildbiologische Seminar" mit rund 300 hochkarätigen Experten ihres Faches aus dem In- und Ausland als Referenten in den 33 Jahren seines Bestehens. Das Ziel dieser universitären Plattform der Meinungs**vielfalt** und Meinungs**freiheit**, des offenen Wortes und des **kritischen** Hinterfragens war Information, Diskussion und Meinungsbildung in Bezug auf aktuelle biologische Erkenntnisse und Naturschutz. Weit über die Landesgrenzen hinaus bekannt und geschätzt, ist das „Festetics-Kolleg" bereits zum Markenzeichen geworden, ganz in der Tradition der interdisziplinären Wissensvermittlung so berühmter Göttinger Gelehrter wie Carl Friedrich Gauß, Johann Friedrich Blumenbach oder Georg-Christoph Lichtenberg.

Der weitgesteckte Bogen des Wildbiologischen Seminars spannte sich von der Verhaltensforschung und Ökologie über Vogelschutz und Umweltpolitik bis zur Wildtierkunde und Soziologie des Menschen. Zu den prominenten Referenten gehörten u. a. die Nobelpreisträger Konrad Lorenz, Manfred Eigen und Erwin Neher, aber auch Spitzenpolitiker wie Rita Süssmuth, Ernst Albrecht und eine Reihe von Ministern der Landesregierung Niedersachsen. Die Mehrzahl der Vortragenden kam freilich aus Universitäten, Max-Planck-Instituten, Naturschutzorganisationen und Forstverwaltungen – vom Philosophen und Evolutionsbiologen bis zum Waldbauer und Tierschützer. Vielfältig schließlich auch die prominente Gratulationsriege zu den drei Anlässen dieser Festschrift, wie aus den hier folgenden zitierten Grußadressen ersichtlich:

Prof. Dr. Reiner **Finkeldey**
Dekan der Fakultät für Forstwissenschaften und Waldökologie der Universität Göttingen (27.11.2007):

Die Wildbiologie-Vorlesung von Prof. Festetics hatte für uns, seine damaligen Hörer nicht nur höchsten Informationswert, sondern auch höchsten Unterhaltungswert! […] Um biologische Erkenntnisse zu vermitteln und für Naturschutz zu motivieren, war und ist für Prof. Festetics der Hörsaal unserer Fakultät die wichtigste Plattform, aber nicht ausreichend genug. Er hat deshalb sein Wirkungsfeld um eine zweite und eine dritte Plattform erweitert. Die zweite war das interfakultative öffentlich zugängliche „Wildbiologische Seminar" im großen Hörsaal des benachbarten Max-Planck-Institutes mit international hochkarätigen Referenten verschiedenster natur- und kulturwissenschaftlicher Disziplinen, darunter auch mehreren Nobelpreisträgern […] Seine dritte Plattform schließlich war das moderne Medium Fernsehen. Dort hat er informativ und unterhaltsam, aber auf anspruchsvollem Niveau sein Anliegen einem Millionenpublikum präsentiert. Seine TV-Serie „Wildtiere und wir" war die erfolgreichste Natur-Sendung des deutschen Sprachraumes mit den höchsten Einschaltquoten […]

Durch die jüngsten radikalen Sparmaßnahmen im Hochschulwesen bedingt, wurden bei uns bekanntlich so wichtige Lehrstühle wie Forsteinrichtung, Volkswirtschaft und Wildbiologie nicht nachbesetzt. Auf Wunsch der Fakultät setzt deshalb Prof. Festetics seine akademische Lehrtätigkeit seit seiner Emeritierung im Jahre 2005 ohne Vergütung fort, einschließlich der Betreuung von Doktoranden und Diplomanden, wofür ich als Dekan ihm an dieser Stelle ausdrücklich danken möchte!

Prof. Dr. Achim **Dohrenbusch**
Sprecher der Hochschullehrer der Fakultät für
Forstwissenschaften und Waldökologie
der Universität Göttingen (09.06.2005):

Als ich 1974 als junger Student nach Göttingen kam, gab es hier seit bereits zwei Jahren einen Professor Festetics an der Forstlichen Fakultät, der nicht so ganz ins Klischee des klassischen Institutsdirektors und ehrwürdigen Professors passte. Die Lehrveranstaltungen waren zwar nicht so schön systematisch gegliedert, wie man sich das als junger Student mit Blick auf die Prüfung gewünscht hätte, da Sie lieber Herr Festetics – aktuelle Tagesereignisse gerne spontan aufgegriffen und ausgiebig aus Ihrer sehr spezifischen Sicht kommentiert haben. Das hat es dann nicht immer so ganz einfach gemacht, einem „Roten Faden" zu folgen. Aber Ihre Vorlesungen hatten (und das scheint bis heute unverändert) einen enorm hohen Unterhaltungswert. Noch heute erinnere ich mich gut an den Klapperstorch, den Sie mit ganzem Körpereinsatz imitierten. Das Highlight eines jeden Studentenjahrgangs war jedoch der balzende Auerhahn, präsentiert in luftiger Höhe neben dem Rednerpult. Das sind Bilder, die man nicht vergisst […] Da

Göttingen aber nur eine von mehreren Aktionsbühnen war, auf denen Sie in den letzten Jahrzehnten zu Hause waren, habe ich mich einmal zeitgemäß erkundigt und das Internet bemüht. Das ist ja ein Medium (einschließlich dem dazu gehörenden Rechner), das Sie persönlich eher meiden. Das beruht aber ganz offensichtlich nicht auf Gegenseitigkeit. Denn über Sie findet man fast 1000 Einträge. Und da zeigt sich: Der Kollege Festetics ist nicht nur ein begnadeter Entertainer im Hörsaal, er ist auch ein Star auf der Weltbühne. So fand ich in der Rubrik „Stars privat" neben 50 Prominenten wie dem Sänger und Showmaster Peter Alexander, dem Zauberer und Aktionskünstler David Copperfield und der Frohnatur Thomas Gottschalk auch unseren Kollegen Antal Festetics. Zitat: „Er ist ein höchst sympathischer, witziger Medienprofi. Einmal behauptete er kurz vor Ostern, er hätte den Osterhasen persönlich getroffen. Mit solchen Aussagen fängt er die Leute und redet dann wissenschaftlich weiter" […] Unkonventionell waren und sind lieber Herr Festetics aber nicht nur ihre Darstellungsmittel. Es ist vor allem die unorthodoxe Sichtweise, der ungewöhnliche Blickwinkel, aus dem Sie Dinge und vor allem Verhaltensweisen, tierische wie menschliche, betrachten. Beispiele dafür gibt es viele, ich will exemplarisch nur ein Zitat von Ihnen hier vorstellen, das ich aus einer öffentlichen Zitatensammlung entnommen habe, in der Sie mit Ihrem Beitrag genau zwischen Bismarck und Goethe angesiedelt sind. Hier heißt es: „Wenn am Bildschirm der Löwe das Zebra jagt und wir deshalb in die Glotze gucken, schauen wir in Wirklichkeit durch die Gitterstäbe unseres selbstgebauten Gefängnisses hinaus in die noch freie Natur." […] Da muss man erst mal drüber nachdenken. Aber genau das scheint ja auch Ihr Ziel zu sein. Wen wundert es da noch, wenn Sie den „Menschen für das spannendste Vieh" halten. Forschungsobjekte gibt es hierfür in schier unbegrenzter Zahl, aber nur sehr wenige Forscher haben die Möglichkeit, ihr Untersuchungsgebiet bis auf den Wiener Opernball auszudehnen. Sie können und dürfen das und treten – so war zu hören und zu lesen – mitunter mit Orden behangen und … Fernglas auf. […] Bei aller Faszination über die Querverbindungen und Analogien bei Mensch und Tier: letzterem haben Sie doch als Wissenschaftler und Dozent weitaus mehr Zeit und Aufmerksamkeit gewidmet – als begnadeter akademischer Lehrer unserer Alma Mater Georgia Augusta, nebstbei aber auch als TV-Star der naturwissenschaftlichen Volksbildung […] Ihr Ziel war es immer, **vielen** Menschen Ihre Botschaften zu übermitteln, und mit Ihren rund 35 Dokumentarfilmen haben Sie ein Millionenpublikum erreicht, und dabei mitunter – typisch Festetics – auch spektakuläre Szenen gewagt. Ich könnte darüber auch aus eigener Fernseh-Erinnerung berichten, aber netter ist ein Zeitungskommentar. Hier heißt es: „Einmal nahm Festetics an einem Tisch ein Frühstück mit einem Braunbären ein. Er hatte keine Angst. … und Festetics auch nicht!" Wenn man die oben geschilderten Zitate und Episoden genauer anschaut, dann wird man ein wiederkehrendes gemeinsames Element entdecken. Sie überraschen Ihre Gesprächspartner und Zuhörer mit unkonventionellen Sichtweisen. Sie wollen polarisieren, auch provozieren und dadurch ihre Mitmenschen zum Nachdenken, genauer zum Überdenken von eingefahrenen Positionen anregen […] Die Verleihung des Bundesverdienstkreuzes durch Bundespräsident Roman Herzog war eine Ehrung für Ihren erfolgreichen Beitrag zur grenzüberschreitenden Völkerverständigung über gemeinsame wissenschaftliche und Umweltschutz-Ziele, insbesondere jenseits des damaligen „Eisernen Vorhanges" in der DDR und in Ungarn. Dass man über die i.d.R. ideologiefreie Wissenschaft politische und religiöse Schranken überwinden kann, ist eine Erkenntnis, die in der Politik zunehmend an Bedeutung gewinnt.

So viel zur Wissenschaft als politisches Instrument. Es hätte auch – politisch – für Sie noch ganz anders kommen können. Sie hätten Umweltstadtrat in Wien werden können, und sogar als österreichischer Bundespräsidentschaftskandidat hätten Sie Parteienunterstützung gehabt. Sie haben sich anders entschieden. Übrigens nicht allzu überraschend für Ihre Göttinger Hochschulkollegen. Denn wer es schafft, in mehr als drei Jahrzehnten als Institutsleiter an der Fakultät das Dekansamt immer wieder erfolgreich umschifft zu haben, der wird gut beraten sein, sich nicht dann doch noch die Bürde eines politischen Amtes aufzuhalsen. Die Freiheit quer zu denken und dies auch zu äußern, hat ein Hochschullehrer jedenfalls in weitaus höherem Maße als ein Politiker. Zwar setzt nach Heinrich Heine die Freiheit zur Meinung voraus, dass man überhaupt eine hat. Das jedoch, lieber Herr Festetics, würde bei Ihnen niemand auch nur ansatzweise infrage stellen […] Als Vertreter der Hochschullehrer der Fakultät für Forstwissenschaften und Waldökologie möchte ich Ihnen und Ihren Mitarbeitern danken für die Ausrichtung dieses beeindruckenden wissenschaftlichen Kolloquiums, nicht allein für heute, sondern insgesamt. Sie haben mit dieser viel beachteten Einrichtung eine nachhaltige, positive Wirkung in der Öffentlichkeit erzielt, die der ganzen Fakultät zugute kommt. Ihnen persönlich darf ich im Namen der Kolleginnen und Kollegen alles Gute wünschen. Möge Ihnen Ihre Begeisterungsfähigkeit, vor allem aber Ihre Fähigkeit, andere zu begeistern, noch lange erhalten bleiben!

Prof. Dr. Franz **Bairlein**
Präsident der Deutschen Ornithologen-Gesellschaft
(09.06.2005):

Herzlichen Glückwunsch, lieber Antal zu deinem **40-jährigen** Jubiläum als Mitglied der Deutschen Ornithologen-Gesellschaft im Jahr Deiner Emeritierung 2005 an der Universität Göttingen. **1965** bist du der DO-G beigetreten. Du hast allerdings bereits 6 Jahre vorher erstmalig eine Jahresversammlung der DO-G als Gast besucht, 1959 in Stuttgart. Genau dort fand nun diesmal, 46 Jahre danach, dein faszinierendes Referat statt unter dem Titel *„Für oder gegen ‚Ausländer'? Über Invasoren, Nischen und Neozoologen am Beispiel Vögel und Säugetiere".* In den Protokollen der DO-G findet sich ein erster Eintrag zu dir für 1972. Bei der damaligen Jahresversammlung in Saarbrücken hast du nicht nur deinen ersten Abendvortrag bei unserer Gesellschaft gehalten, über *„Landschaft und Vogelwelt der ungarischen Puszta",* in der Mitgliederversammlung hast du zum Protest gegen den Brückenbau am Neusiedler See aufgerufen. Der Schutz der Natur war und ist dir seither ein anhaltendes Bedürfnis. Auch dein leidenschaftlicher Vortrag für einen Nationalpark Donauauen ist in bleibender Erinnerung. Herzlichen Dank für diesen Einsatz! Persönlich hatte ich erst **1975** die Gelegenheit, dich *live* zu erleben. Bei der Jahresversammlung der DO-G in Wien hat nicht nur mich dein Vortrag *„Jäger und Gejagte – das Räuber-Beute-Verhältnis bei Tier und Mensch",* begeistert und beeindruckt. In rhetorischer und sprachlicher Brillanz, unterstützt von bestens gewählten Illustrationen, hast du Widersprüche und Fehlinterpretationen zum Verständnis der Funktion des menschlichen Jägers in der Jagdliteratur auf den Punkt gebracht und für eine neue Begrifflichkeit der Raubtiere appelliert. Genau diese Präzision in der Formulierung, stets scharfsinnig, oftmals gespickt mit Satire und untermalt mit faszinierenden Bebilderungen häufig in Karikaturen, sind es, mit denen du alle Teilnehmerinnen und Teilnehmer an unseren Tagungen immer wieder aufs Neue begeistern kannst und die deine Abendvorträge zu „Gassenräumern" machen. Unvergesslich deine kritische Analyse zur Diskussion um „Neozoa" bei der Jubiläums-Jahresversammlung im Jahr 2000 in Leipzig. Auch wenn man dazu nicht unbedingt immer deiner Meinung ist, deine Rhetorik begeistert jede und jeden. Höhepunkt der Tagung unserer Gesellschaft in Schwyz 2001 war dein großer Abendvortrag. „Verführerische Vogelführer – Kritisches über die Kunst, Gefiederten auf Gemälden gerecht zu werden". Ebenso unvergesslich deine Betrachtungen zu „Stadtluft macht frei" oder wie dein Vortrag in Münster 2002 genau hieß „Wird die Stadt zur Arche Noah der Zukunft? Kritisches zur Urbanisation von Wildtieren". Du hast aufgeräumt mit der von manchen vertretenen Ansicht, die Verstädterung von Wildtieren sei etwas Positives, das die Wunden, die wir allerorts der Natur geschlagen haben, heile. Wissenschaftshistorisch überragend war dein Referat „Der Vogelforscher mit dem Nobelpreis. Über Leben und Werk des Konrad Lorenz anlässlich seines 100. Geburtstages" bei unserer Jahresversammlung 2003 in Halberstadt. Und wer geglaubt hat, dieser Vortrag ließe sich nicht mehr toppen, hatte sich 2004 in Kiel eines Besseren belehren lassen müssen. „Nomen est Omen – Über komische und kriminelle Vogelnamen und was sie bewirken" war ein Ohren- und Augenschmaus. In perfekter Doppelprojektion faszinierender Illustrationen hast du uns „Ornis" entlarvt. Hast uns vor Augen geführt, wie leichtfertig wir mit Vogelnamen umgehen und wie „Trottellumme" oder „Raubwürger" sprachpsychologisch auf Nicht-Ornis oder Ausländer wirken. Und schließlich sind da noch deine Büttenreden bei den Abschlussabenden unserer Jahresversammlungen. Mit Wiener Charme nimmst du Besonderes und Kurioses einer Tagung präzise und spitzsinnig aufs Korn und machst dabei auch vor einem Präsidenten nicht halt. Meine Wahl zum Präsident der DO-G in Schwyz hast du ortsangemessen mit Schillers „Wilhelm Tell" verglichen, Zitat: „auf öden Pfaden wollen wir wandern, und uns still beraten, [...] so können wir gemeinsam das gemeine beschließen". Unvergesslich auch deine Büttenrede in Halberstadt zur Typologie der „birdwatcher" unter dem Titel „Der Kasuar von Chemnitz". Du relativierst schließlich aber auch die von uns bei den Tagungen so ernst genommenen Symposien damit, dass du uns erklärst, was ein Symposium in seiner sprachlichen Herleitung eigentlich ist, nämlich: ein „Zusammen-Trinken" mit „geistreichen Reden, Liedern und Saufgelagen mit Tänzerinnen und Flötenmusik". Es sind eben immer wieder diese uns alle überraschenden scharfsinnigen und zugleich witzig-satirischen begrifflichen Aufklärungen, die uns mitreißen, aber auch

nachdenklich machen, und für die ich mich im Namen der DO-G bei dir ganz herzlich bedanke. Sie erhoffen wir uns von dir noch viele Jahre!

Prof. Dr. Rita **Süssmuth**
Präsidentin des Deutschen Bundestages a. D.
(05.06.2005);
war selbst Gastreferentin des Göttinger
Wildbiologischen Seminars:

Ganz gleich, ob Naturschutz, Umweltpolitik oder Wildtierkunde auf dem Programm standen – in dem „Festetics-Seminar" wurde stets ein offenes Ohr und kritisches Hinterfragen gepflegt. Doch es ist eben diese tabulose, interdisziplinäre Diskussion, die zu neuen Erkenntnissen führt und nicht zuletzt zu dem hohen Ansehen des Seminars maßgeblich mit beigetragen hat […] Diese universitäre Plattform der Meinungsvielfalt und des kritischen Wortes in Bezug auf aktuelle biologische Erkenntnisse ist unverzichtbar, wenn wir über die Tiere, die Beziehung zwischen Mensch und Tier sowie den Wandel des Lebens zu neuen Schlüssen kommen möchten.

Dr. Thomas **Oppermann**
Niedersächsischer Minister
für Wissenschaft und Kultur a. D. (03.06.2005);
war selbst ebenfalls Referent des Göttinger
Wildbiologischen Seminars:

Ein Kernsatz, der mir aus dem damaligen Gespräch mit Ihnen gut in Erinnerung geblieben ist, lautet: „Es gibt viele Universitäten, aber nur ganz wenige, in denen Wissenschaft mit so großer Ernsthaftigkeit betrieben wird wie in Göttingen. Im Laufe meiner Amtszeit habe ich Stück um Stück Ihre damalige Einschätzung belegt gefunden und mein politisches Handeln danach ausgerichtet.

Dr. Ursula von der **Leyen**
Niedersächsische Ministerin für Frauen,
Familie und Gesundheit (04.06.2005):

Herzlichen Glückwunsch, dir lieber Antal und deinem Institut zum 300. Wildbiologischen Seminar in Göttingen! Du hast mit dieser interfakultativen Plattform des kritischen Hinterfragens in allen Fragen der Mensch-

Tier-Beziehungen einen großartigen Beitrag zum guten Ruf der Universität Göttingen weit über unsere Landesgrenzen hinaus geleistet.

Im Auftrag von Ministerpräsident
Dr. Christian Wulff
überbrachte Umwelt-Staatssekretär
Dr. Christian Eberl
die Grußworte der Niedersächsischen
Landesregierung (09.06.2005):

Wildbiologie und Jagdkunde in Göttingen in der Mitte der siebziger Jahre war für uns Forststudenten, die ja zum großen Teil aus forst- und jagdlich traditionell geprägtem Umfeld stammten, mit nahezu kulturrevolutionären Erlebnissen verbunden. Konfrontiert mit den damals noch wenig verbreiteten Ergebnissen der Verhaltensforschung mussten die bis dahin gemachten eigenen Erlebnisse und Erfahrungen aus den regionalen Jagdscheinkursen neu definiert werden. Mein Lehrer Prof. Festetics stellte darin bis dahin gänzlich unvorstellbare Fragen: Sind die „edlen" Motive der Jagdausübung emotionale Triebbefriedigung? Welches Verhalten wird gesteuert durch kulturelle Tradition, Instinkt oder Prägung? Wer oder was war es wirklich – das „sogenannte Böse"? Der böse Wolf – etwa ein Garant für gesundes Schalenwild? Bambi – etwa ein gefräßiges Reh? Es waren diese Diskussionen an der Grenzlinie von natürlichem Verhalten und kultureller Steuerung, die über das handwerkliche Lernen hinaus den Wert der Vorlesungen bestimmten. Differenzierte Urteilsbildung und kritische Auseinandersetzung mit vermeintlich feststehenden Erkenntnissen waren nach meiner Wahrnehmung die wichtigsten Ergebnisse dieses Lernprozesses […], die für Diskussionen sorgten und zum Nachdenken anregten […] und ich möchte behaupten, dass viele meiner Kommilitonen, wie ich auch, deutlich geprägt wurden durch die Vorlesungen und Seminare von Prof. Festetics, die weit mehr vermittelt haben, als die häufig sehr speziellen Vortragsthemen […]

Zum Rückblick auf 33 Jahre Wildbiologisches Seminar in Göttingen hat Prof. Festetics ein wirklich universelles Leitbild als Titel der Veranstaltung gewählt. „Was ist Leben? Entstehung, Erforschung, Erhaltung" beschreibt treffend das wichtigste Phänomen auch für die aktuelle Politik. In einem vielfältigen und sich wandelnden Leben sucht sie nach den Normen, den unverrückbaren Pfeilern des gesellschaftlichen Lebens. Ist dabei das politische Ziel der Gleichstellung nicht möglicherweise gerade das Gegenteil von Vielfalt und damit lebensfremd? Will der traditionelle Gebiets-Naturschutz nicht gerade den Wandel verhindern? Welche Erhaltungsziele soll die Politik z. B. im Zusammenhang mit dem europäischen Naturschutznetz „Natura 2000" definieren? Es ist Ihnen, sehr geehrter Herr Prof. Festetics auch diesmal wieder gelungen, eine Vielzahl namhafter Referenten für dieses Seminar in Göttingen zu gewinnen. Dafür möchte ich Ihnen sehr herzlich danken!

Dr. Alfred Gusenbauer
Bundeskanzler der Republik Österreich (23.10.2007):

Antal Festetics ist kein trockener Buchgelehrter, der alleine im elfenbeinernen Turm deutscher Universitäten sein Wissen an die Studenten weitergegeben hat. Er ist ein Wilhelm Busch der Zoologie. Es fragt sich daher wieder einmal, warum die Universität Göttingen ihm seine Pforten öffnete, nicht aber schon früher eine österreichische Alma Mater sich seiner Kompetenz versicherte? Vielleicht weil Göttingen seit den „Göttinger Sieben" mit Wahrheit, Offenheit und Innovation besser umgeht, als das hier lange Zeit üblich war? […] Als Mitbegründer des WWF-Österreich und an der Errichtung von Naturschutzgebieten und Nationalparks in Österreich, Deutschland und Ungarn maßgeblich beteiligt, sieht unser Jubilar es als seine Verpflichtung an, Wissenschaftlichkeit mit persönlicher Verantwortung in Verbindung, in Übereinstimmung zu bringen. Das war so beim Nationalpark Hortobágy, bei der Grundsteinlegung für den Zweistaaten-Nationalpark Neusiedler See und beim Kampf gegen das Kraftwerk Hainburg in den Donauauen. Heute genießen wir alle diese einzigartigen mitteleuropäischen Landschaften, die noch vor wenigen Jahren vor ihrem Ende gestanden wären. Sie sind uns nicht zuletzt wegen deines Einsatzes als Erbe der Menschheit und Arbeitgeber für tausende Menschen erhalten geblieben, lieber Antal.

Dr. Heinz Fischer
Bundespräsident der Republik Österreich
(18.10.2007):

In zahlreichen populärwissenschaftlichen Filmen hast du uns das tierische und menschliche Verhalten näher gebracht und einen großen Beitrag zur Verhaltensforschung geleistet. Mit deinem vehementen Eintreten gegen die Umweltzerstörung und für die Erhaltung intakter natürlicher Lebensräume hast du die Einstellung vieler Menschen geändert und stellst nach wie vor ein großes Vorbild für die Jugend dar. Ich hoffe, du bewahrst noch lange deinen Elan und deine Energie und ich danke dir für deine langjährige Freundschaft und gute Zusammenarbeit!

Die **Göttinger Studentenschaft** (09.06.2005) dankte schließlich ihrem akademischen Lehrer Prof. Festetics mit einem musikalischen Gruß der besonderen Art. Um ihn der Fakultätstradition entsprechend – wie das bei Promotionen oder Emeritierungen üblich ist – „waidgerecht verblasen" zu können, hat der Studentische Jagdhornbläserchor der Universität Göttingen unter der Leitung von Dr. Karsten **Schulze** die „Festetics-Fanfare" einstudiert und zum Besten gegeben. Sie wurde von Josef Schantl 1879 anlässlich der Silbernen Hochzeit von Kaiser Franz Josef I. und Kaiserin Elisabeth komponiert. Der ganze Wiener Hofstaat huldigte damals in historischen Kostümen dem Herrscherpaar in einem großen Festumzug. Als die 12 Abgesandten des Hochadels vorbeiritten, ertönten ebenso viele, für jedes Grafen- oder Fürstengeschlecht eigens komponierte „familienspezifische" Fanfaren. Georg Graf Festetics war Minister an der Seite des Kaisers, Marie Gräfin Festetics war Hofdame der legendären Kaiserin „Sisi". Sie waren Großonkel bzw. Großtante des Wildbiologen Antal Festetics. Ein zweites Mal vor gekrönten Häuptern wurde die „Festetics-Fanfare" anlässlich einer Hofjagd des Herzogs von Hannover zu Ehren von Kaiser Wilhelm II. im Saupark Springe geblasen – beim Eintreffen von Tassilo Fürst Festetics als Jagdgast. Ebenfalls in Niedersachsen, aber ein Jahrhundert später ertönte nun das dritte Mal die „Festetics-Fanfare", diesmal auf republikanisch-akademischem Boden der Alma Mater Geogia Augusta anlässlich der Emeritierung ihres Wildbiologie-Professors.

Veranstalter des Festkolloquiums war das Göttinger Wildbiologie-Institut gemeinsam mit der „Konrad-Lorenz-Gesellschaft für Umwelt- und Verhaltenskunde". Sie wurde auf Anregung von Antal Festetics und Irenäus Eibl-Eibesfeldt 1980 noch zu Lebzeiten des Nobelpreisträgers gegründet und Lorenz selbst war bis zu seinem Tode Ehrenvorsitzender der Gesellschaft. Schließlich sei hier, „last but not least", der große alte Mann des Weltnaturschutzes, Gründer des WWF-International und der Fondation-Tour-du-Valat in der Camargue (Südfrankreich), Dr. Lukas **Hoffmann** hervorgehoben. Er war Ökologie-Lehrer unseres Jubilars, aber auch sein Förderer, Freund und Vorbild bereits seit 1957, als Antal Festetics, damals Zoologiestudent in Wien, sein erstes vogelkundliches Praktikum in der Camargue absolviert hat. Der mittlerweile 87-jährige Lukas Hoffmann kam 2005 aus Südfrankreich eigens nach Göttingen angereist, um am Festkolloquium seines Schülers Antal Festetics teilzunehmen und dies war für unseren Jubilar, wie er sagte, „das schönste Geschenk"!

Makowski, H. (2010): Einleitung – In: Antal-Festetics-Festschrift: *Was ist Leben? Entstehung, Erforschung, Erhaltung*, Verlag J. Neumann-Neudamm, Melsungen, S. 9-14

Der Aufstieg
(Zeichnung: Horst Haitzinger)

Institut für Wildbiologie und Jagdkunde
der Universität Göttingen
(Direktor: Prof. Dr. Dr.h.c. Antal Festetics)

Antal Festetics

bittet

Dr. Lukas Hoffmann

Frau / Herrn . . . .

anlässlich seines bevorstehenden **Aufstiegs** in das Emerituskollegium
der Alma Mater Universitatis Georgiae Augustae Goettingensis

zu seinem

● **BILANZREFERAT**

„Leben erforschen und erhalten -
Rückblick auf 33 Jahre Wildbiologie in Göttingen"

---

am Donnerstag, den **09. Juni 2005** um **17.00 Uhr**
im Hörsaal des Max-Planck-Instituts für biophysikalische Chemie

und anschließend zum

● **WILDSCHWEINBRATEN**

als „**consummatory action** (**=triebbefriedigende Endhandlung**)
des Instituts für Wildbiologie und Jagdkunde

---

im Innenhof des Dekanates

musikalisch begleitet von den **Jagdhornbläsern**
der Fakultät für Forstwissenschaften und Waldökologie
der Universität Göttingen

Wie entsteht Leben?

Prof. Dr. Manfred Eigen

Nobelpreisträger

(Max-Planck-Institut für biophysikalische Chemie, Göttingen)

Die Frage „Was ist Leben?" hat viele Antworten und am Ende doch keine befriedigende. Zu groß ist die Fülle komplexer Erscheinungen, zu verschiedenartig sind die Lebewesen in ihren Merkmalen und Leistungen, als dass eine allgemeine Definition sinnvoll wäre. Sie könnte auch nicht andeutungsweise eine Vorstellung von jener individuellen Vielfalt geben, die das Wesen des Lebens ausmacht. Dies liegt in der Komplexität begründet, die allen uns bekannten Lebensstufen gemeinsam ist. Ja, dieses Problem stellt sich bereits auf molekularer Ebene in den Strukturen, die charakteristisch für den Lebensprozess sind: den Nukleinsäuren[1] und Proteinen[2].

Wie komplex sind die primitivsten Lebewesen? Auch das schien für lange Zeit eine hoffnungslos komplizierte Frage zu sein. Doch wir wissen heute, dass jedes Lebewesen durch einen Bauplan repräsentiert ist. Dieser wird von Generation zu Generation weitergereicht und sorgt dafür, dass die Nachkommen den Vorfahren gleichen. Das gilt vor allem für die vegetative Vermehrung und mit gewissen Einschränkungen ebenso für die sexuelle Fortpflanzung. Das Problem der Komplexität der Lebewesen reduziert sich damit auf das Problem der Komplexität der Baupläne. Denn diese sind es, die im geeigneten Milieu die Entstehung und Entwicklung des Lebewesens instruieren. Da in den Bauplänen die genetische Information in linearer Abfolge von Symbolen vorliegt, fragen wir letztlich nach dem Informationsgehalt eines Schriftsatzes, und zwar nach der absoluten Menge der Information, zunächst noch nicht nach ihrem semantischen Gehalt. Eine mathematische Theorie, die Informationstheorie[3], hat hierfür

eine quantitative Antwort parat (1). Die Informationsmenge ist die Zahl binärer Ja-Nein-Entscheidungen, die man im Mittel braucht, um eine bestimmte Symbolabfolge zweifelsfrei zu identifizieren. Wenn alle möglichen Aneinanderreihungen von Symbolen innerhalb einer gegebenen Sequenz gleich wahrscheinlich wären, so müsste man sämtliche alternativen Symbolabfolgen durchspielen, um auf die richtige zu stoßen. In einem solchen Falle ist die Zahl der alternativen Sequenzen, die sich aus einer definierten Symbolmenge herstellen lassen, ein Maß für den Informationsgehalt. Der Kehrwert dieser Menge gibt die Wahrscheinlichkeit für das Auftreten einer bestimmten Sequenz an. Da Mengen additiv sind, Wahrscheinlichkeiten aber multiplikativ, wählt man als Informationsmaß nicht die Zahl der möglichen Anordnungen selber, sondern ihren Logarithmus; denn der Logarithmus eines Produkts ist gleich der Summe der Logarithmen der Faktoren. Weiterhin benutzt man den Logarithmus zur Basis zwei und ordnet der so erhaltenen Größe die Einheit bit[4] (= binary digit) zu. Die bit-Zahl entspricht dann einfach der Länge einer aus binären Zeichen bestehenden Sequenz. Die Nukleinsäuren machen von vier Symbolen Gebrauch, mithin gibt es für ein Gen der Länge N insgesamt 4^N verschiedene Anordnungen. Vorausgesetzt, dass diese alle gleich wahrscheinlich sind, bedeutet das einen Informationsgehalt von 2N bits.

Wie komplex sind nun die Lebewesen? Die kleinsten autonomen Einheiten, einzellige Mikroorganismen, wie z. B. das in der menschlichen Darmflora vorkommende Coli-Bakterium[5], vereinigen in ihrem Genom[6] einige Millionen Symbole, etwa das Äquivalent eines tausend Seiten starken Buches. Die Symbolmenge im Genom des Menschen ist fast tausendmal so groß. Sie repräsentiert schon eine stattliche Bibliothek. Es wäre sinnlos, sich die Zahl sämtlicher alternativer Buchsta-

---

1 **Nukleinsäuren** (von lat. nucleus = Kern) oder Kernsäuren sind die Desoxyribonukleinsäure (DNA) und die Ribonukleinsäure (RNA). Sie bilden neben Proteinen, Kohlenhydraten und Fetten die vierte große Gruppe der Makro- oder Biomoleküle. Speicher der Erbinformation und Katalysator biochemischer Reaktionen.

2 **Proteine** (von gr. proteios = grundlegend) oder Eiweiße sind die wichtigsten aus Aminosäuren aufgebauten Makromoleküle aller Zellen, denen sie Struktur verleihen.

3 **Informationstheorie** beschäftigt sich auf mathematischer Ebene mit Information, Kommunikation, Entropie, Kodierung und verwandter Begriffe. Absolute Information ist wahrscheinlichkeitstheoretisch definiert. Semantische Information entzieht sich einer mathematischen Definition. In der genetischen Information treten uns beide Aspekte entgegen.

4 **bit** (von engl. Binary digit = Binärstelle, Zweierschritt) = Kleinstes Darstellungselement bei der binären Darstellung von Daten.

5 **Coli-Bakterium**
Escherichia coli gehört zu den darmbewohnenden Enterobacteriaceae (von gr. enteron = Darm), ist stäbchenförmig und säurebildend.

6 **Genom** oder Erbgut ist die Gesamtheit aller Gene einer Zelle.

benanordnungen vorzustellen, dazu fehlt uns jedes Anschauungsvermögen. Betrachten wir stattdessen ein einzelnes Gen[7] mit nur tausend Symbolen, einen Satz der genetischen Sprache, der einer Funktionsanweisung entspricht. Bei vier Symbolklassen, jede der tausend Positionen hat vier alternative Besetzungsmöglichkeiten, ergeben sich 4^{1000} oder ca. 10^{602} (eine Eins mit 602 Nullen) Varianten. Das Volumen des gesamten Universums, berechnet als Kugel mit einem Durchmesser von zehn Milliarden Lichtjahren, beträgt „nur" 10^{84} Kubikzentimeter, oder 10^{108} Kubik-Angström. Der gesamte Materiegehalt des Kosmos entspricht dem Äquivalent von nicht einmal 10^{75} Genen der oben genannten Länge.

Die auf das Universum bezogenen Zahlen sind für unsere Überlegungen ohnehin irrelevant. Sie demonstrieren allein unser Unvermögen, irgendeine Vorstellung mit Zahlen der Größenordnung 10^{600} zu verbinden. Interessanter wäre es zu erfahren, wie viele Moleküle, bestehend aus tausend Symbolen, wohl im Evolutionsprozess, also innerhalb der räumlichen und zeitlichen Grenzen unseres Planeten, hätten durchprobiert werden können. Natürlich lässt sich der historische Prozess der Evolution nicht so genau rekonstruieren, dass eine im Detail korrekte Antwort gegeben werden könnte; doch dürfte die gesuchte Zahl irgendwo zwischen 10^{40} und 10^{50} liegen. 10^{50} würde bedeuten, dass während eines Zeitraums von einer Milliarde Jahren in einer, die gesamte Erdoberfläche bedeckenden, ein Zentimeter dicken Flüssigkeitsschicht bei einer Nukleinsäurekonzentration von einem Gramm pro Liter ständig Moleküle[8] entstehen und zerfallen, wobei die Lebensdauer jeder individuellen Sequenz nicht mehr als eine Sekunde betragen dürfte.

Man kann die gleiche Rechnung auch für den Laboratoriumsmaßstab anstellen. Ein Doktorand, der ein Jahr lang zwölf Stunden täglich in einem Einliterkolben unter den oben genannten Bedingungen, mithilfe von Enzymen[9], Nukleinsäuremoleküle synthetisiert, könnte es auf etwa 10^{25} Sequenzen bringen. Das klingt im Vergleich zum planetarischen Maßstab gar nicht einmal so hoffnungslos. Dazu kommt, dass die Bedingungen für eine natürliche Synthese auf der frühen Erde als in mehrfacher Hinsicht überschätzt gelten dürfen. Realistische Konzentrationen gelöster Nukleinsäuren lie-

gen um Größenordnungen niedriger als ursprünglich angenommen. Die Synthesezeiten sind, besonders in den primitiven Anfangsstadien der Evolution, erheblich länger gewesen. Gene entstehen durch Reproduktion, d. h. jede einmal entstandene Gen-Sequenz erscheint mit hoher Redundanz[10]. Außerdem kann weder die gesamte Oberfläche unseres Planeten als Reaktionsvolumen ausgenützt noch die genannte Ausbeute wirklich erzielt werden. Übrig bleibt der Konflikt in den Größenordnungen, das Missverhältnis zwischen dem, was möglich ist, und dem, was nötig wäre, falls Gene das Produkt einer reinen Zufallssynthese wären.

Welche Folgerungen müssen wir ziehen?
Die heutzutage in den Lebewesen vorzufindenden Gene können nicht zufällig, quasi per Würfelentscheid, entstanden sein. Es muss ein auf das Ziel, nämlich auf die Funktionstüchtigkeit ausgerichteter Optimierungsprozess existieren. Auch wenn optimale Effizienz auf verschiedene Weise realisierbar wäre, kann sie nicht einfach durch blindes Herumprobieren erzielt werden. Die Diskrepanz der Zahlen für real testbare und alle theoretisch möglichen Sequenzen ist so groß, dass Erklärungsversuche, die den Ort des Ursprungs des Lebens von der Erde ins Universum verlagern, keine akzeptable Lösung des Dilemmas offerieren. Das Masseverhältnis von Erde zu Universum beträgt „nur" 10^{-29} und die entsprechende Relation der Volumina 10^{-57}. Das physikalische Prinzip, auf das wir unser Augenmerk zu richten haben, sollte in der Lage sein, die für die Lebenserscheinungen typische Komplexität in den molekularen Strukturen und Synthesemechanismen zu erklären. Es sollte aufzeigen, wie es möglich ist, dass derartig komplexe Molekülanordnungen in der Natur sich reproduzierbar bilden.

■ Wie entsteht Information?

Das Schlüsselwort zur Darstellung des Komplexitätsphänomens ist: Information.

Wir müssen nach einem Algorithmus[11], einer naturgesetzlichen Vorschrift für die Entstehung von Information suchen. Die oben bereits gegebene Definition des Informationsbegriffes, die allein auf der Zahl der Anordnungsmöglichkeiten basiert, ist unvollständig. Sie gilt nur für den Grenzfall, dass sämtliche Anord-

---

7 **Gen** (von gr. génos = Geschlecht, Gattung) oder Erbanlage = Einheit im DNA-Doppelstrang des Chromosoms, die die Information (Bauanleitung) für ein Proteinmolekül enthält.

8 **Moleküle** (von lat. molecula = kleine Masse) = die kleinsten Teile, die durch chemische Bindungen zusammengehalten werden und aus mehreren Atomen aufgebaut sind.

9 **Enzyme** (von gr. Kunstwort énzymon) = Proteine, die biochemische Reaktionen katalysieren.

10 **Redundanz** (von lat. redundare = überlaufen, Überfülle) = Das Wiederkehren schon übermittelter Information.

11 **Algorithmus** (von gr. arithmós = Zahl) = Rechenverfahren, Lösungsverfahren.

nungen a priori gleich wahrscheinlich sind. Will man eine binäre Sequenz durch Fragen, die ausschließlich mit Ja oder Nein beantwortet werden dürfen, erraten, so wird die Zahl der notwendigen Fragen im Mittel gerade dem Informationsgehalt der Sequenz, d. h. ihrer bit-Zahl entsprechen, vorausgesetzt, die beiden Symbole haben für jede Position exakt den gleichen Erwartungswert. Wäre die Sequenz ein Satz aus unserer Sprache und wäre der Code bekannt, der die Sprachsymbole, analog dem Fernschreibcode, in binäre Zeichen überführt, so käme man viel schneller zum Ziel, wenn man die geläufigen Eigenschaften der Sprache beim Raten mitberücksichtigte.

Eine Analyse der Symbolverwendung in unserer Sprache zeigt, dass neben dem Zwischenraumsymbol, das die Wörter voneinander abgrenzt, am häufigsten der Buchstabe e auftritt. Die durchschnittliche Länge der Wörter wird durch sinnvolle Anwendung des Zwischenraumsymbols gesteuert. Beim Aufbau der Wörter ist bekannt, dass z. B. alle Artikel aus drei Buchstaben bestehen und mit d beginnen. Ferner sind Vokale und Konsonanten nicht vollkommen willkürlich verteilt. Die Struktur der Sätze ist durch den Gebrauch und die Abfolge von Artikeln, Haupt-, Eigenschafts- und Tätigkeitswörtern weitgehend festgelegt. Dazu kommen grammatische und syntaktische Regeln. Das Spektrum der regulierenden Bedingungen reicht bis hin zum Sinn des Satzes, also zur semantischen Information, die von spezifischen Prämissen abhängig ist, die sich nicht mit generell gültigen statistischen Häufigkeitsregeln erfassen lassen. Jede Nebenbedingung, die die Gleichverteilung der a-priori-Wahrscheinlichkeiten der Symbole verändert, reduziert die Informationsmenge, die zur Identifizierung aufzubringen ist. Diese Menge entspricht einer mittleren **bit-Zahl** pro Symbol, multipliziert mit der Gesamtzahl der Symbole in der Nachricht. Es kommt also nicht allein auf die absolute Menge der Symbole und auf die Gesamtheit der alternativen Anordnungsmöglichkeiten, sondern gleichermaßen auf eine durchschnittliche Realisierbarkeit der Alternativen an. Informationsentstehung ist gleichbedeutend mit einer Veränderung der Wahrscheinlichkeitsverteilung der Symbole aufgrund von zusätzlichen Bedingungen, die erst im Verlaufe des evolutiven Prozesses zutage treten. Für unsere Fragestellung ist die Tatsache von Bedeutung, dass im thermodynamischen Gleichgewicht die **Entropie**[12] ein Maximum erreicht. Jede Störung des Gleichgewichtes erzeugt eine Reak-

tion, die auf einen Ausgleich der Störung hinausläuft. Man bezeichnet diesen Ausgleich als Relaxation. Das Gleichgewicht ist ein stabiler Zustand. Es gibt keinerlei Störungen, die die Wahrscheinlichkeitsverteilung im System grundlegend verändern könnten, solange die äußeren Bedingungen konstant sind. Information kann daher in Systemen, die sich im thermodynamischen Gleichgewicht befinden, nicht entstehen.

Wie aber ist die Information der Genbaupläne, die Fixierung bestimmter Symbolanordnungen zustande gekommen? Der Biologe wird antworten: durch natürliche Auslese! Und er wird hinzufügen, dass die in den Lebewesen enthaltenen Gensequenzen, die für eine an das Leben optimal angepasste Funktion codieren, Produkte einer ganzen Serie schrittweise durch Selektion etablierter Veränderungen der Sequenz darstellen. Ein solcher Prozess muss keineswegs monoton verlaufen. Gelegentlich werden stabile Zwischenstadien erreicht, in denen die Evolution scheinbar zum Stillstand kommt, weil zeitweilig einfach keine Mutanten entstehen, die vorteilhafter wären. Doch dann gibt es wieder Abänderungen, entweder infolge seltener Mutationen oder durch Umweltfaktoren provoziert, die eine Kaskade weiterer Mutationen auslösen. So werden Zwischenstufen geschaffen, die noch nicht optimal angepasst sind und in deren Mutantenspektrum bald besser angepasste Sequenzen auftauchen werden.

■ Macht die Natur Sprünge?

Am Ende sieht es so aus, als ob dies der Fall wäre, denn die relativ kurzlebigen Zwischenstufen haben keine Spuren hinterlassen. Darwins Prinzip leistet das, was die Informatiker als Informationserzeugung bezeichnen. Dominanz eines durch Selektion etablierten Wildtyps bedeutet lokale Stabilisierung einer gegebenen Wahrscheinlichkeitsverteilung. Das Auftauchen einer vorteilhaften Mutante bewirkt Destabilisierung des zuvor eingestellten Zustands und Etablierung einer neuen, wiederum nur metastabilen, Wahrscheinlichkeitsverteilung. Dass eine destabilisierende Mutante überhaupt erscheinen kann, besagt, dass Selektion nichts mit einem echten Gleichgewicht gemein hat. Denn es gibt in einem solchen System keine statistischen Fluktuationen, auf solche sind Mutationen generell zurückzuführen, die sich aufschaukeln können und damit makroskopisch manifest werden. Jede Mutante, auch die vorteilhaftere, taucht zunächst als Einzelko-

---

12 **Entropie** (von gr. tropẽ = Umkehr) = Thermodynamische Zustandsgröße. Als Entropiesatz wird der 2. Nebensatz der Thermodynamik bezeichnet.

pie auf. Ihr Hochwachsen hängt von besonderen, im Gleichgewicht nicht realisierbaren Voraussetzungen ab, die allein in den Eigenschaften der Konstituenten lebender Systeme begründet sind.

Die Problemstellung des Darwinschen Selektionsprinzips ist ganz ähnlich, doch die Konsequenzen sind sehr verschieden. Wir fragen nach der Auslese eines bestimmten Genotyps, der für einen Phänotyp[13] codiert, welcher sich durch die Qualität „bestangepasst" auszeichnet. Der Genotyp entsteht jeweils als Kopie einer schon vorhandenen Sequenz. Bei dieser Reproduktion treten jedoch Mutationen auf. Sie können in einer bloßen Fehlkopierung, aber auch in Auslassungen oder Einschiebungen einzelner Symbole beziehungsweise ganzer Sequenzabschnitte bestehen. Derartige Mutationen sind die Quelle für das Fortschreiten der Evolution. Selektion beinhaltet nun zweierlei. Erstens: Die Sequenz, die unter allen Mutanten den bestangepassten Phänotyp, den Wildtyp, darstellt, wächst heraus. Die weniger angepassten Mutanten, so die klassische Interpretation, sterben jeweils aus. Sie können nicht mit dem Wildtyp koexistieren und erscheinen allenfalls sporadisch als statistische Fluktuationen. Die selektierte Sequenz wird zur Grundlage weiteren Fortschritts gemacht. Zweitens: Die Information des Wildtyps bleibt so lange stabil erhalten, als keine besser angepasste Variante unter den statistisch durchgespielten Mutanten erscheint. Somit wird verhindert, dass Fehler akkumulieren. Dazu muss die Fehlerrate unterhalb eines kritischen Schwellenwertes bleiben. Erst wenn eine Variante auftritt, die (noch) besser angepasst ist, übernimmt diese die Rolle des Wildtyps. Im Sinne unserer Fragestellung könnte man das Selektionskonzept als Schlüssel zur Lösung des Komplexitätsproblems ansehen. Nun aber die nächste Frage:

■ Welcher Mechanismus garantiert Selektion?

Selektion ist Vorraussetzung für die gesetzmäßige Entstehung von Information. Leben ist ein dynamischer Ordnungszustand der Materie. Die Information, der Bauplan der Lebewesen, ist in der DNA[14] gespeichert. Die Symbolabfolge muss wie in einer Sprache organisiert sein. Es gibt in der Tat eine Interpunktion oder

Gliederung, die den Riesenschriftsatz in Wörter (Codonen), Sätze (Gene), Abschnitte (Operonen), ja ganze Schriftwerke (Chromosomen) unterteilt. Diese Organisation ist statisch und wurzelt in der Struktur bzw. in der Bausteinsequenz des DNA-Moleküls. Doch wie ist diese informierte Ordnung des Moleküls entstanden? In seiner strukturellen Stabilität ist das informierte gegenüber dem nicht-informierten Molekül in keiner Weise ausgezeichnet. Die Stärke der chemischen Wechselwirkungen, die das Molekül stabilisieren und die in der Symbolabfolge enthaltene Information bewahren, sie muss von Generation zu Generation weitergegeben werden, ist zwar von der Zusammensetzung der Sequenz abhängig, hat aber nichts mit der in ihr gespeicherten Information zu tun. Die strukturelle Stabilität steht also in keinerlei Zusammenhang mit der semantischen Information, die erst im Übersetzungsprodukt zum Ausdruck kommt. Die Auslese von informierten gegenüber nicht-informierten Molekülen beruht nicht auf struktureller Stabilität, sondern basiert auf einer Ordnung, die in der Selektionsdynamik der Reproduktion begründet ist. Es ist ähnlich wie mit Mozarts Kompositionen, die sich in unseren Konzertprogrammen stabil erhalten. Das liegt nicht daran, dass die Noten dieser Werke in einer besonders widerstandsfähigen Druckerschwärze fixiert wurden. Die Persistenz, mit der eine Mozart-Symphonie in unserem Konzertprogramm erscheint, ist allein die Folge ihres hohen Selektionswertes. Damit dieser wirksam bleibt, muss das Werk immer wieder gespielt, von uns zur Kenntnis und ständig, in Konkurrenz zu anderen Kompositionen, neu bewertet werden.

Aber was ist allen Lebewesen gemeinsam? Alle Lebewesen benutzen als Speicher für ihr Erbmaterial die DNA und verarbeiten die gespeicherte Information nach dem Schema:

Legislative → Nachricht → Exekutive → Funktion
DNA → **RNA**[15] → **Protein** → Stoffwechsel

Nicht nur das Schema ist universell, die Detailstrukturen sind es gleichermaßen. Alle Lebewesen machen von einem universellen genetischen Code, einer universellen biochemischen Maschinerie sowie von makromolekularen Syntheseprodukten, die nach universellen Strukturprinzipien organisiert sind, Gebrauch. Die unterste Einheit autonomen Lebens ist die Zelle, deren Prototypen wiederum nach einem universellen Konzept aufgebaut sind. Mehrzellige Lebewesen allerdings unterscheiden sich sehr wohl in ihren sichtbaren funk-

---

13 **Phänotyp** (von gr. phainómenon = das Erscheinende) = Erscheinungsbild eines Organismus; die Summe aller Erbanlagen (siehe Genotyp) und erworbenen (umweltbedingten) Merkmale.

14 **DNA** (Desoxyribonukleinsäure): siehe Nukleinsäuren

---

15 **RNA** (Ribonukleinsäure): siehe Nukleinsäuren

tionellen Leistungen. An welche Funktion auch immer die Zellen adaptiert sind, sie erfüllen sie mit optimaler Effizienz. Die Blaualge, ein sehr frühes Produkt der Evolution, ist ein perfekter Wandler von Licht in chemische Energie. Die enzymatischen Reaktionen eines Bakteriums unterscheiden sich in ihrer Effizienz kaum von denen, die in der menschlichen Zelle ablaufen. Archaebakterien[16] zeigen ihre Fähigkeit zu überleben unter extremen Umweltbedingungen, beispielsweise in hohen Salzkonzentrationen oder bei hohen Temperaturen. Die Amöbe, ebenfalls ein Einzeller, jedoch auf einer höheren Entwicklungsstufe, besitzt bereits Sozialverhalten in Form von chemischer Kommunikation mit Artgenossen und Kooperation bei der Sporulation zur Begründung der Nachkommenschaft. Zu den wundervollsten und ausgeklügeltsten Leistungen kommt es bei den höheren Organismen. Aus den lose organisierten Zellhaufen sind schließlich zentral gesteuerte, multizelluläre Organisationsformen mit differenzierter Funktionsaufteilung geworden. Sämtliche Spielarten des Lebens haben einen gemeinsamen Ursprung. Der Ursprung ist die Information, die in allen Lebewesen nach dem gleichen Prinzip organisiert ist. Ein Verständnis dieses Prinzips wird uns einer Antwort auf die eingangs gestellte Frage: „Wie kann Leben entstehen?" näherbringen. Insofern das Leben vom Einzeller bis zum Menschen hin viele Entwicklungsstufen durchlaufen hat, müssen auch mannigfaltige Organisationsprinzipien existieren: für die Reproduktion einzelner Gene, für ihre kooperative Einordnung in einen funktionellen Verband, für geregeltes Wachstum, für den Aufbau von Zellstrukturen, für rekombinative Vererbung, für die Differenzierung der Zellen, für die Organbildung, bis hin zur Konstruktion des Organs, das Gedächtnisleistungen erbringt, selbst Information speichert, verarbeitet und kreiert und auf dessen Ebene ein neuer, dem Materiellen überlagerter Evolutionsprozess abläuft.

■ Gibt es ein Ordnungsprinzip?

Das Ordnungsprinzip für die biologische Selbstorganisation soll erklären, wie Information zustande kommt. Information entsteht aus Nicht-Information. Dabei darf es sich nicht lediglich um eine die Information sichtbar machende Transformation handeln. Der Zustand des Systems nach der Entstehung von Information ist ein völlig neuartiger. Der damit verknüpfte Prozess ist irreversibler Natur. Der vorherige, informationsärmere, Zustand ist aufgrund der neuen Information instabil geworden und somit irreversibel vergangen. So etwa könnte eine physikalische Interpretation des Darwinschen Prinzips lauten. Diesem Prinzip zufolge breitet sich das besser angepasste Neue aus, nachdem es einmal, wie auch immer, entstanden ist, und ersetzt das weniger angepasste Alte. So baut sich das Kompliziertere aus dem Einfacheren auf, in der Evolution vom Einzeller bis hin zum Menschen. Evolution beschreibt die Entstehung von Information. Fixiert ist diese Information in den Genen der Lebewesen. Liest man bei Darwin (2) nach, so wird einem bewusst, dass er sein Prinzip durchaus auf die biologische Wirklichkeit bezogen sehen wollte, nicht als abstraktes Ordnungskonzept, sondern als eine in der Natur unmittelbar sichtbare Tendenz, mit vielem „wenn und aber", dessen sich später die Populationsbiologie noch explizit annahm. Heutzutage können wir in der Anwendung auf molekulare Systeme, wie sie die Gene und ihre Übersetzungsprodukte darstellen, sehr viel objektiver die physikalische Natur des Prinzips untersuchen, sowohl theoretisch durch Festlegung aller Voraussetzungen und Randbedingungen als auch experimentell durch Schaffung definierter Versuchsbedingungen (3). Das Selektionsprinzip erweist sich dann weder als ein der belebten Materie inhärentes[17], mystisches Axiom[18] noch als eine, vornehmlich im Lebensprozess beobachtbare, allgemeine Tendenz, sondern, wie viele der bekannten physikalischen Gesetze, als ein klares „Wenn-dann"-Prinzip, das ein aus definierten Voraussetzungen ableitbares Verhalten impliziert, analog dem Massenwirkungsgesetz, das die Einstellung der Mengenverhältnisse im chemischen Gleichgewicht regelt.

Die Voraussetzungen, die erfüllt sein müssen, sind:
- Die zur Selektion gelangenden Individuen (DNA-Moleküle, Viren, Bakterien) müssen selbstreproduktiv sein. Sie dürfen, nachdem sie einmal entstanden sind, sich ausschließlich durch Kopierung schon vorhandener gleichartiger Individuen bilden, nicht aber de novo. Wir wollen diese Individuen deshalb Replikatoren nennen.
- Die erste Bedingung wird eingeschränkt durch einen Zusatz, der besagt, dass die Kopierung mit Fehlern behaftet sein kann. Dies ist eine Konsequenz,

---

16 **Archaebakterien** (von gr. archaíos = uralt) bilden neben den Bakterien und Eukaryoten eine der drei Domänen, in die alle zellulären Lebewesen eingeteilt werden.

17 **inhärent** (von lat. inhaerere = an etwas haften) = innewohnend, einer Sache anhaftend

18 **Axiom** (von gr. axía = Wert) = Unmittelbar einleuchtender Grundsatz, der seinerseits nicht weiter zu begründen ist, d. h. weder beweisbar ist noch eines Beweises bedarf.

die nicht zuletzt daraus resultiert, dass der physikalische Prozess der Kopierung bei endlicher Temperatur abläuft und dass die dazu notwendigen Wechselwirkungsenergien in der Größenordnung der thermischen Energie liegen. Die eine Kopierung ermöglichenden Wechselwirkungen sind mithin von Fluktuationen überlagert, die sich als Mutationen auswirken. Aufgrund dieses Sachverhaltes entstehen Replikatoren nicht ausschließlich durch exakte Selbstreproduktion, sondern auch durch Fehlkopierung nahe verwandter Replikatoren[19].

- Die Selbstreproduktion muss weitab vom chemischen Gleichgewicht ablaufen. Dazu benötigt das Replikatorsystem ständig die Zufuhr von chemischer Energie. Das System muss also einen Metabolismus besitzen. Im chemischen Gleichgewicht dagegen sind Auf- und Abbau auf mikroskopischer Ebene streng reversibel. Hier wird der durch Selbstreproduktion bedingte autokatalytische Aufbau durch einen ebenfalls autokatalytischen Abbau kompensiert und kann sich nicht mehr im Sinne einer Selektion auswirken.

■ Was sind die Vorrausetzungen für natürliche Selektion?

Selbstreproduktivität, Mutagenität und Metabolismus sind die notwendigen Voraussetzungen dafür. In einem System, das diese drei Eigenschaften besitzt, stellt sich Selektion naturgesetzlich ein. Das bedeutet im Bild relativer Populationszahlen: Einer der vielen Replikatoren wird hochwachsen und die Szene dominieren. Selbst bei kleinsten Unterschieden im Selektionswert resultiert für die nicht miteinander verwandten Replikatoren eine klare „Alles-oder-nichts"-Entscheidung. Mutanten mit enger Verwandtschaft zum dominanten Replikator dagegen werden entsprechend ihrem Selektionswert und Verwandtschaftsgrad toleriert. Das impliziert, dass (nahezu) gleichwertige Replikatoren, die eng miteinander verwandt sind, sich die Herrschaft teilen. All dies gilt unabhängig davon, ob das System stationär ist, wächst oder in irgendeiner anderen Weise zeitlich variiert. Der Selektionswert ist ein aus dynamischen Eigenschaften des Systems definierter Parameter, in dem Reproduktionsrate und -güte sowie Lebensdauer zur Bewertung kommen. Insofern die Selektionswerte von Umweltbedingungen, zum Beispiel

von der Anwesenheit reaktionsbeschleunigender oder interferierender Substanzen, abhängen, können sie von recht komplizierter analytischer Form sein. Für einfachere Molekülsysteme unter definierten Bedingungen lassen sie sich messen.

Bei großen Populationszahlen ist selektives Verhalten so gesetzmäßig wie die Einstellung des chemischen Gleichgewichts. Es ist unausweichlich, allerdings nur dann, wenn die genannten Voraussetzungen erfüllt sind. Selektion beinhaltet ein exakt festgelegtes „Wenn-dann"-Verhalten. Es hebt sich von der vagen tautologischen Interpretation „bestangepasst = selektiert" klar ab. Selektion könnte prinzipiell ja lediglich irgendeine Privilegierung darstellen. Hier bedeutet sie jedoch eine ganz bestimmte Form der Bevorzugung, die sich unbestechlich an einem Wertmaßstab orientiert, sich dabei gegen Konkurrenten scharf abgrenzt, ein breites Mutantenspektrum wertorientiert aufbaut und so die komplexe Vielfalt organisiert und kontrolliert. Auch in der Massenwirkung des chemischen Gleichgewichts könnte man eine Art Selektion für die strukturell stabilste Konfiguration erblicken. Sie ist aber nicht von einer solchen Ausschließlichkeit wie die Selektion der Replikatoren, die inhärent an eine Nicht-Gleichgewichtssituation gebunden ist. Hohe strukturelle Stabilität im chemischen Gleichgewicht muss durch Reaktionsträgheit erkauft werden. Der im Nicht-Gleichgewicht dynamisch stabilisierte Replikator stirbt dagegen beim Auftauchen eines überlegenen Konkurrenten innerhalb kurzer Zeit aus.

Da alle Lebewesen selbstreproduktiv sind, spielt Selektion für alle Lebewesen eine entscheidende Rolle. Natürlich ergeben sich Modifikationen entsprechend unterschiedlichen inneren und äußeren Nebenbedingungen. So kann Selektion unter speziellen äußeren Gegebenheiten in Koexistenz oder gar Kooperation umschlagen. Liegen beispielsweise Kopplungen zwischen verschiedenen Replikatoren, wie Promotor-[20] oder Repressorwirkung[21], vor, so führen sie bei Ringschluss zu einer geregelten Koexistenz aller Partner, und der Zyklus in seiner Gesamtheit tritt in scharfe Konkurrenz zu anderen Zyklen. Besonderheiten in den molekularen Mechanismen der Vererbung liegen vor allem bei den höheren Organismen vor, die ihre Gene rekombinativ austauschen, die Selektions-

---

19 **Replikatoren** (von lat. replicatio = Wiederaufrollen) = Individuen von DNA-Molekülen oder Viren, die selbstreproduktiv sind.

20 **Promotor** (von lat. pro = vorwärts und movere = bewegen) = in der Genetik ein Abschnitt der Erbsubstanz; in der Biochemie ein Aktivator, d. h. eine Verbindung, die die Aktivität der Enzyme fördert.

21 **Repression** (von lat. repressio = zurückdrängen) = Proteinmolekül, das durch Ablagerung an den entsprechenden Operator die Genablesung blockiert.

bewertung jedoch auf der Ebene des Gesamtorganismus vornehmen. Darwin hatte zweifellos eher diese Fälle vor Augen, als er das Selektionsprinzip konzipierte. Das mathematisch ableitbare abstrakte Prinzip ist an klar definierte Voraussetzungen wie mutagene Selbstreproduktivität und Nicht-Gleichgewicht geknüpft. Sie werden von einzelnen DNA- oder RNA-Molekülen, von Genen, gleichermaßen von Viren und vegetativ vermehrbaren Lebewesen in idealer Weise erfüllt. Selbstreproduktivität ist sogar außerhalb lebender Systeme zu realisieren. So vermehren sich Lasermoden[22] aufgrund von Resonanzen replikativ, und wir finden das Phänomen der Selektion, der Dominanz einer bestimmten Mode im Laserlicht.

Die Selektionstheorie selbstreproduktiver Systeme stellt für die Physik ein Novum dar, denn sie etabliert eine aus dynamischen Parametern definierte Wertfunktion. Die Vermutung, dass es sich bei Darwins Prinzip in der Formulierung von „survival of the fittest"[23] um eine Tautologie[24] handeln könnte, ist damit endgültig ad absurdum geführt. „Survival" ist eine Gegebenheit, die sich durch relative Populationszahlen ausdrückt und im Experiment messen lässt. „Fittest" ist durch eine Wertfunktion bestimmt. Sie basiert auf dynamischen Parametern, die unabhängig von Populationszahlen messbar sind. Für Molekülsysteme ist der Zusammenhang nicht nur exakt formulierbar, sondern auch durch Messungen quantitativ überprüfbar. Selektion bedeutet Fokussierung auf eine unter vielen möglichen alternativen Sequenzen. Diese dominante Sequenz, der sogenannte Wildtyp, ist im Vergleich zu anderen Sequenzen zahlenmäßig am stärksten vertreten. Der Wildtyp als Individuum besitzt unter allen Mutanten in der Regel die höchste Populationszahl. Da es andererseits sehr viele Mutanten gibt, macht er gleichwohl nur wenige Prozent der Gesamtmenge aus. Bei Umweltveränderungen kann aus dem reichhaltig besetzten Mutantenspektrum im Allgemeinen schnell eine besser angepasste Variante hochwachsen.

Dieses Resultat war für den Biologen überraschend. Man glaubte, aus der Tatsache, dass die DNA-Sequenz des Wildtyps sich eindeutig bestimmen lässt, folgern zu müssen, dass die überwiegende Menge der individuellen Sequenzen in der untersuchten Probe eben mit dem Wildtyp identisch sei. Das Argument war, dass allein eine absolut dominante Sequenz zweifelsfrei bestimmt werden könne. Das ist aber eine vordergründige Schlussfolgerung. Die Wildtypsequenz mag durchaus in sehr geringer Menge vorhanden sein, sofern die vielen Mutanten symmetrisch um die dominante Sequenz herum verteilt sind. Auf diese Weise wird der Mittelwert aller Sequenzen mit dem der individuellen Sequenz des Wildtyps identisch, selbst wenn diese per se überhaupt nicht vorhanden wäre. Wir nennen eine solche Verteilung Quasispezies[25] (4). Die Ergebnisse der Theorie wurden inzwischen experimentell bestätigt. Die dominante Sequenz wird ausschließlich dann stabil selektiert, wenn sie einen Selektionswert besitzt, der größer als die mittlere Reproduktionseffizienz des Mutantenensembles ist. Damit die Fehlkopien die dominante Sequenz nicht verdrängen, darf die Fehlerrate einen gewissen Schwellenwert nicht überschreiten. Für den Schwellenwert der Fehlerrate gilt, dass er ungefähr der reziproken Zahl der Informationssymbole der Sequenz entspricht. Anders ausgedrückt: Je länger eine Sequenz ist, umso genauer muss die Reproduktion erfolgen, sonst akkumulieren die Fehler in sukzessiven Generationen und die ursprüngliche Information zerfließt.

Das System hält sich auf diese Art stabil, ist aber in der Lage, flexibel auf Umweltveränderungen zu reagieren. Es erreicht dadurch die maximal mögliche Evolutionsrate. Inzwischen wurden derartige Untersuchungen auf eine ganze Reihe verschiedener RNA-Viren ausgedehnt (5). Sie zeigen alle, dass Viruspopulationen natürliche Quasispezies-Verteilungen darstellen. Die Überschreitung der Fehlerschwelle bewirkt Instabilität. Diese tritt immer dann ein, wenn eine selektiv vorteilhafte Mutante erscheint. Die vorher etablierte Sequenz vermag nun nicht mehr die Schwellenbeziehung zu erfüllen. Sie macht nach wie vor Fehler und ist nicht mehr in der Lage, diesen Verlust durch Vorteile gegenüber der neuen Konkurrenz auszugleichen. Sie stirbt aus, während die neue Variante hochwächst. Von nun an wird auf diesem höheren Niveau „weitergepokert". Betrachtet man den natürlichen Prozess der Evolution der Arten, so muss man berücksichtigen, dass oftmals äußerst komplexe

---

22 **Lasermoden** (von engl. Light Amplification by Stimulated Emission of Radiation, dtsch.: Lichtverstärkung durch stimulierte Emission von Strahlung) = Wellenzug gegebener Phase im Laserlicht.

23 **fittest** (von engl. Fitness = Leistungsfähigkeit, gute körperliche Verfassung) = am besten angepasst.

24 **Tautologie** (von gr. tautologia = dasselbe Sagende) = Zirkeldefinition, d. h. Wiedergabe des gleichen Sachverhaltes in einer Wortgruppe mit synonymen Wörtern.

25 **Quasispezies** = Zielscheibe der Selektion in einem System von replizierenden, nicht miteinander kooperierenden Individuen von RNA-Molekülen, Viren oder Bakterien. Sie stellt eine durch Selektionsweite gewichtete Verteilung von Mutanten dar, die auf eine oder mehrere Mastersequenzen zentriert ist. Sie ersetzt den Wildtyp, den man früher als Zielscheibe der Evolution ansah.

Rand- und Nebenbedingungen vorliegen. Dennoch bleibt auf höherer Evolutionsebene Selektion, vor allem gegen Fehlkopien der eigenen Art, unumstößliches Gesetz. Allerdings komplizieren die vielen Zusatzbedingungen den Prozess in einem solchen Maße, dass quantitative Voraussagen zumeist unmöglich werden. „Fittest" ist auf der Ebene des Menschen keine Eigenschaft mehr, die sich mit messbaren Merkmalen korrelieren ließe. Wir müssen uns daher vor Extrapolationen[26] hüten. Erfahrungen, die auf niedrigerer Ebene gewonnen wurden, lassen sich nicht bedenkenlos auf eine höhere Ebene projizieren. Derartige Extrapolationen haben oft den Weg zur richtigen Bewertung des Darwinschen Prinzips, des wohl wichtigsten Organisationsprinzips für die Entstehung und Entwicklung allen Lebens, verstellt. Was leistet nun das Selektionsprinzip für den Prozess der Informationsentstehung? Wieder wollen wir uns auf die Anfangsstadien der Evolution, nämlich auf die Informationsentstehung in einzelnen Molekülen, beschränken.

■ Bedeutet Evolution die Optimierung der funktionellen Effizienz?

Bietet nun das Selektionsprinzip eine Lösung für das Komplexitätsproblem? Ist die Entstehung „informierter" Ur-Gene sowie die Optimierung der funktionellen Effizienz ihrer Übersetzungsprodukte durch dieses Prinzip erklärbar? Gehen wir von der landläufigen Interpretation des Darwinschen Prinzips aus, so stoßen wir auf eine Schwierigkeit. Es ist heute allgemein akzeptiert, dass Selektion eine determinierte Eigenschaft selbstreproduktiver Systeme ist. Wenn eine vorteilhaftere Mutante erst einmal in statistisch signifikanter Anzahl auftritt, so wächst sie unausweichlich hoch und dominiert schließlich die Population. Lediglich in der Anfangsphase gibt es eine Unsicherheit. Solange bloß eine Sequenz oder sehr wenige Exemplare vorliegen, könnten diese per Zufall aussterben, bevor sie eine Chance hatten, sich zu reproduzieren. Deterministische[27] Selektion hat also immer eine stochastische Anfangsphase, deshalb der zusätzliche Hinweis auf statistische Signifikanz. Das Entscheidende aber ist: Man nimmt an, dass die Mutante ihren Ursprung einem zufälligen Ereignis, einer statistischen Fluktuation, ver-

26 **Extrapolation** = Bestimmung einer mathematischen Beziehung über den gesicherten Bereich hinaus.
27 **Determinismus** = (von lat. determinare = abgrenzen) = Lehre von der kausalen Bestimmtheit allen Geschehens, auch des menschlichen Handelns durch Naturgesetze (Vorbestimmtheit).

dankt. Mit anderen Worten, jede Mutante erscheint mit einer Wahrscheinlichkeit, die unabhängig davon ist, ob es sich um eine vorteilhafte, neutrale oder minderwertige Variante handelt. Dies würde bedeuten: Vorteilhafte Mutanten treten äußerst selten auf. Bei dieser Art von Interpretation käme das Komplexitätsproblem, das mithilfe der Selektion gerade gelöst schien, zur Hintertür wieder herein. Durch weitere Mutation und selektive Stabilisierung der vorteilhaften Variante wird in ständiger Iteration schließlich die bestmögliche Zielstruktur erreicht. Der Abstand zur nächst besseren Variante wird dabei umso größer, je höher die Anforderungen sind, die an die Funktionserfüllung gestellt werden. So sähe das Ergebnis für ein einfaches Wechselspiel zwischen zufälliger Mutation und gesetzmäßiger Selektion aus. Es könnte allein dann zum Ziel führen, wenn mit Annäherung an das Optimum der Selektionswert monoton zunähme.

Wir wissen aber, dass dies nicht der Fall ist. Vielmehr müssen wir uns die Wertverteilung der Mutanten in einem gegebenen System wie eine Landschaft mit Ebenen, Hügeln und Hochgebirgen vorstellen. Der Selektionsmechanismus sorgt zwar dafür, dass der in der Ausgangsverteilung höchste Werthügel, der vorerst lediglich durch eine oder wenige Sequenzen repräsentiert ist, sogleich mit vielen Kopien besetzt wird und dass sich die Mutanten um diesen, fürs erste bestangepassten und daher selektierten Wildtyp, gruppieren. Nun jedoch gerät das System in eine Zwangslage. Der noch nicht optimale Werthügel wird zur Falle. Die lokal fixierte Verteilung kann sich nur durch Mutationssprünge aus dieser Falle befreien und erreicht dabei bloß den nächst höheren Hügel. Bei willkürlicher Anordnung der Werthügel und statistisch zufälligen Sprüngen wäre das System letzten Endes wieder gezwungen, alle möglichen Alternativen durchzuspielen, und dabei erweist sich die Lokalisierung der Mutantenverteilung eher als hinderlich. Das ganze Ausmaß dieses schon zu Darwins Lebzeiten erahnten Dilemmas wird erst sichtbar, wenn man einmal die Mutationswahrscheinlichkeiten quantitativ abschätzt. Die in der klassischen Genetik gemachte Annahme einer ziellosen Produktion von Mutanten hat nicht zuletzt ihren Ursprung in der Tatsache, dass der Prozess sich im Verborgenen abspielt. Eine Mutante wird in einer Population erst dann sichtbar, wenn sie sich durch einen Vorteil ausweist und diesen in ihren phänotypischen Merkmalen, die sich hinreichend vom bislang dominierenden Wildtyp abheben müssen, zum Ausdruck bringt.

Es wird sich herausstellen, dass es nicht bloß auf die Neutralmutanten ankommt, sondern dass auch die quantitative Festlegung der Populationszahlen aller Mutanten notwendig ist. In der klassischen Auslegung schien man darauf verzichten zu können. Die Formulierung „survival off the fittest" deutet an, dass man ausschließlich an den Wildtyp, den bestangepassten Individualtyp, dachte. Mutanten wurden als überlagerte statistische Fluktuationen angesehen, notwendig als Quelle des evolutiven Fortschritts, doch in der Mehrheit weder beobachtbar noch identifizierbar. Auf keinen Fall waren sie irgendwie voraussagbar oder gar beeinflussbar. Das überaus seltene Auftauchen einer vorteilhaften Mutante konnte somit als losgelöstes, reines Zufallsereignis betrachtet und durch einen entsprechenden ad-hoc-Term im Ratenansatz formuliert werden. Für den heutigen Molekularbiologen sind aber Mutanten durch Klonieren[28] nachweisbar und mithilfe der Sequenzanalyse zu identifizieren. Theorie und Experiment zeigen übereinstimmend, dass bei Viren der Wildtyp als Individuum in relativ geringem Anteil vorliegt und erst durch die mittlere Sequenz des Mutantenensembles makroskopisch eindeutig charakterisiert ist. Im Ensemble sind normalerweise insgesamt sehr viel mehr Mutanten als Wildtyp-Individuen präsent; wenngleich der Wildtyp die individuell häufigste Sequenz darstellt, so wird er doch von der Summe der Mutanten an Zahl weit übertroffen. Die individuelle Häufigkeit der Mutanten wiederum hängt von ihrem Verwandtschaftsgrad mit dem Wildtyp ab. Je geringer die Verwandtschaft mit dem Wildtyp ist, umso geringer wird die Wahrscheinlichkeit für eine direkte Erzeugung der betreffenden Mutante aus dem Wildtyp.

Die Verteilung wird dagegen unter Umständen drastisch modifiziert, wenn die Mutanten in der Lage sind, sich ebenfalls, mit ähnlicher Effizienz wie der Wildtyp, zu reproduzieren. Zunächst einmal erhöhen sich dadurch ihre stationären Populationszahlen. Sodann produzieren die Mutanten durch Fehlkopierung ihrerseits wieder Mutanten. Schließlich wird sogar eine vom Wildtyp relativ weit entfernte Mutante in großer Menge auftreten, vorausgesetzt ihre Vorläufer (bezogen auf den Wildtyp) reproduzieren sich fast ebenso effizient wie der Wildtyp. Ein derartiger Verstärkungseffekt kann viele Größenordnungen ausmachen. Die Erzeugung einer vorteilhaften Mutante, die im neodarwinschen Modell allein dem Zufall überantwortet war, ist jetzt durch folgende Kausalkette determiniert:

- Dem Wildtyp nahverwandte Mutanten werden primär durch Fehlkopierung des Wildtyps hervorgebracht. Es baut sich eine Poisson-Verteilung auf, in der enge Verwandte des Wildtyps relativ häufig auftreten.
- Selektiver Vorteil ist im Allgemeinen nur bei größeren Mutationssprüngen zu erwarten. Diese erfolgen als statistische Fluktuationen äußerst selten.
- Die anfänglich wertunabhängig erzeugte Poisson-Verteilung wird durch Selektion modifiziert. Funktionstüchtige Mutanten, deren Selektionswerte dem des Wildtyps nahekommen, erreichen sehr viel höhere Populationszahlen als funktionsarme Varianten.
- Es baut sich dadurch ein asymmetrisches Mutantenspektrum auf, in dem auch weit vom Wildtyp entfernte Mutanten sukzessive aus Zwischengliedern entstehen. Das Spektrum wird entscheidend von der Strukturierung der Wertlandschaft geprägt.
- Die Wertlandschaft besteht aus zusammenhängenden Hügel- und Bergregionen. In den Bergregionen ist das Mutantenspektrum weit gestreut und es kommen auch entfernte Verwandte des Wildtyps mit endlicher Häufigkeit vor.
- Gerade in Bergregionen sind weitere selektiv vorteilhafte Mutanten zu erwarten. Sobald eine solche an der Peripherie des Mutantenspektrums auftaucht, bricht das vorherige Ensemble zusammen. Es baut sich ein neues um die vorteilhafte Mutante herum auf, die damit die Rolle des Wildtyps übernimmt.
- Die Besetzung der Grate des Wertgebirges mit wertvollen Mutanten lenkt den Evolutionsprozess systematisch in die Richtung, in der ein höherer Wertgipfel mit größter Wahrscheinlichkeit zu erwarten ist. Dieser Umstand verhindert, dass eine Vielzahl von (wertlosen und neutralen) Sequenzen blindlings auf ihre Tauglichkeit durchgetestet werden muss.

Die beschriebene Kausalkette bedingt, dass die vorteilhaften Mutanten, aufgrund einer Art von Massenwirkung, mit um viele Größenordnungen höheren Wahrscheinlichkeiten erzeugt werden als die in vergleichbarem Abstand vom Wildtyp befindlichen wertlosen Mutanten, obwohl der Elementarprozess der Mutation nach wie vor rein statistisch-zufälliger Natur ist. Es ist mithin keine magisch vorausschauende Kraft am Werke, sondern die Besetzung des Mutantenspektrums wird physikalisch und zwar durch „Massenwirkung" gesteuert. Diese lenkt den Prozess gezielt in die Bergregionen der Wertlandschaft. Dabei gilt folgende Relation: Ähnlichkeit in der Primärfolge der Bausteine in

---

28 **Klonieren** (von gr. Klön = Sprössling) = Herstellung genetisch einheitlicher (identischer) Nachkommenzellen, die durch asexuelle Vermehrung aus einer Zelle hervorgegangen sind.

den Genen bedingt Ähnlichkeit in der Primärfolge der Bausteine in den Proteinen, den zur Bewertung anstehenden Funktionseinheiten. Ähnlichkeit in der Abfolge der Bausteine in den Proteinketten bedingt Ähnlichkeit in deren Faltungsstrukturen. Ähnlichkeit in den Faltungsstrukturen bedingt Ähnlichkeit der funktionellen Eigenschaften und deren Effizienz. Diese Ähnlichkeitsrelation ist allerdings keineswegs durch eine einfache lineare Proportionalität gekennzeichnet. Ähnlichkeit der Primärstruktur muss nicht in jedem Falle Ähnlichkeit in der funktionellen Effizienz bedeuten. Es besteht lediglich ein gewisser kontinuierlicher Zusammenhang, analog einer Gebirgslandschaft, in der Höhen und Tiefen zwar weitgehend kontinuierlich ineinander übergehen, wo gelegentlich jedoch Steilwände und Schluchten auftreten.

■ Was sind Sequenzraum und Quasispezies?

Es handelt sich hierbei um zwei neuartige Konzepte, mit deren Hilfe eine molekulare Selbstorganisationstheorie quantitativ formuliert werden konnte. Es ist eine dynamische Theorie, in der als zeitliche Variable die Populationszahlen von Nukleinsäuresequenzen fungieren und deren zeitliche Veränderungen durch Geschwindigkeitsparameter gesteuert werden. Die Theorie beschreibt die Entstehung von Information, die in der Bausteinabfolge der Nukleinsäuresequenzen niedergelegt ist und deren Quantität in der Länge der Sequenzen zum Ausdruck kommt. Benötigt wird die Information für eine Optimierung der Selbstreproduktion unter gegebenen Umweltbedingungen. Sie koppelt dabei auf ihre eigene Erzeugung zurück. Diese Rückkopplungsschlaufe, die in der inhärent autokatalytischen Natur der Reproduktionskinetik begründet ist, sorgt für die selbstorganisierende Wirkung bei der Entstehung von genetischer Information. Die neue Formulierung des Selektionskonzepts und dessen Anwendung auf molekulare Systeme unterscheiden sich deutlich von dem ursprünglichen Darwinschen Ansatz und seiner Ausgestaltung in der Populationsgenetik. Zielscheibe der Selektion ist nicht mehr der individuelle Wildtyp, der seinerseits wahllos Zufallsmutanten erzeugt. Objekt der selektiven Bewertung ist vielmehr das gesamte Mutantenensemble, das wir als Quasispezies bezeichnen. In dieser ist die dominante Mutante (der sogenannte Wildtyp) zwar noch immer die zahlenmäßig am stärksten ver-

tretene Sequenz, doch macht sie nur einen geringfügigen Bruchteil der Gesamtmenge der Mutanten aus.

Der essentielle Unterschied zum neodarwinischen Konzept des Wechselspiels von Mutation = Zufall und gesetzmäßiger Selektion der vorteilhaften Mutante = Notwendigkeit, das die Evolution zum Durchspielen eines großen Teils aller möglichen Sequenzen zwingen und damit in den meisten Fällen über eine lokale Optimierung nicht hinausgelangen lassen würde, resultiert aus der Struktur der Quasispezies. Da die Quasispezies in ihrer Gesamtheit bewertet wird, hängen die individuellen Populationszahlen der Mutanten nicht mehr, wie im klassischen Bild, allein von ihrem Abstand zum selektierten Wildtyp, sondern zusätzlich von ihren individuellen Fitnesswerten[29] sowie von deren Verteilung in der umgebenden Wertlandschaft ab. Neutrale oder nahezu neutrale Mutanten sind aufgrund ihrer effizienten Selbstreproduktion ungleich stärker vertreten als der Rest der Mutanten. Befindet sich eine wertvolle Mutante in einer Umgebung von wertvollen Mutanten, also in einer Bergregion der Wertlandschaft, so entsteht sie zusätzlich durch Fehlkopierung ihrer Nachbarmutanten. Dieser Selbstverstärkungseffekt verändert die individuellen Populationszahlen drastisch. Die mit steigendem Abstand von der dominanten Sequenz abnehmenden Populationszahlen werden dabei so moduliert, dass die Populationstopografie ein prononciertes, wenn auch verzerrtes Abbild der Werttopographie darstellt. Je mehr eine Mutante in ihrer Fitness der dominanten Sequenz gleicht, je mehr sie von weiteren, gleich wertvollen Sequenzen umgeben ist, umso größer ist ihre zahlenmäßige Präsenz. Die Tatsache, dass die Mutantenverteilung asymmetrisch ist und bei hohem Fitnessgrad weit in den Sequenzraum hineinreicht, hat zwei Konsequenzen, die wir im klassischen Modell nicht vorfinden, ja die den Zufallscharakter der Mutantenerzeugung stark modifizieren.

Erstens ereignen sich die meisten im System vorkommenden Mutationen in den Bergregionen der Wertlandschaft, nämlich genau da, wo man im Evolutionsprozess die optimalen Gipfel erwartet. Das System sucht mit großer Effizienz nach Mutanten in der Region, in der der Erwartungswert für eine vorteilhafte Mutante am höchsten ist. Singuläre Gipfel werden erst gar nicht angesteuert. Zweitens wird ungezieltes Driften stark eingeschränkt, da wirklich neutrale Mutanten äußerst selten auftreten. Dies bedeutet nicht, dass es nicht viele Mutanten mit nahezu gleichem, auf den Wildtyp bezogenen, Fitnesswert gibt.

---

29 **Fitnesswert** = siehe: fittest

Da jedoch die Selektionsentscheidung ebenso von der Bewertung der Nachbarschaft abhängt, müssten wirklich neutral zu bewertende Mutanten nicht bloß in ihren individuellen Fitnesswerten fast übereinstimmen, sondern auch einander exakt entsprechende Nachbarschaften aufweisen. Das aber ist sehr unwahrscheinlich und so wird es in makroskopischen Ensembles, die im Allgemeinen aus 10^{10} oder mehr Sequenzen bestehen, extrem selten neutrale Entartungen der Populationsverteilungen geben. Im neuen Bild entfällt die Notwendigkeit einer Definition des Neutralitätsbegriffs. In der klassischen Neutral-Theorie blieb die Frage offen, wie groß der Unterschied in den Selektionswerten sein darf, damit zwei Sequenzen noch als neutral gelten können. Im Quasispezies-Modell wird jede Sequenz exakt nach ihrem Fitnessgrad, unter Berücksichtigung der Nachbarschaft, bewertet.

Die Fehlerschwellenbedingung (6) wird immer dann verletzt, wenn eine vorteilhaftere Mutante in Erscheinung tritt. Die bestehende Quasispezies wird destabilisiert, löst sich auf und kondensiert wieder in einer anderen Region des Sequenzraumes. Evolution ist damit durch eine Folge von Phasensprüngen gekennzeichnet. Sie vollzieht sich keineswegs völlig ziel- und regellos, denn vorteilhafte Mutanten treten mit größter Wahrscheinlichkeit in den Bergregionen der Wertlandschaft auf. Eine derartige „Vorprogrammierung" hängt natürlich von der Populationsgröße ab. Sie spielt sich auf mikroskopischer Ebene ab, ist aber trotzdem in einem gewissen Maße determiniert. In einer solchen Zielgerichtetheit des Evolutionsprozesses kommt vielleicht am ehesten die Wandlung des Darwinschen Weltbildes zum Ausdruck. Jemand, der gewohnt ist, Darwin weltanschaulich auszulegen, wird sich schwerlich von dieser neuen Interpretation überzeugen lassen. Er wird ihr sein gewohntes Weltbild entgegenhalten, das, dialektisch gesehen, natürlich eine mögliche Alternative bietet. Aber unsere Argumentation ist nicht dialektisch. Deshalb ist zweierlei wichtig: Einmal, Behauptungen müssen logisch, das heißt letztlich mathematisch begründbar sein, und zum anderen, die sich aus der Theorie ergebenden Konsequenzen müssen sich von denen anderer Modelle unterscheiden und experimentell nachprüfbar sein. Was die mathematische Untermauerung anbelangt, so ist sie auf das „Wenn-dann"-Verhalten des Systems beschränkt. Sie geht von fixierten Randbedingungen aus und zeigt, was daraus unweigerlich folgen muss. Insofern spiegelt ein mathematisches Modell nicht unmittelbar die Realität wider, sondern es stellt immer eine Abstraktion von der Wirklichkeit dar. Darum ist es wichtig, sich von der Relevanz der gemachten Randbedingungen in der Wirklichkeit, durch Beobachtung der realen Prozesse, zu überzeugen. So gesehen sagt unsere Interpretation lediglich aus: Wenn Selektion aus unterschiedlicher Effizienz der Reproduktion resultiert, dann geschieht das im Sinne des Quasispezies-Modells und nicht so, wie man es sich aufgrund des einfachen Wildtyp-Modells vorgestellt hat. Wenn Evolution auf der Grundlage natürlicher Selektion stattfindet, dann ist sie auch wertorientiert.

Die wesentliche Kritik am Darwinschen Konzept bezog sich auf den Anspruch, dass jenes die gesamte Evolution erklären wollte. In der Entwicklung des Lebens vom Molekülsystem bis hin zum Menschen sind jedoch viele Stufen der Organisation durchlaufen worden, von denen manche darwinscher, viele dagegen grundlegend anderer Natur waren. Da die Erhaltung aller lebenden Systeme auf Reproduktion basiert, spielt Selektion auf allen Stufen eine Rolle. Doch kommt sie infolge verschiedenartiger Organisationsmechanismen in mannigfaltiger Weise zum Ausdruck, manchmal als Koexistenz oder gar Kooperation, manchmal als Konkurrenz und Auslese bis hin zur nicht mehr revidierbaren „Ein-für-allemal"-Entscheidung.

■ Unter welchen Vorraussetzungen kann Leben entstehen?

Selbstreproduktion und Mutagenität haben wir als Voraussetzungen für die selektive Entstehung der Information des Lebens, für die Organisation einer sich ständig optimierenden Funktionalität makromolekularer Strukturen, erkannt. Wie aber sind die ersten selbstreproduzierenden Moleküle wirklich entstanden? War die Chemie in der Frühzeit unseres Planeten reichhaltig genug, um eine Synthese aller für das Leben notwendigen chemischen Bausteine zu gewährleisten? Wir wissen in vielen Fällen, wie es gewesen sein könnte, aber nicht, wie es gewesen ist. So bleibt es nicht aus, dass sich Meinungen herausbilden, die manchmal gar den Charakter von Weltanschauungen tragen. Da gibt es zunächst die Frage, wer kam zuerst, die Proteine oder die Nukleinsäuren, eine moderne Version des Henne-Ei-Problems der Scholastiker[30]. Zweifellos sind es die Proteine, die sich chemisch leichter bilden können und

---

30 **Scholastik** (von gr. scholastikós = studierend) = Spekulative Denkweise und Methode der Beweisführung mittels theoretischer Erwägungen der lateinsprachigen Gelehrtenwelt des Mittelalters.

die deshalb vermutlich zuerst da waren. Es können sich also vielerlei nieder- und hochmolekulare Reaktionsprodukte während der präbiotischen Phase gebildet und in großen Mengen in gelöster Form in den Wasserreservoiren angesammelt haben. Ebenso ist anzunehmen, dass sich unter diesen Substanzen auch solche befanden, die, insbesondere im Kontakt mit Grenzflächen, bedeutende katalytische Fähigkeiten entwickelt haben. Diese Katalysatoren waren allerdings weder optimal noch als solche optimierbar. Die Optimierung bedarf eines auf Selbstreproduktion basierenden, evolutiven Anpassungsprozesses. Für die Nukleinsäuren gibt es ebenfalls eine Vielzahl von Entstehungsmöglichkeiten. Die Suche nach einem Katalysator für die RNA-Synthese, einer präbiotischen Polymerase[31], ist vielleicht einer der wesentlichen Teilaspekte des in der Überschrift zu diesem Kapitel angesprochenen Fragenkomplexes.

■ Die Stufenleiter der Organisation

Die im Lebensprozess konservierten historischen Zeugnisse legen eine sukzessive Entstehung von Leben auf der Erde, beginnend vor circa vier Milliarden Jahren, nahe. Aus unserer physikalischen Einsicht in das Verhalten der Materie können wir Wirkungsprinzipien ableiten, die die Entstehung einer auf optimale funktionale Effizienz ausgerichteten Organisation verständlich machen, die wir als frühe Form des Lebens bezeichnen können. Es gibt allerdings keine Weltformel, die die Entstehung des Lebens als Konsequenz materiellen Verhaltens zwingend deduzierte und gleichzeitig das Wunder der Mannigfaltigkeit höheren Lebens bis hin zur Seele des Menschen erklären könnte. Auf jeder Stufe der Evolution lassen sich Mechanismen identifizieren, die es dem System erlauben, sich weiter zu entwickeln. Sie haben vieles miteinander gemein und weichen doch im Detail voneinander ab. Ein selbstorganisierendes System muss darüber hinaus so etwas wie eine Motivation zum Selbstaufbau mitbringen. Es hat dann letzten Endes keine andere Wahl, als sich optimal den gegebenen Umweltbedingungen, die es selbst mitbeeinflusst, anzupassen.

Als wichtigstes Prinzip einer solchen Selbstorganisation hatten wir das von Charles DARWIN und Alfred Russel WALLACE ausgesprochene Prinzip der natürlichen Auslese erkannt. Es gibt sich auf den verschiedenen Stufen der Organisation in jeweils modifizier-

ter Art zu erkennen. Naturgesetzlichen Charakter, im Sinne eines einfachen Extremalprinzips[32], hat es für Replikatorsysteme. Zu diesen zählen reproduktionsfähige DNA- und RNA-Makromoleküle sowie komplexere, DNA oder RNA[33] enthaltende Viruspartikel oder gar autonome Mikroorganismen, die sich vermöge der chemischen Reproduktivität ihrer Nukleinsäuren, durch Zellteilung vegetativ fortpflanzen. Voraussetzung für evolutives Verhalten ist neben der inhärent autokatalytischen Selbstvermehrung aller Varianten von Replikatoren sowie neben ihrer Mutagenität, die Aufrechterhaltung eines ständigen chemischen Umsatzes durch Zuführung energiereicher Bausteine. Selbst- oder Komplementärreproduktion ist innerhalb enger Grenzen darauf festgelegt, dass die Bildungsgeschwindigkeit eines Replikators proportional zu seiner Konzentration ist. In Abwesenheit von Wachstumsbegrenzungen läuft das auf exponentielle Vermehrung hinaus. Wäre die Geschwindigkeit dagegen nicht von der Populationszahl abhängig, besäße sie irgendeinen konstanten Wert, so käme es statt zur Selektion zur Koexistenz. Dabei würden die sich einstellenden konstanten Proportionen der Populationszahlen aller Konkurrenten den Relationen ihrer Wachstumsraten entsprechen. Die besser angepasste Mutante wäre zwar zahlenmäßig begünstigt, doch sie wäre nicht mehr imstande, ihre Konkurrenten zu verdrängen. Sogenannte Nischenbildung, die eine Koexistenz von Arten (wie auch Molekülen) beinhaltet, ist einer solchen Situation äquivalent.

Wenn dagegen die Bildungsrate stärker als linear von der Populationszahl abhängt, kann das Wachstum hyperbolisch[34] werden. Im Falle einer Begrenzung des Lebensraumes führt das dazu, dass der Selektionswert nicht nur von der Fähigkeit der Reproduktion des Individuums abhängt, sondern auch von dessen Repräsentanz, also von seiner Populationszahl. Eine etablierte Population ließe sich dann nicht mehr von einer anfänglich in nur einer oder sehr wenigen Exemplaren auftretenden, vorteilhaften, Mutante aus dem Feld schlagen, auch wenn diese sich infolge ihrer spezifischen Eigenschaften erfolgreicher reproduzieren könnte. „Ein-für-allemal"-Selektion wäre das Resultat. Die Mannigfaltigkeit der Arten, die unseren Pla-

---

31 **Polymerasen** = zu den Transferasen gehörende Enzyme, die die Synthese von Nukleinsäuren als Nukleotiden katalysieren.

32 **Extremalprinzip** = besagt in mathematischer Form, dass eine geeignet gewählte mechanische Größe beim Bewegungsvorgang einen Extremwert, meist ein Minimum, annimmt.

33 **DNA**, **RNA** = siehe: Nukleinsäuren.

34 **hyperbolisches Wachstum** = bei dem eine Menge in immer kürzer werdenden Zeitabschnitten um denselben Faktor zunimmt (so verdoppelt sich z. B. die Bevölkerung der Erde in immer kürzeren Zeitabständen).

neten bevölkern, ist mit einem derartigen Verhalten nicht vereinbar. Wir stellen fest, jede individuelle Spezies, die sich selbst zu verdoppeln vermag, ob DNA, RNA oder Mikroorganismus, zeigt eine gesetzmäßig fundierte natürliche Selektion. Aber wie ist es vom molekularen Replikator, dem RNA- oder DNA-Molekül mit seinem auf Genlänge begrenzten Informationsgehalt, zum zellulären Replikator, zum Bakterium oder zu einer Blaualgenzelle, gekommen? Was wird aus dem Selektionsprinzip, wenn Zellen Organismen aufbauen, die sich nicht vegetativ vermehren, sondern sexuell fortpflanzen, den Fall, den Darwin primär vor Augen hatte? Was geschieht, wenn der Replikator (= Genotyp) nicht mehr mit dem zur selektiven Bewertung anstehenden Phänotyp identisch ist?

Diese Genotyp-Phänotyp-Dichotomie[35] können wir bereits bei einem so simplen Objekt wie dem Viruspartikel beobachten. Sie ist exemplarisch für eine präzelluläre Phase der Evolution, die die molekularen Replikatoren durchlaufen mussten, bevor sie sich zu zellulären Replikatoren entwickelten, wenngleich die Viren selbst vermutlich Produkte einer postzellulären Evolution sind. Das Virus konnte erst evolvieren, nachdem sein Wirt existierte. Vermutlich war es selbst einmal ein Teil einer Zelle, der sich selbständig machte und seinen Genotyp so modifizierte, dass dabei ein konkurrenzfähiger Phänotyp herauskam. Das gilt vor allem für den virusspezifischen Faktor, das Reproduktionsenzym[36]. Die Evolution dieses Faktors erforderte eine gezielte Rückkopplung vom Übersetzungsprodukt auf das virale Gen. Das Übersetzungsprodukt musste seinem Gen durch Beeinflussung der Reproduktionsrate mitteilen, ob die im Gen erfolgte Mutation für den Phänotyp vor- oder nachteilig war. So entstand eine Replikase[37], die ausschließlich Virus-RNA mit hoher Effizienz vermehrt.

Eine vergleichbare Situation lag in der frühen Evolution vor, nämlich in dem Moment, als die Replikatoren anfingen, ihre Information in funktionstüchtige Proteine zu übersetzen. Es ist leicht vorstellbar, dass kurzkettige, RNA-ähnliche Replikatoren in dieser Phase existierten, die als Gene wie auch als Adaptoren für die Proteinbausteine fungierten. In ihrer Funktion als Adaptoren wurden die Transfer-Ribonukleinsäuren schließlich universell im Genom der Zelle konserviert. Viele ihrer heute identifizierbaren Merkmale künden

jedoch von einer vormaligen Doppelrolle. Wir bezeichnen ein System, bei dem sich dem matrizengesteuerten Replikationszyklus eine rückkoppelnde Reaktionsschlaufe überlagert, als Hyperzyklus[38]. Er entsteht dabei automatisch durch Selektion, wenn immer die oben beschriebene Rückkopplung vorliegt. Die RNA-Viren stellen natürliche Hyperzyklen dar. Die Natur hält möglicherweise weiteres Anschauungsmaterial für komplexere Hyperzyklen bereit (7). In der Anfangsphase musste also, irgendwie, eine Kooperation zwischen verschiedenen Genen erzwungen werden. Dabei waren folgende Bedingungen zu erfüllen:

Erstens musste jedes einzelne Gen seine Information vor einer Fehlerakkumulation bewahren. Es musste dazu vor allem seinen eigenen Mutanten überlegen bleiben.

Zweitens durften die Gene, die die verschiedenen einander ergänzenden Funktionen repräsentierten, nicht miteinander konkurrieren. Sie sollten kooperieren und ihre Konzentrationsverhältnisse auf stabile Werte einpendeln.

Drittens sollte das gesamte Ensemble erweiterungsfähig und optimierbar sein. Aus diesem Grunde war es wichtig, dass es als Gesamtheit mit alternativen Genensembles in Konkurrenz treten konnte.

Die einzige uns bekannte Organisationsform, die simultan alle drei Bedingungen erfüllt und ein Regelsystem aufbaut, ist der Hyperzyklus, dessen Rückkopplungen sämtliche Gene zu einer Funktionseinheit integrieren. Allerdings ist damit die Genotyp-Phänotyp-Dichotomie noch nicht überwunden. Der Hyperzyklus vermag zwar mittels seiner Selbstorganisation schnell eine Rückkopplungsschlaufe zu etablieren und zu verfestigen, bleibt aber dennoch funktionell ineffizient, es sei denn, er findet einen Weg, die in den Übersetzungsprodukten sich günstig auswirkenden Mutationen ebenfalls selektiv zu nutzen. Eine derartige Rückkopplung gelingt erst durch den Einschluss aller Komponenten in ein Kompartiment. Man mag fragen, ob der Hyperzyklus dann überhaupt noch benötigt wird. Abgeschlossen ist die Phase des Übergangs vom molekularen zum zellulären Replikator erst, wenn nicht nur sämtliche Gene zum Genom vereinigt sind, sondern wenn zusätzlich die Verdopplung des molekularen Replikators mit der Teilung der Zelle synchronisiert ist. Dann nämlich ist die Zelle in ihrer Gesamtheit, kraft der chemisch begründeten Reproduktionsfähigkeit der Nucleinsäuren, zu einer übergeordneten Replikatoreinheit geworden.

---

35 **Dichotomie** (von gr. dicha = getrennt und témnein = schneiden) = Zweiteilung, Gliederung einer Gattung in zwei Arten.

36 **Reproduktionsenzym** (siehe: Enzym)

37 **Replikase** (von lat. replicatio = Wiederaufrollen) = Enzyme aus der Klasse der Ligasen, welche bei der Ligation Adenosintriphosphat (ATP) spalten.

38 **Hyperzyklus** = Zyklische Verknüpfung autokatalytischer (sich selbst reproduzierender) Reaktionszyklen.

■ Eine neue Ära der Evolution?

Eine neue Ära der Evolution kann beginnen, wenn die Variabilität auf der Grundlage einer Selektion im Sinne Darwins wieder hergestellt ist. Die hyperzyklische Organisation der entstandenen komplexen Reaktionsnetzwerke von Nukleinsäuren und Proteinen mit ihrer konservierenden „Ein-für-allemal"-Selektion stellt sich als ein Intermezzo der Evolution heraus. Aus dieser Phase stammt (möglicherweise) die Universalität des chemischen Aufbaus der Zelle, der für alle Lebewesen verbindliche genetische Code sowie der Symmetriebruch, der jeder Klasse von makromolekularen Bausteinen eine einheitliche Chiralität[39] zuweist. Spuren hat die Integration der genetischen Information auch in dem nach Operoneinheiten[40] strukturierten Aufbau des Genoms der Prozyte[41] hinterlassen. Die dynamische Organisation des hyperzyklischen Stadiums spiegelt sich in der „sprachlichen" Ordnung des Genoms und der Regelung der Informationsabrufung wider. Die Zentralisierung der Legislative in einem einzigen, riesigen DNA-Molekül impliziert indes auch Nachteile. Die Integration durfte erst erfolgen, nachdem die Fehlerrate bei der Reproduktion hinreichend klein und das Riesenmolekül somit vor einer Fehlerkatastrophe gesichert war. Eine kleine Fehlerrate macht aber das einzelne Gen fast unwandelbar. Das Genom der Prozyte ist in Bezug auf seinen Informationsgehalt ökonomisiert. Es gibt keine überflüssigen Sequenzabschnitte, ganz ähnlich wie bei den meisten Viren, die gar überlappende Gene besitzen. Die Evolution eines einzelnen Gens, das lediglich tausend Nukleotide umfasst, verliefe bei einer Fehlerrate von weniger als eins zu einer Million äußerst langsam. Gewiss entwickelten sich neue Mechanismen, die Variabilität zuließen, gleichwohl blieb der Zelltypus der Prozyte relativ invariant. Veränderungen im Genom werden hier ausschließlich auf die unmittelbare Nachkommenschaft, die Zell-Linie, vererbt. Die Zukunft gehörte daher einem anderen Zelltypus, der Euzyte, die sich durch einen membranumhüllten Zellkern auszeichnet. Verwandtschaften im molekularen Aufbau von Pro- und Euzyte verweisen auf einen gemeinsamen Ursprung, worauf vor allem die noch gut registrierbaren Sequenzhomologien[42] von Proteinen und Nukleinsäuren beider Zelltypen hindeuten. Vielleicht war ein Vorläufer der Archaebakterien die Weggabel für Pro- und Euzyte. Die zytoplasmatischen Bestandteile der Euzyte zeigen größere Verwandtschaft zu den Archaebakterien als zu den Eubakterien[43]. Ihre Mitochondrien[44] sind dagegen als Nachfahren der Eubakterien anzusehen. Der neue Zelltypus scheint demnach aus einer Vereinigung zweier ungleichartiger Vorläufer hervorgegangen zu sein.

Rekombination ist die Grundlage der für die Euzyte charakteristischen sexuellen Vererbung. Sie beinhaltet einen Austausch von Sequenzabschnitten der DNA zwischen männlichem und weiblichem Erbsatz, so dass in jeder Generation neue Genkombinationen auftreten, die für ständige Innovation sorgen. Die wichtigste Konsequenz dieser neuen Art von Fortpflanzung ist, abgesehen von der großen Variabilität, die Verlagerung der Angriffsfläche der Evolution von der einzelnen Zell-Linie auf die gesamte Population, deren Gen-Fundus auf diese Weise jede Veränderung unmittelbar aufnimmt. Die Gene sind damit de facto wieder von der Zentralherrschaft des Genoms befreit. Ein selektiver Vorteil kann sich zum einen rasch horizontal über die gesamte Population ausbreiten, und zum anderen wird die Angriffsfläche für jede Mutation, die jetzt nur in einem beliebigen der vielen miteinander kommunizierenden Individuen einer Population zu erfolgen braucht, stark vergrößert.

Indes dieser Fortschritt hatte seinen Preis. Die Einprogrammierung des Todes wurde unumgänglich, oder treffender formuliert: Das Altern und Sterben des Individuums stellte sich als derart vorteilhaft für die Entwicklung der Art heraus, dass sie im evolutiven Prozess unausweichlich war. Bei Organismen mit vegetativer Zellteilung gibt es kein Altern des Individuums. Es ist nicht zu entscheiden, welche der beiden Zellen nach der Teilung die Tochterzelle und welche die Mutterzelle ist. So gibt es auf dieser Ebene bloß den Unfalltod. Das heißt, die vegetativ sich fortpflanzende Zelle ist im Prinzip unsterblich. Bei Organismen mit geschlechtlicher Vermehrung hingegen sind die Nachkommen eindeutig definiert. Hier ist es vorteilhaft, dass das Individuum, das seinen Beitrag für die Evolution geleistet hat, stirbt. Tod bedeutet neues

---

39 **Chiralität** (von gr. cheir = Hand) = die Eigenschaft bestimmter Gegenstände oder Systeme, die aussagt, dass ihr Spiegelbild durch Drehung nicht mit dem Original zur Deckung gebracht werden kann.

40 **Operon** (von lat. operari = arbeiten) = Funktionseinheit von gemeinsam regulierten Genen.

41 **Prozyte** = Organisationstyp der prokaryotischen Zelle, d. h. Einzeller ohne Membranhülle ihres Zellkerns.

42 **Sequenzhomologie** (von lat. sequentia = Reihenfolge und gr. homologeo = übereinstimmen) = Maß der Ähnlichkeit von Proteinen bzw. identischer Nukleoidsequenzen.

43 **Eubakterien** = neue Bezeichnung für die Mehrzahl der Bakterien (siehe: Archaebakterien).

44 **Mitochondrien** (von gr. mítos = Faden und chóndros = Korn) = stäbchenförmige Organellen im Zytoplasma der Zellen.

Leben für die Art. Für den Selektionsprozess ergeben sich bei sexueller Rekombination ähnliche „Sozial"-Probleme wie in der hyperzyklischen Phase auf molekularer Ebene. Die Konsequenzen sind hier jedoch anderer Art. Wieder wird die einfache Extremalform des Selektionsprinzips durchbrochen. Wiederum ist eine Genotyp-Phänotyp-Dichotomie zu berücksichtigen. Denn die der Gesamtpopulation zugehörigen Gene sind die Zielscheibe der Mutation, aber das Individuum, ein Kollektiv von speziellen Genen, ist der Phänotyp, der sich der Selektion stellen muss. Bei einem Genom von mehr als hundert Millionen Nukleotiden sind alle Mutanten einzigartig. Sie lassen sich nicht mehr, wie in den molekularen Quasispeziesverteilungen oder bei Viren durch deterministische Populationszahlen beschreiben. Bei einem so großen Genom müsste es viele neutrale Mutationen, das sind Veränderungen, die durch keinerlei Selektionsvorteil ausgezeichnet sind, geben. Es lässt sich nicht vorhersagen, welche von diesen hochwachsen (genetische Drift[45]) und welche bald aussterben. Andere Mechanismen der Genveränderung als die einfache Punktmutation oder die Insertion und Deletion von Bausteinen, Umgruppierungen an den Schnittstellen der neukombinierten Sequenzabschnitte sowie Einlagerungen verdoppelter oder invertierter Genfragmente eröffnen neue Wege für den Evolutionsprozess. Auf diese Weise findet in einer Population schnell eine horizontale Ausbreitung von Mutationen statt. Man hat alle Prozesse, die zu einer die vertikale Selektionsbewertung unterlaufenden Ausbreitung führen, unter dem Stichwort „Molecular Drive" zusammengefasst (8). Somit vermochte die Euzyte aus der evolutiven Sackgasse, in die Replikatoren mit großem Genom wegen der notwendigen drastischen Verringerung der Fehlerrate geraten mussten, auszubrechen. Die große Lernkapazität des Immunsystems, das eine enorme Vielfalt der für einen Organismus fremdartigen Molekularstrukturen erkennt (9), basiert weitgehend auf diesen Variationsmöglichkeiten des rekombinativen Genaustausches.

Die Evolution höherer, vielzelliger Lebensformen musste die Perfektionierung des rekombinativen Instrumentariums abwarten. Dementsprechend finden wir bis ins späte Präkambrium hinein, also über einen Zeitraum von etwa drei Milliarden Jahren, ausschließlich einzellige Organismen. Erst danach, etwa vor fünfhundert bis tausend Millionen Jahren, setzte eine explosionsartige Entwicklung ein, die wahre Wunderwerke der Evoluti-

_____
45 **Genetischer Drift** = Zufällige Veränderung der Genfrequenz innerhalb des Genpools einer Population als Evolutionsfaktor.

on hervorbrachte. Die Organisation der Vielzeller verlangt neue Wege der Selbstorganisation. Programmiert im Genom der Zelle ist nur die Regelung der Selbstorganisation, nicht jedoch die Organisation per se. Ein Beispiel mag das verdeutlichen: Der Mensch hat in seinem Zentralnervensystem mehr Nervenzellen als Informationssymbole in seinem Genom. Das bedeutet, dass die Kontakte, die Milliarden von Zellen miteinander verbinden, nicht im Einzelnen vorprogrammiert sein können. Es können lediglich einige spezialisierte Funktionen sowie die Methode für einen differenzierten Aufbau des Organs genetisch fixiert sein.

Zelldifferenzierung und Morphogenese sind wiederum Selbstorganisationsprozesse (10), allerdings auf einer weiteren, nämlich zellulären Ebene, wenngleich sie nach wie vor von molekularen Ereignissen gesteuert werden. Das Musterbeispiel eines hochdifferenzierten Organs ist das Zentralnervensystem des Menschen mit seinen vielen Milliarden von Nervenzellen, die über vielfältige Kontakte, ca. tausend bis zehntausend Verknüpfungen oder Synapsen pro Nervenzelle, miteinander kommunizieren.

■ Schöpfung ohne Ende?

Die Entstehung des Lebens ist nicht einfach durch den Übergang von unbelebter in belebte Materie zu definieren. Zum einen ist der Übergang als solcher kaum auszumachen, denn er verläuft kontinuierlich. Zum anderen ist die Evolution des Lebens damit nicht abgeschlossen, ja, es reiht sich eine nicht abreißende Kette von Entwicklungen an, deren Komplexität die der ersten Stufen zum Leben bei weitem übersteigt. Die frühesten autonomen Lebewesen sind in der Tat viel weiter vom Menschen entfernt als von „jener Natur, die nicht einmal verdiente, tot genannt zu werden, weil sie unorganisch war". Das spiegelt sich auch offenkundig im zeitlichen Ablauf der Evolution wider. Zelluläres Leben erschien auf unserem Planeten, nachdem dieser abgekühlt war und eine chemische Selbstorganisation zuließ, innerhalb von weniger als einer Milliarde Jahren. Wahrscheinlich wurde der größte Teil dieser Zeitspanne dazu gebraucht, die für den Lebensprozess erforderlichen Moleküle so weit anzureichern, dass sie in hinreichender Konzentration vorhanden waren, somit einander oft genug begegnen konnten und dabei ein „Sozialwesen", die erste Zelle, organisieren konnten. Demgegenüber verweilte das Leben auf der Stufe des Einzellers für einen Zeitraum von ungefähr drei Milliarden Jahren. Natürlich ist diese Phase in viele Einzelstufen unterteilt. Die Zellen mussten Eigenschaften entwickeln, die später einmal den Aufbau zellulärer Sozialordnungen gestatteten, für die die Amöbe ein klassisches Vorbild liefert. Der Weg führte vom Molekül zum integrierten Molekülsystem, von der einzelnen Zelle zum System interagierender Zellen, vom Zellhaufen zum integrierten Zellstaat, vom Organ zum höheren Organismus. Bis zum Menschen dauerte es dann noch einmal fast eine Milliarde Jahre.

Leben ist ein eminenter Bestandteil der Umwelt geworden! Die Arten sind aufeinander angewiesen! Man spricht vom ökologischen Gleichgewicht, obwohl es ein solches in der sich stetig verändernden Szenerie auf Dauer nicht geben kann. Aufgrund der vielfältigen Kopplungen haben Störungen weitreichende, zumeist nicht überschaubare Konsequenzen. Der Selektionswert einer jeden Spezies ist eine komplizierte, nichtlineare Funktion vieler Variablen geworden. Eine Dogmatisierung der Selektionsidee und ihre Projektion in den Sozialbereich der Lebewesen könnte schlimme Folgen heraufbeschwören. Es ist offenkundig, dass die Lösung des Problems Leben, auch wenn man es als ein abstraktes Problem prinzipieller Natur ansieht, nicht in einer „Weltformel" zu suchen ist. WITTGENSTEIN[46] sagt in seinem „Tractatus Logico-Philosophicus" und beschreibt damit treffend die Situation der modernen Biologie: „Die Lösung des Problems des Lebens merkt man am Verschwinden dieses Problems." Der Schöpfungsprozess ist keineswegs abgeschlossen, doch niemand vermag vorauszusagen, was innerhalb von Zeiträumen geschehen wird, die als vernachlässigbar klein im Vergleich zu den Phasen der genetischen Evolution gelten müssen. Wir sind heute in der Lage, in den genetischen Ablauf, reparierend, einzugreifen. Ein schöpferischer Eingriff würde allerdings Kenntnisse erfordern, die wir (noch?) nicht besitzen. Doch wird sich evolutiver Fortschritt in naher Zukunft kaum auf der genetischen Ebene vollziehen. Die Aktivierung des Geistes im Menschen hat das Entwicklungskarussell in schnelle Rotation versetzt. Nahezu alles, was in absehbarer Zeit geschieht, wird jetzt vom Menschen ausgehen. Nach wie vor heißt das Motto der Evolution: Überleben. Meistern werden wir dieses Problem allein durch die Mobilisierung unseres Geistes, dessen ethische Komponente mit dem rasanten Wachstum von Wissenschaft und Technik allerdings nicht Schritt zu halten vermochte.

Auch hier wird uns keine „Weltformel" zu Hilfe kommen, sondern wir werden Stufe um Stufe selbst um Lösungen ringen müssen. Die Schöpfung des Geistes hat eben erst begonnen!

■ Resümee: Darwin ist tot – es lebe Darwin!

Ist der Übergang von unbelebt zu belebt ein Vorgang, der sich im Rahmen unseres physikalisch-chemischen Weltbildes begreifen und deuten lässt?

Zwei Eigenschaften der Materie, die wir schon bei den auf der Grenze zwischen Leben und Nichtleben stehenden Viren beobachten, sind charakteristisch für die Qualität „Leben" und müssen, wenn wir die oben gestellte Frage mit Ja beantworten wollen, physikalisch oder chemisch erklärt werden: Erstens, die materielle Komplexität aller für den Lebensprozess typischen Strukturen, angefangen bei den Proteinen und Nukleinsäuren. Erwin SCHRÖDINGER (11) bezeichnete sie als aperiodische Kristalle. Zweitens, der auf funktionelle Zweckmäßigkeit ausgerichtete molekulare Aufbau dieser Strukturen. Jacques MONOD (12) sprach von einer Teleonomie[47] der Organisation. Viele Physiker glauben, dass die gegenwärtig akzeptierten Gesetze der Physik nicht ausreichen, um derartige Eigenschaften zu begründen. Ja, Eugene WIGNER (13) macht geltend, dass nicht einmal das Phänomen der Reproduktion mit den Gesetzen der Quantenmechanik kompatibel sei. Wenn wir in der Biologie von Reproduktion sprechen, so verstehen wir darunter nicht die exakte Reproduktion des physikalischen Zustandes. Dieses, in der statistischen Mechanik mit dem Wort „Wiederkehr" („recurrence") umschriebene Problem wurde schon von Ludwig BOLTZMANN einer genaueren Analyse unterzogen. Reproduktion ist in der Molekularbiologie lediglich die Reproduktion der genetischen Information, der exakten Abfolge der Symbole in den Nukleinsäuren, nicht die Reproduktion von Ort und Geschwindigkeit eines jeden Atoms. Dennoch ist die Frage berechtigt, wie es möglich ist, dass etwa ein Gen, dessen Sequenz eine von 10^{600} (eine Eins mit sechshundert Nullen) möglichen Alternativen gleicher Länge darstellt, sich spontan und reproduzierbar bildet. Welche physikalische Wirkung ist dafür verantwortlich?

---

46 Ludwig WITTGENSTEIN (1889–1951): Philosoph der „Wiener Schule", Prof. in Cambridge.

47 **Teleonomie** (von gr. télos = Ende, Ziel und nómos = Gesetz) = Scheinbare Zielgerichtetheit eines Vorganges. Strukturen, Leistungen oder Tätigkeiten, die zu seinem Erfolg beitragen, werden „teleonomisch" genannt.

Die Thermodynamik[48] kennt keinen Erhaltungssatz für die Information. Im Gegenteil, sie postuliert ein Streben nach maximaler Entropie, die ein Maß für die Realisierungswahrscheinlichkeit eines Information repräsentierenden Zustandes darstellt. Wo immer Information aufgrund einer statistischen Fluktuation entsteht, zerfließt sie sogleich wieder. Das ist das Verdikt des zweiten Hauptsatzes. Im thermodynamischen Gleichgewicht ist spontane Informationsbildung nicht möglich. Wir wissen indes, dass ein belebtes System, dafür sorgt sein Metabolismus, weitab vom thermodynamischen Gleichgewicht agiert. Das gilt vor allem für die RNA- und DNA-Moleküle, die Gene, auf die wir unser besonderes Augenmerk richten. Sie unterliegen ständigem Zerfall und können ihre Information allein durch Reproduktion bewahren. Doch welcher Natur ist die physikalische Kraft, die sich dem Streben nach Gleichgewicht widersetzt und die einen extrem unwahrscheinlichen Zustand aufrecht zu erhalten trachtet? Welcher Art ist die Physik, die uns gestattet, eine, auf eine gegebene Umwelt bezogene, teleonomische Wertskala aufzustellen, Qualitäten wie „richtig" oder „falsch", „gut" oder „schlecht" zu definieren? Lässt sich die Biologie an dieser entscheidenden Stelle auf die Physik reduzieren? Wenn nicht, müssten wir das Vorhandensein einer „vis vitalis" annehmen, eines Dämons, der außerhalb der physikalischen Gesetze tätig wäre.

Leo SZILÁRD (14), Dennis GÁBOR (15) und Leon BRILLOUIN (1) haben in diesem Jahrhundert das Thema wieder aufgegriffen und daran die Korrelation zwischen (negativer) Entropie und (absoluter) Information exemplifiziert. Der Dämon, um seine Tricks korrekt ausspielen zu können, braucht Information. Er zahlt dafür in Energiewährung und gleicht so den Entropieverlust aus. Jacques MONOD (12) hat versucht, einen solchen Dämon, der aus dem Zufall schöpft, neu zu beleben. Dass dieser Dämon gefüttert werden muss, wie Szillard und Brillouin gezeigt hatten, ist für den Biologen unerheblich, denn Leben muss ohnehin durch einen Metabolismus in Gang gehalten werden. Monod nahm an, dass es die Enzyme und unter diesen vorrangig die ihre katalytische Aktivität selbst regulierenden sogenannten allosterischen Enzyme sind, die in die Rolle des Maxwell-Szilard-Brillouin-Dämons schlüpfen und zufällige Schwankungen in Information umwandeln. Mit dieser Idee war Monod sichtlich auf dem richtigen Wege, denn Information kann letztlich nur aus Nicht-Information, sprich: zufälligen Schwankungen, entstehen.

Allerdings kann es kaum an der speziellen, teleonomischen Struktur der Enzyme liegen, dass der unwahrscheinliche Zustand eines Gens reproduzierbar festgeschrieben wird. Die Enzyme funktionieren im Prinzip auch im thermodynamischen Gleichgewicht, indem sie die Reaktionen vor- und rückwärts zu katalysieren vermögen, ohne dabei das Gleichgewicht zu verschieben. Die Enzyme sind selbst bloß Geschöpfe der Selektion und werden von dieser sofort in die Pflicht genommen. Wir sollten daher vielmehr fragen: Wie ist das Programm, dessen Ausführende die Enzyme sind, zustande gekommen? Wie sind die Enzyme ihrem teleonomischen Zweck angepasst worden? MONOD sieht zwar die Ursache der Optimierung in der mit zeitlicher Vorzugsrichtung ausgestatteten (damit notwendigerweise weitab vom Gleichgewicht operierenden) Evolution, die vermittels Selektion aus dem „unerschöpflichen Reichtum der Zufallsquelle schöpft". Doch überspannt Monod den Bogen, wenn er glaubt, dass nur der Zufall Quelle der Schöpfung sei, während die Notwendigkeit, das physikalische Gesetz, sich mit der Nebenrolle eines blinden Selektionsfilters begnüge, und er spürt selber ein Unbehagen angesichts dieses Missverhältnisses von Zufall und Notwendigkeit. Der Dämon, der in der Lage ist, Fluktuationen in Information umzumünzen, ist nicht irgendein molekularer Gleichrichter, er ist im Mechanismus der Selektion verankert. Selektion agiert nicht blind und hat auch nicht die einfache Filterwirkung, die man ihr seit Darwin zuschreibt. Selektion gleicht einem höchst subtilen Dämon, der auf den einzelnen Stufen zum Leben, wie auch auf den verschiedenen Emporen des Lebens, mit höchst originellen Tricks arbeitet.

Aber was ist natürliche Selektion?
Weitab vom Gleichgewicht, und zwar nur dort, gilt die kausale Kette:
    Replikation → Mutation → Selektion → Evolution

Das ist, so formuliert, nicht unbedingt neu. Selektion versteht sich als Grundlage der Evolution seit Darwin, Reproduktion und Mutation verstehen sich als Prämisse für die Selektion. Neuartig sind das Detail und die daraus ableitbaren Konsequenzen. Zum einen hat uns die Molekularbiologie Einsichten in die Natur der genetischen Information und in die Prinzipien ihrer Verarbeitung geliefert. Zum anderen konnten aus diesen Erkenntnissen gezielt mathematische Modelle entwickelt werden, die präzise Aussagen machen und die sich

---

48 **Thermodynamik** (von gr. thermós = warm und dýnamis = Kraft) = Lehre von durch Zu- und Abfuhr von Wärme (Energie) verursachten Zustandsänderungen (Prozessen) sowie von Systemgleichgewichten innerhalb definierter Stoffmengen.

durch das Experiment überprüfen lassen. Betrachten wir jetzt das Detail: Replikation bedeutet Autokatalyse[49]. Diese vermag eine mikroskopische Fluktuation zu verstärken, bis sie makroskopisch manifest wird. Replikation beinhaltet aber mehr als bloße Autokatalyse. Die Replika entsteht nicht unmittelbar, sondern wird über die Zwischenstufe der komplementären Negativ-Matrize erzeugt. Das System ist also gezwungen, mindestens zwei Symbolklassen einzusetzen und diese auch im Mittel gleich häufig zu verwenden. Dadurch wird aus der Abfolge chemischer Bausteine eine lesbare Sequenz von Symbolen: Information. Von nun an werden in diesen Sequenzen die Baupläne aller Lebewesen niedergeschrieben, bis hin zum Menschen. Die Chemie ist dabei in den Hintergrund getreten; sie ist für den Bauplan des Menschen noch die gleiche wie für den der Coli-Zelle. Die Information ist infolge der Replikation unsterblich geworden und hat sich, trotz ständiger Destruktion[50], seit über drei Milliarden Jahren, wenngleich in vielfältig modifizierter Form, erhalten. Was nach diesem Zeitpunkt, der Entstehung der ersten Gene, zählt, ist in erster Linie die wandelbare Information. Sie stellt eine Qualität dar, die weit über die Chemie hinausreicht. Sol SPIEGELMANN[51] sagte einmal scherzhaft: „Die Nukleinsäuren haben den Menschen erfunden, um sich auch noch auf dem Monde reproduzieren zu können."

Replikation, die gezwungen ist, von verschiedenen Bausteinklassen mit den ihnen eigentümlichen Wechselwirkungen Gebrauch zu machen, trägt bereits das Potential für eine weitere essentielle Eigenschaft in sich: Mutation. Sie resultiert einfach aus unscharfer Replikation, da die Energie der Wechselwirkung zwischen komplementären Nukleinsäurebausteinen nicht weit über der thermischen Energie liegt. Damit sind Ablesefehler natürlicherweise einprogrammiert und brauchen nicht über einen besonderen Mechanismus erzeugt zu werden. Mutationen sind die Quelle des evolutiven Fortschritts. Dafür ist es wichtig, dass alle Mutanten gleichermaßen mit der Fähigkeit zur Replikation ausgestattet sind. Replikation ist somit eine inhärent autokatalytische Eigenschaft der ganzen Molekülklasse. Sie bedeutet für das dynamische Verhalten: Wachstum und Konkurrenz zwischen allen zur Replikation befähigten Individuen. Das Ergebnis der Konkurrenz, gleichgültig ob das System als Ganzheit wächst oder

stationär bleibt, ist Selektion. Sie sorgt, qualitativ wie, doch quantitativ anders als chemisches Gleichgewicht, für eine interne Regelung der relativen Populationszahlen, mit denen die verschiedenen Mutanten in der Verteilung repräsentiert sind. Doch ist der Selektionsentscheid nicht endgültig, zumindest solange der optimale Zustand nicht erreicht ist. Die getroffene Wahl wird ständig infrage gestellt und für ungültig erklärt, sobald eine besser angepasste Mutante, hervorgerufen durch eine statistische Fluktuation, auf der Bildfläche erscheint. Mathematisch gesehen drückt sich dies als Instabilität in der Lösung einer Differentialgleichung aus, physikalisch gesehen im Zusammenbruch der bisherigen Verteilung, die durch eine neue ersetzt wird. Zielscheibe der Selektion ist die gesamte Verteilung, nicht allein der Wildtyp, die bestangepasste Sequenz innerhalb des Ensembles. Ja, der Wildtyp, der den Selektionsentscheid prägt, liegt im Vergleich zur Summe aller Mutanten durchweg nur in geringer, oft nicht einmal nachweisbarer Menge vor.

Von ganz besonderer Bedeutung sind neutrale oder fast neutrale Mutanten. Das sind Mutanten, die ebenso oder nahezu so vital wie der Wildtyp sind. Sie kommen auffallend häufiger vor als analoge, weniger angepasste Mutanten. Die Besetzungshäufigkeit der Mutanten ist somit nicht symmetrisch in Bezug auf den Wildtyp, etwa wie eine mit zunehmendem Mutationsabstand monoton abfallende Poisson-Verteilung. Sie konzentriert sich in Regionen, in denen relativ gut angepasste Mutanten versammelt sind, und reicht hier weit in den Sequenzraum hinein. Das führt zu einer Privilegierung bei der Mutation: Gut angepasste, fast neutrale Mutanten sind nicht nur dank ihres Selektionsvorteils zahlenmäßig stärker vertreten, sie entstehen außerdem auch häufiger. Die Nachbarn gut angepasster Mutanten sind meistens selbst vergleichsweise gut angepasst und daher ebenfalls stark repräsentiert. (Das liegt an der fraktalen Struktur der Wertlandschaft.) So ergibt sich, im Widerspruch zur klassischen Interpretation, eine interne Lenkung des Evolutionsprozesses in Richtung auf den optimalen Wertgipfel, und diese ist, bedingt durch die hochgradige Vernetzung der Wege im multidimensionalen Sequenzraum, außerordentlich wirksam. Die hieraus resultierende Evolutionsbeschleunigung ist quantitativ so erheblich, dass die für den Biologen überraschende Qualität einer vorausschauenden Selektion vorzuliegen scheint, im Sinne der klassischen Interpretation (16) Darwinscher Selektion reine Häresie! Die Erfolgsaussichten einer evolutiven Biotechnolo-

---

49 **Autokatalyse** (von gr. aftokatálissi = Selbstauflösung) = Das Produkt der katalytischen chemischen Reaktion ist selbst Katalysator der betr. Reaktion.

50 **Destruktion** (von lat. destruere = niederreißen) = Zerstörerische Eigenschaft von Dingen oder Sachlagen.

51 Sol SPIEGELMANN (1914–1983): US-amerikanischer Molekularbiologe.

gie werden entscheidend durch diese qualitativ neuartige Interpretation geprägt. Sie gründet sich auf die quantitativ bis ins Detail ausgearbeiteten Konzepte von Sequenzraum und Quasispezies. Diese Konzepte passen nahtlos in eine neue Physik der Nicht-Gleichgewichtszustände (17), in der die klassischen Symmetrien gebrochen sind. Hermann Haken hat diesen modernen Zweig der Physik „Synergetik" genannt (18).

Neu ist das Detail im Selektions- und Evolutionsverhalten. Komplexität und Teleonomie der lebenden Substanz wären ohne dieses Detail nicht zu begreifen. Geblieben ist und fortleben wird Darwins Idee, das Prinzip einer Evolution durch natürliche Selektion. Der Übergang von nichtbelebten zu belebten Strukturen vollzog sich mit wachsender Fähigkeit zu quasi-intelligenter Handhabung von Information. Die Stufen zum Leben setzen in einer chemisch reichhaltigen Umwelt an, in der informationsbegabte molekulare Replikatoren auftauchen. Sie allein sind zu einer Optimierung und damit zur teleonomischen Annäherung an ein zweckbestimmtes Verhalten befähigt. Sie bewahren das Erreichte und substituieren es ausschließlich durch das Zweckmäßigere. Der Genotyp, die in der Nukleinsäure enthaltene Information, entwickelt eine phänotypische Semantik[52]. „Information" bedeutet zunächst allein Information im Sinne einer Begünstigung von Replikationshäufigkeit, Replikationsgüte und Lebensdauer der vorliegenden Symbolabfolge. Diese Merkmale sind es, die vermittels Rückkopplung (d. h. Privilegierung des Genotyps durch seinen Phänotyp) eine Semantik der genetischen Information entstehen lassen, die schließlich auf der biologischen Ebene in komplizierter Weise von der Beschaffenheit und Verhaltensweise des durch die betreffende Symbolsequenz codierten Organismus abhängt.

Die Aufspaltung in Geno- und Phänotyp beginnt auf der Ebene der RNA-Moleküle. Der Genotyp kommt in den physikalisch-chemischen Eigenschaften des durch eben diese Symbolfolge charakterisierten Moleküls, des Phänotyps, zum Ausdruck. Die Evolution eines Translationssystems geht von derartigen phänotypischen Merkmalen der beteiligten RNA-Moleküle aus. Am Ende sind diese jedoch nur noch Zielstrukturen der durch sie codierten Protein-Exekutive. Die im Falle von Translation[53] sich nunmehr auch in

den materiellen Trägern manifestierende Genotyp-Phänotyp-Dichotomie kann allein durch Etablierung einer dem Reproduktionszyklus überlagerten und die Translationsprodukte integrierenden Rückkopplungsschlaufe überwunden werden. Eine solche hyperzyklische Rückkopplung ermöglicht ebenso die Koexistenz von sich differenzierenden Genotypen, zunächst Mutanten ein und derselben Quasispezies, und zwingt sie zur Kooperation. Kompartimentierung ist darüber hinaus in der Lage, die Funktion der Phänotypen selektiv für die codierenden Genotypen nutzbar zu machen. Bevor aus einem solchen Kompartiment eine Zelle mit organisiertem Teilungsprogramm wird, bedarf es der Integration vieler Einzelschritte. Die strukturelle Vereinigung aller Gene zum Genom, einem DNA-Riesenmolekül, verlangt einen äußerst präzise arbeitenden Reproduktionsapparat, der Fehler erkennt und repariert, der exakt übersetzt und über einen Stoffwechsel die Energieversorgung sicherstellt. Voraussetzung hierfür ist die semipermeable Abgrenzung von der Umwelt sowie die Steuerung des Transports von Substanzen durch die Zellmembran. Zuletzt muss noch die Replikation des Genoms, der DNA, mit der Duplikation der gesamten Zelle synchronisiert werden. Erst dann ist die erste Plattform des Lebens erreicht.

Was war das Leben? Thomas MANN stellt diese Frage in „Der Zauberberg" (1924) eindringlich und immer wieder. Unser Aufstieg über die Stufen zum Leben hat uns bis zu „jenem Punkt" geführt, „an dem es entsprang und sich entzündete" und von dem an „nichts mehr unvermittelt oder nur schlecht vermittelt" war. Doch weit noch und beschwerlich ist der Aufstieg von dieser ersten Plattform bis zur höchsten Stufe des Lebens: „Bewusstsein seiner selbst"

---

52 **phänotypische Semantik** (von gr. phainómenon = das Erscheinende und sēmantikós = bezeichnend) = die Kunde von der Bedeutung sprachlicher Ausdrücke bzw. von Zeichen allgemein.

53 **Translation** (von lat. translation = versetzen, Übersetzung) = Übersetzung der genetischen Nachricht aus den Boten – RNA in die Aminosäuresequenz der Proteine.

Literatur:

(1) BRILLOUIN, L. (1971): Science and Information Theory. 2. Auflage. (Academic Press, New York).

(2) DARWIN, C. (1962): The Origin of Species. 6. Auflage, in der von G. G. Simpson kommentierten Fassung. (Collier-MacMillan, London).

(3) EIGEN, M. (1981): Darwin und die Molekularbiologie. Angewandte Chemie **93**: 221–229.

(4) EIGEN, M., J. McCASKILL & P. SCHUSTER (1988): Molecular Quasi-species Journal of Physical Chemistry **92**: 6881–6891.

(5) EIGEN, M. (1971): Selforganization of Matter and the Evolution of Biological Macromolecules. Naturwissenschaften **58**: 465–523.

(6) MILLER, S. L. & L. E. ORGEL (1986): The Origins of Life on Earth. (Prentice Hall, Englewood).

(7) ZINDER, N. D. (ed., 1975): RNA Phages. Cold Spring Harbor Laboratory Series.

(8) DOVER, G. A. (1986): The Spread and Success of Non-Darwinian Novelties. In: KARLIN, S. & E. NEVO (eds.): Evolution Processes and Theory. (Academic Press, New York).

(9) ZACHAU, H., M. PECH, H.-G. KLOBECK, H.-D. POHLENZ, B. STRAUBINGER & F. G. FALKNER (1984): Wie entstehen die Antikörper? Fritz Lipmann Vorlesung. Hoppe Seylers Zeitschrift für Physiologische Chemie 365: 1363 ff.

(10) MEINHARDT, H. (1985): Mechanisms of Pattern Formation During Development of Higher Organisms: A Hierarchical Solution of a Complex Problem. Berichte der Bunsengesellschaft für Physikalische Chemie **59**: 691 ff.

(11) SCHRÖDINGER, E. (1944): What is Life? (Cambridge University Press, Cambridge).

(12) MONOD, J. (1970): Le hazard et la nécessité. Editions du Seuil, Paris. Deutsche Ausgabe: Zufall und Notwendigkeit, (Piper, München), 1971.

(13) WIGNER, E. (1961), in Shils, E. (ed.): The Logic of Personal Knowledge. (Free Press, Glencoe).

(14) SZILLÁRD, L. (1929): Über die Entropieverminderung in einem thermodynamischen System bei Eingriffen intelligenter Wesen. Zeitschrift für Physik **53**: 840.

(15) GÁBOR, D. (1951): M.I.T. Lectures.

(16) AYALA, F. J. & J. A. KIGER JR. (1984): Modern Genetics. 2. Auflage. (Benjamin/Cummings, Menlo Park).

(17) GLANSDORFF, P. & I. PRIGOGINE (1971): Thermodynamic Theory of Structure, Stability and Fluctuations. (Wiley-Interscience, London).

(18) HAKEN, H. (1983): Synergetics. An Introduction. (Springer, Heidelberg).

EIGEN, M. (2010): „Wie entsteht Leben?" – In: Antal-Festetics-Festschrift: *Was ist Leben? Entstehung, Erforschung, Erhaltung*, Verlag J. Neumann-Neudamm, Melsungen, S. 17-36

Leben ist Fortpflanzung

Prof. Dr. Wolfgang Wickler

(Max-Planck-Institut für Verhaltensphysiologie, Seewiesen)

Leben ist Fortpflanzung – vom Genom[1] zum Familienleben. Zu diesem Titel bietet sich ein überreiches Netzwerk aus Fakten und Interpretationen an. Ich wähle daraus ein Denkgerüst, das in sieben Stufen vom Genom zum Familienleben führt. Als „roten Faden" werde ich zu jeder Stufe die zugrundeliegende Ökonomie-Argumentation betonen. „Sich vermehren" können nur Gene, von denen in einem autokatalytischen Prozess[2] Replikate (Selbstverdopplungen) entstehen. Beim Replizieren kommt es unvermeidlich zu kleinen Abänderungen, Kopierfehlern, die wir Mutationen nennen. Diese können sich auf die Replikations-Rate[3] auswirken. Gene bilden die ersten Lebens-Programme. Als nützlich für effektive Vermehrung erwiesen sich bald „somatische" Hilfsmaschinerien, die Körper von Lebewesen, die mit vermehrt werden, sei es durch Teilung, Abspaltung oder weitgehenden Neu-Aufbau. All das erfordert Wachstum, also Materialaufnahme. Eine erhöhte Wachstumsrate erlaubt einfachsten Lebewesen eine gesteigerte Vermehrungsrate, wodurch Konkurrenz um Wachstums-Rohmaterial entsteht. Ressourcen-Konkurrenz führt automatisch zu ökonomischeren Wachstums-, Lebens- und Vermehrungs-Programmen. Dies wäre die 1. Ökonomie-Stufe.

Die 1. Ökonomie-Stufe

Eine bequeme Möglichkeit, sich Körperbau-Material zu beschaffen, ist, es sich von anderen Lebewesen zu holen. Solche „Räuber-Beute"-Beziehungen sind aber nicht im Interesse der Beute, die sich dagegen zu wehren versucht. Damit beginnt ein nie endender evolutionärer Wettstreit zwischen Beute und Fressfeind. Solange der Wettstreit auf genetischen Mutationen beruht, sind Fortschritte höchstens in Generationenschritten möglich. Kleinere Lebewesen haben raschere Generationenschritte. Ihre Räuberprogramme unterlaufen des-

halb die wesentlich langsameren Mutations-Fortschritte in den Abwehrprogrammen der großen Beute. Am deutlichsten zu sehen ist dies bei Viren, Bakterien und anderen Kleinst-Feinden, gegen die größere Lebewesen einen Erkennungs-Code, die Immunabwehr, entwickelt haben. Diese unterscheidet „Ich" von „Fremd" und schottet ihren Ich-Träger gegen alles Fremde ab. Aber der Kenn-Code wird durch Zufallswürfeln von den raschen Erblinien der Kleinstfeinde regelmäßig geknackt, während die gemächlichen Erblinien der Beuteobjekte noch auf eine Änderungsmutation warten. Wenn in reinen Erblinien alle Individuen denselben Kenn-Code haben, stellt das für Organtransplantationen zwar einen Vorteil, für Feinde, die diesen Code geknackt haben, jedoch ein Schlaraffenland dar. Entsprechend seuchengefährdet sind erfahrungsgemäß landwirtschaftliche Hochleistungs-Kulturen. Dagegen hilft nur, den schützenden Kenn-Code zu ändern, nicht unbedingt zu verbessern. In einer Wohnsiedlung braucht man gegen Einbrecher nicht notwendigerweise ein besseres Türschloss, wohl aber ein anderes als der Nachbar. Dem durch Kleinstfeinde drohenden Untergang der Beute-Lebewesen hat ein Evolutionsschritt abgeholfen, mit dessen Hilfe sie ständig neue Kenn-Codes in die Welt setzen und ihre Immunabwehr umrüsten, ohne auf genetische Neumutationen warten zu müssen: Sie tauschen untereinander Teile ihres Codes und mischen sie in einem Verfahren neu, das wir Sex nennen. Sex entspricht der 2. Ökonomie-Stufe.

Die 2. Ökonomie-Stufe

Höher entwickelte Lebewesen mischen Code-Teile mithilfe ihrer Keimzellen. Aus zwei Eltern können so neue, genetisch von den Eltern etwas verschiedene Nachkommen entstehen, die ihren eigenen Kenn-Code haben usw. Alles Fremde wird damit abgewehrt, sowohl Parasiten wie leider auch Organspenden. Will man die Annahme von Spenderorganen erzwingen, muss man die Fremderkennung lahmlegen, die dann allerdings auch gegen Parasiten nicht mehr funktioniert. Erfolgreich sind Nachkommen, wenn sie ein gewisses Startkapital mitbekommen, z. B. über große el-

---

1 **Genom** (Kofferwort aus Gen + Chromosom) = Die Gesamtheit der im Zellkern vorhandenen Erbanlagen.
2 **Autokatalyse** (von gr. aftokatálissi = Selbstauflösung) = Selbstbeschleunigung einer chemischen bzw. biochemischen Reaktion durch Bildung eines Stoffes, der die Reaktion beschleunigt.
3 **Replikation** (von lat. replicatio = in sich selbst zurückkehrende Bewegung) = Selbstverdopplung.

terliche Keimzellen. Erfolgreich sind andererseits die Eltern-Individuen, die viele Nachkommen in die übernächste Generation entsenden. (Es empfiehlt sich in erster Annäherung Enkel zu zählen, damit reproduktive „Blindgänger" unter Söhnen und Töchtern nicht schon als Fortpflanzungserfolg gewertet werden.)

Die 3. Ökonomie-Stufe

Sie entspringt der Tatsache, dass bei der Herstellung von Keimzellen die Anzahl auf Kosten der Ausstattung geht. Weil jedes Individuum zwei Eltern hat, läuft es in der Evolution nicht auf einen Kompromiss zwischen Größe und Anzahl, sondern (wie auch mathematisch zu begründen) zwangsläufig auf das Ausmerzen aller Zwischengrößen und auf zwei extreme Keimzellenspezialisierungen hinaus, nämlich auf eine große, zahlenmäßig knappe Sorte mit sehr guter Ausstattung und eine äußerst kleine, sehr zahlreiche Sorte ohne jede Ausstattung. Die großen nennen wir weibliche Eizellen, die kleinen männliche Spermien. Zwitter stellen in jedem Individuum beide Sorten her, getrenntgeschlechtliche Lebewesen haben reine Männchen und reine Weibchen. Die Keimzellen treffen leichter zusammen, wenn sie sich aufeinander zu bewegen. Es ist unökonomisch, die großen Eizellen beweglich zu machen, weil sie dabei zu viel der Energie verbrauchen, die für den Nachwuchs dienlich wäre. Die winzigen Spermien zu bewegen kostet hingegen fast nichts; entsprechend bewegen sich Spermien zu den Eizellen.

Die 4. Ökonomie-Stufe

Sie führt in den Bereich der „häufigkeitsabhängigen Selektion", die bedeutsam ist für das Verhalten der Lebewesen untereinander. Gewöhnliche Selektion fördert alle Anpassungen an die unbelebte Umwelt, etwa die Stromlinienform des Körpers an die Fortbewegung im Wasser, die für jeden, der sie hat, gleichermaßen vorteilhaft ist. Sich auf eine bestimmte Beute einzustellen kann allerdings immer weniger Vorteil versprechen, je mehr andere es auf dieselbe Beute abgesehen haben. Der Vorteil für den Einzelnen nimmt ab, je häufiger sein Verhalten schon in der Population auftritt: Das Verhalten eines Individuums wird abhängig davon, was die anderen tun. Da die Spermien eines Männchens zum Besamen vieler Weibchen ausreichen, hätte die Art am meisten Nachwuchs zu er-

warten, wenn viele Eltern Töchter statt Söhne erzeugten. Allerdings hätten die Eltern von Söhnen viel mehr Enkel aufzuweisen als die Eltern von Töchtern, d. h. Söhne zu erzeugen hätte einen Selektionsvorteil und würde zunehmen. Ganz ungünstig wäre es, wenn umgekehrt, viele Eltern Söhne statt Töchter erzeugten, denn die Söhne würden sich gegenseitig Vaterschafts-Konkurrenz machen, ihren Eltern aber weniger Enkel einbringen als die Töchter ihren Eltern, da alle Söhne zusammen nur so viele Nachkommen haben können wie alle Töchter zusammen. So erzwingt die Konkurrenz zwischen Eltern um Nachkommenzahlen in der Enkelgeneration gleiche elterliche Investitionen in Söhne und Töchter, so dass beide Geschlechter in annähernd gleichen Anzahlen erzeugt werden. Diese Überlegung zeigt zugleich, warum von der Selektion kein Wirken zum Besten der Art erwartet werden kann, und warum es überall viel zu viele Männchen gibt. Unter ihnen kommt es zwangsläufig zu heftiger Konkurrenz um Fortpflanzungschancen. Die Weibchen können hingegen unter einer Überzahl von Bewerbern auswählen. Außerdem müssen Weibchen wählerisch sein, denn eine Fehlpaarung macht für sie einen hohen Prozentsatz vom potenziellen Gesamt-Fortpflanzungserfolg aus. Für das Männchen bedeuten einige fehlplazierte Spermien nur geringen Verlust. Damit tut sich das weite Feld der sexuellen Selektion und die 5. Ökonomie-Stufe auf:

Die 5. Ökonomie-Stufe

Männchen entwickeln sich untereinander zu Spezialisten im Rivalisieren und zu Spezialisten im Schaulaufen vor den Weibchen. Rivalisieren unter Männchen führt zu Waffen, Schaulaufen vor Weibchen führt zu Schmuck. Waffengänge unter horn-, zahn- oder krallenbewehrten Rivalen enthalten Musterbeispiele häufigkeitsabhängiger Selektion. Der Erste, der danach strebt, seine Rivalen nicht nur einzuschüchtern, sondern möglichst umzubringen, wird sich die umstrittenen Weibchen und damit einen hohen Fortpflanzungserfolg sichern. Dieses Kampfprogramm, an Söhne und Enkel vererbt, wird in der Population an Häufigkeit zunehmen. Entsprechend wächst die Wahrscheinlichkeit, dass im Streitfall beide Rivalen danach handeln; kämpfen wird also gefährlicher. Dann empfiehlt es sich schrittweise zu überprüfen, wie weit der andere zu gehen bereit ist, ähnlich wie beim sog. „Reizen" in einem Skat-Turnier. So entsteht der berühmte Kommentkampf, eine Kampfform, die nach bestimmten Regeln abläuft und dem Messen der Kräfte dient, jedoch nicht zum Tod der Gegner führt, nicht etwa dem Artgenossen, sondern der eigenen Haut zuliebe. Kommentkämpfe sind im Tierreich z. B. im Zusammenhang mit der Festlegung der „Rangordnung" innerhalb einer Gruppe von Tieren oder im Verlauf eines Balzrituals zu finden. Zum Kommentkampf gehören unvermeidlich Rüstungswettlauf und Bluff: Wer sich übermäßig streckt oder aufbläst, Haare oder Federn sträubt, kann einen Gegner möglicherweise schon dadurch beeindrucken und zur Aufgabe bewegen. So kann sich teures Bluffen bewähren und ausbreiten, bis es schließlich alle übernehmen. Es hilft in diesem Fall zwar nichts mehr, aber es gibt auch keinen Weg zurück. Denn: Wer nicht blufft, gewinnt zwar den Ernstkampf gemäß seiner Körperkraft, aber weil die anderen ihn regelmäßig unterschätzen, muss er viel häufiger kämpfen. Deshalb hält sich bei verstandesarmen Lebewesen ein Open-end-Wettrüsten. Ebenso kostspielig für die Männchen wie das Kämpfen mit Waffen ist das Zurschaustellen von Schmuck. Es nützt, wenn die Weibchen darauf achten. Sie achten beim Männchen einerseits auf Anzeichen für Leistungsstärke und Abwehrkraft gegen Infektionen, vereinfacht gesagt, auf gute väterliche Gene für ihre Kinder. Andererseits könnten, wenn Brutpflege nötig ist, die Väter sich auch an den Mühen der Aufzucht beteiligen. Nur werden sie stattdessen aus eigenem Interesse eher versuchen, anderweitig zusätzlichen Nachwuchs zu zeugen. Selbst wenn z. B. die Hälfte der Jungen stirbt, falls der Vater desertiert, könnte dieser den Verlust mit einem zweiten Weibchen ausgleichen. Glückte ihm noch ein weiterer Wechsel, hätte er drei halbe Bruten zu verzeichnen – mehr, als wenn er nicht desertiert wäre, und alles ohne Brutpflegeaufwand. Immerhin gelten gerade unsere Singvögel als Vorbild für Monogamie und Partnertreue, weil das Männchen brav bei der Familie bleibt. Fragt sich nur warum. Desertieren ist für das Männchen nur ökonomischer, solange es noch freie Weibchen gibt. In unseren Breiten ist die Brutzeit begrenzt, alle beginnen möglichst früh, ein desertierender Vater fände also kaum einen Ersatz für verhungerte Junge; also muss er bei der Fütterung helfen, um Verluste zu vermeiden. Von dieser klimabedingten Familientreue profitiert auch das Weibchen, das keine Jungen verliert. Doch ist der Vater nur an die Brut, nicht ans Weibchen gebunden; die Eltern könnten sich, statt zusammen zu bleiben, die Brut teilen, was bei vielen Vogelarten mit Jungen, die nicht mehr ans Nest gebunden sind, tatsächlich geschieht.

Die 6. Ökonomie-Stufe

Wir begegnen ihr in vielen Bereichen der Tropen; dort sind Weibchen nicht synchronisiert, ein desertierender Vater hat daher woanders Chancen. Nutzt er sie, verliert unter den geschilderten Bedingungen das allein gelassene Weibchen die halbe Brut, und kann sie nicht anderweitig ersetzen. Als Gegenstrategie der Weibchen hat sich in der Evolution ein Sprödigkeitsverhalten bewährt: Weibchen verlangen vom Männchen Vorleistungen vor der Paarung, z. B. einen Futtervorrat anzulegen oder mehrere Nester zu bauen, von denen das Weibchen sich eines aussuchen kann, z. B. bei manchen Webervögeln. Wenn der Nestbau mitsamt der Unsicherheit, ob ein anderes Weibchen kommt, mehr Aufwand bedeutet als das Füttern einer halben Brut, die schon vorhanden ist, wird das Männchen bleiben – nicht im Blick darauf, was es zu verlieren hat, sondern weil ein weiteres Weibchen zu teuer käme. Dies funktioniert allerdings nur, wenn alle Weibchen mitspielen; einige mögen auf Vorleistungen verzichten und entsprechend rascher zum Zuge kommen. Auf der Gegenseite werden neben Männchen, die Vorleistung erbringen und treu füttern, einige eher zum Desertieren neigen. Man kann ausrechnen, welche Bruterfolge sich einstellen, je nachdem, welche Partner zusammenkommen. Es lässt sich auch zeigen, dass es zwischen diesen Taktiken kein stabiles Gleichgewicht in der Population geben kann; man wird stets auf Individuen mit unterschiedlichen Taktiken stoßen. Wenn mehrere Nester als Brautgabe nötig sind, kann ein Männchen versuchen, einem anderen wegzunehmen, was es schon gebaut hat, statt selbst zu bauen. Also muss der Besitzer bereit sein, in die Verteidigung seines Besitzes so viel zu investieren, dass für seinen Rivalen das Selberbauen kostengünstiger wird; und das jedes Mal, wenn ein Rivale kommt. Entsprechend gehen die Verteidigungskosten in die Höhe. Außerdem muss der Besitzer immer in der Nähe seines Besitzes bleiben. Dies vermeidet die 7. Ökonomie-Stufe.

Die 7. Ökonomie-Stufe

Sie erreicht, dass das Männchen beim Weibchen bleiben muss, weil seine Investition an das Weibchen gebunden ist. Einen eleganten Weg dazu gibt es bei Arten, die ihren Gesang individuell erlernen. Die Sprödigkeit der Weibchen äußert sich darin, dass sie die Paarung erst zulassen, wenn die akustische Verständigung unter den Partnern klappt, z. B. indem sie miteinander ein kompliziertes Gesangs-Duett aufbauen. Darin werden individuenspezifische Vokabeln in einer gemeinsamen Syntax zu einer Art Privatsprache zusammengefügt. Dies bedeutet einen erheblichen Aufwand und dauert Monate. Jeder der Partner muss investieren, muss, außer dem Repertoire, das er selbst singt, auch kennenlernen, was der andere antwortet. In diesem Fall sitzt die Investition durch Lernen im Kopf, kann von Rivalen nicht übernommen werden, braucht nicht verteidigt zu werden und zwingt den Besitzer nicht, vor Ort zu bleiben. Wichtiger noch: angesammelte Futtervorräte oder Nester sind Verbrauchs-Investitionen; sie müssen zur nächsten Saison wieder getätigt werden und erreichen deshalb einseitige Saison-Treue, sie binden nur einen der Partner und nur für eine Brutzeit. Die einmal gelernte „Privatsprache" hingegen wird nicht verbraucht, die Partner können ohne erneuten Aufwand weitere Bruten erzeugen. Diese Dauerinvestition in das Lernen führt zur Dauer-Paarbindung und zwar auf beide Partner bezogen, denn das Prozedere zum Aufbau einer Privatsprache müsste derjenige wiederholen, der seinen eingespielten Partner verlässt. Das i-Tüpfelchen auf der 7. Ökonomie-Stufe:

Dieses Schicksal blüht nicht nur demjenigen, der seinen Partner verlässt, sondern auch demjenigen, der ihn an einen Raubfeind verliert. Daher sitzt ein Partner oben im Baum und hält Wache, während der andere unten im Gras frisst. Das sieht treu und fürsorglich aus, richtet sich aber nicht auf den Partner, sondern schützt ganz ökonomisch die eigene Investition.

Eine Warnung am Ende: Ziehen Sie nicht zu eilig Schlüsse auf den Menschen.

Weiterführende Literatur:

WICKLER, W. und U. SEIBT (1991): Das Prinzip Eigennutz. Zur Evolution sozialen Verhaltens. R. Piper & Co. Verlag, München/Zürich.

WICKLER, W. und U. SEIBT (1998): Männlich Weiblich. Ein Naturgesetz und seine Folgen. Spektrum Akademischer Verlag, Heidelberg/Berlin.

WICKLER, W. (2010): „Leben ist Fortpflanzung." – In: Antal-Festetics-Festschrift: *Was ist Leben? Entstehung, Erforschung, Erhaltung*, Verlag J. Neumann-Neudamm, Melsungen, S. 37-40

Leben ist lernen

Prof. Dr. Bernhard Hassenstein
(Institut für Biologie I der Universität Freiburg/Breisgau)

Leben ist lernen und lernen ein sehr komplexes Phänomen. Der Bogen spannt sich von Prägung, Regelkreis und bedingter Aktion über angeborene Strategien des Erfahrungserwerbs bis zur zielbedingten Neukombination von Engrammen[1], sprich „freier Assoziation".

1. Lernen

Eine epochemachende Errungenschaft in der Evolution der Verhaltenssteuerung war der Gewinn der Fähigkeit zu lernen, also aufgrund von individuellen Erfahrungen die bisherige Verhaltenssteuerung zu verändern oder neue Verhaltensmuster zu entwickeln. Gleichzeitiges miteinander zu verknüpfen, ist ein erster elementarer Vorgang auf der Ebene des Nervensystems. Einführend soll anhand von fünf Beispielen die Vielfalt aufgezeigt werden, in der sich dieses funktionelle Grundmuster in die Verhaltenssteuerung der Organismen einfügt. (Für den Kenner des Gebiets enthält der Text Andeutungen, wie wenig die traditionellen Begriffe des *classical* bzw. *operant conditioning* zum funktionellen Verständnis der Zusammenhänge beitragen.)

Beispiel a:
Ein Junge hat seinen Freund eingeladen, mit ihm durch den Wald zu reiten. An einer Stelle scheut das Pferd des Freundes ohne erkennbaren Grund. Der Junge weiß warum. An dieser Stelle war das Pferd vor einiger Zeit durch das Geräusch eines umstürzenden Baumes heftig erschreckt worden, der in der Nähe von Waldarbeitern gefällt wurde. Seither scheut es jedes Mal, wenn es an dieser Stelle vorbeikommt. Sein Zentralnervensystem hatte also etwas von dem damaligen Ereignis gespeichert, und zwar als bleibende Verknüpfung zwischen zwei damaligen Informationswerten: einem erschreckenden akustischen Eindruck und der allgemeinen, wohl visuell gewonnenen Information über den Ort. Was sich hierdurch gebildet hat, ist in der verhaltensbiologischen Terminologie eine

bedingte Aversion (das Wort „bedingt" hat sich in der Lerntheorie eingebürgert als Kurzform für „erfahrungsbedingt"). „Aversion" heißt aus verhaltensbiologischer Sicht: Bereitschaft zum Flüchten, ebenso wie die Hemmung, sich anzunähern. Die geknüpfte Assoziation zwischen Schreckreiz und Ortsinformation offenbarte sich nun im Verhalten des Tieres. Die äußere Ursache für das Entstehen der Assoziation lag damals in der Gleichzeitigkeit von Sinneseindrücken aus verschiedenen Quellen: dem akustischen Schreckreiz und der Ortsinformation. (Der „akustische Schreckreiz", vor allem aber die „allgemeine Ortsinformation" waren zwar als solche bereits das Ergebnis hochorganisierter Auswertungsprozesse, trotzdem ist der skizzierte Lernprozess insofern als elementar einzustufen, als er auf keinen anderen Voraussetzungen beruhte, als auf der Gleichzeitigkeit des Eintreffens der für die Verknüpfung maßgeblichen Reize.)

Beispiel b:
Der Zoologe Karl VON FRISCH (Nobelpreis für Medizin 1973) pflegte in einem Aquarium einen Zwergwels, eine in Amerika beheimatete und nach Europa eingeführte Fischart. Dieser wohnte am Boden in einer kleinen Röhre. Karl von Frisch fütterte das Tier, indem er ihm ein Stäbchen mit Futter unmittelbar vor das Maul hielt. Eines Tages begann er, diese Futtergabe stets mit einem Pfiff zu begleiten. Fünf Tage nach Beginn des Versuches aber ließ der Experimentator einen solchen Pfiff ertönen, ohne den Zwergwels gleichzeitig zu füttern. Wie elektrisiert verließ das Tier seinen Unterschlupf und schwamm suchend im Wasserbecken hin und her. In der Lernsituation begleitete der Pfiff die Belohnung, der Zwergwels wurde ihrer habhaft, ohne sich vom Fleck zu rühren. Als nun erstmalig trotz des Pfiffes die Belohnung ausblieb, hätte man erwarten können, dass der Fisch auch jetzt im Versteck bleiben und warten würde; denn dort war ja immer die Belohnung aufgetaucht. Stattdessen schwamm er los und suchte, zeigte also ein Verhalten, das in der Lernsituation überhaupt nicht vorgekommen war: Suchverhalten. Der Lernerfolg bestand also hier nicht etwa in der Verstärkung eines Verhaltens in der Lernsituation, sondern in der Verknüpfung eines

---

1 **Engramm** (von griechisch *en* „hinein" und *gramma* „Schriftzeichen") = das dem Gedächtnis „Eingeschriebene", d. h. Gedächtnisinhalte, die als „Gedächtnisspur" in das Gehirn eingeschrieben werden. Alle Engramme zusammen bilden dann das Gedächtnis.

neuen Reizes mit dem Appetenzverhalten[2] des durch die Belohnung befriedigten Antriebs (verhaltensbiologischer Fachausdruck: bedingte Appetenz).

Beispiel c:

Laboratoriumsratten erhielten an den Enden zweier Gänge, die von einer Verzweigungsstelle ausgingen, Futter oder Wasser. Im rechten Gang wurde stets Futter und im linken stets Wasser deponiert. Zum Test wurden sie entweder satt und durstig oder aber hungrig und nicht durstig ins Labyrinth gelassen. Ergebnis: Die Tiere bevorzugten jeweils den ihrer inneren Verfassung entsprechenden Gang: hungrig rechts, durstig links. Es kam also für die erfahrungsbedingte Verknüpfung nicht auf die Belohnung als solche an, sondern die erlernten Wendungen wurden durch den Lernvorgang zum inneren Richtungsweiser für das Appetenzverhalten gerade desjenigen Antriebs (Hunger oder Durst), der in der Lernsituation zur Befriedigung gekommen war („drive discrimination").

Beispiel d:

Eine zweite Beobachtung von Karl VON FRISCH: Er hielt als Student einen brasilianischen Blumenau-Sittich in seinem Zimmer. Er ließ den Vogel nur dann für einige Zeit frei fliegen, nachdem das Tier sich im Käfig entleert hatte; so blieb das Zimmer stets sauber. Der Vogel lernte bald, um des Freifliegens willen, auch ohne innere Notwendigkeit kleine Mengen Kot zu produzieren. Seine Bemühungen wirkten sehr erheiternd, das Drücken wurde für ihn zu einer Tat, die belohnt wird, und er begann zuweilen auch außerhalb des Käfigs in dieser originellen Weise zu bitten, wenn er einen Leckerbissen sah oder sonst einen lebhaften Wunsch hatte. Ein Verhaltenselement, die Kotabgabe, war durch einen Lernprozess in den Dienst eines ganz andersartigen Antriebs getreten, des Antriebs zum Freifliegen. Der verantwortliche Lernvorgang, die erfahrungsbedingte Neuverknüpfung eines Antriebs mit einem Verhaltenselement, trägt den Namen „bedingte Aktion".

Beispiel e:

Ein Schaflamm wurde mit seinem Muttertier in einem Gehege gehalten, das durch einen Zaun zweigeteilt war; im Zaun befand sich eine Tür. Der Versuch

---

2 **Appetenzverhalten** = Verhalten, welches durch ein physiologisches Ungleichgewicht ausgelöst wird und der Ausführung der sog. Endhandlung und damit der Beseitigung des Ungleichgewichts dient. Ein Hungergefühl z. B. beruht auf einem leeren Magen; hungrige Tiere werden unruhig, begeben sich auf Nahrungssuche (Appetenzverhalten), schlagen Beute und verzehren sie (Endhandlung), der Hunger ist somit gestillt.

begann eines Tages damit, dass die Mutter dann und wann ohne das Lamm durch die Tür in das jeweils andere Abteil gelockt wurde. Das Lamm nahm davon zunächst keine Notiz. Wollte es aber später doch wieder zur Mutter, so fand es das Tor zunächst verschlossen. Geöffnet wurde die Tür erst dann, wenn das Lamm Harn ließ. Die Versuchsleiterin beobachtete das Lamm und machte ihm die Tür auf, sobald es Harn abgegeben hatte; darin bestand die Dressur. Bei Beginn dieser Versuchsstrategie harnte das Lämmchen zunächst zu Zeiten, die von äußeren Ereignissen, auch der Abtrennung der Mutter, unabhängig waren. Nach einer bestimmten Frist, die für jedes Lamm eine andere Dauer hatte (1 bis 3 Tage), änderte sich dies: Wollte das Lamm zur Mutter und war an der verschlossenen Tür angekommen, harnte es dort sofort (woraufhin es auch sofort zur Mutter gelassen wurde). Nachdem dem Harnen mehrmals eine Befriedigung des stark angestiegenen Mutterkontakt-Bedürfnisses unmittelbar zeitlich nachgefolgt war (Lernsituation), benutzte das Lamm das Harnen plötzlich als Mittel, um diese Triebbefriedigung zu erlangen. Der Antrieb zum Mutterkontakt hatte demnach mit dem Verhaltenselement „Harnlassen" Verbindung aufgenommen und es in seinen Dienst gestellt.

Daraus folgt: Selbst zwei anatomisch so weit voneinander entfernte zentralnervöse Steuerinstanzen wie die für den Mutterkontakt und die für das Harnlassen, können sich durch den Lernprozess der „bedingten Aktion" miteinander verkoppeln.

Die fünf hier genannten Beispiele zeigten Lernvorgänge im Rahmen ganz verschiedener Verhaltensbereiche:

♦ Schreckhaftes Scheuen als Ansatz zu Fluchtverhalten (a),
♦ Nahrungssuche (b) und (c),
♦ Drang zum Freifliegen (d) oder
♦ Streben nach der Nähe zur Mutter (e).

Sie stimmten im Grundprinzip jedoch überein: Gleichzeitiges wird verknüpft, auch wo zuvor kein Zusammenhang bestand:

- Ein Ort im Wald wird assoziiert mit „Gefahr",
- ein Pfiff mit Nahrungsangebot,
- rechts oder links mit Nahrung oder Wasser finden,
- frei fliegen dürfen mit Kotabgabe,
- zur Mutter können mit Harnlassen.

All diese Neu-Verknüpfungen ließen sich an Verhaltens-Zusammenhängen ablesen, formulierbar als Imperative: „An dieser Wegstelle Gefahr, fluchtbereit sein!"; „Bei diesem Pfiff Suchverhalten!"; „Bei Hunger rechts laufen, bei Durst links!"; „Bei Freifliegwunsch Kot abgeben!"; „Bei Tendenz zur Mutter Harn lassen!" Das entscheidende Lernprinzip für die skizzierten Beispiele lautet demnach, bezogen auf eine dafür prädestinierte Stelle im Zentralnervensystem: Das Eintreffen zweier Signale zur gleichen Zeit führt zum Entstehen einer neuen physiologisch signalleitenden Verbindung, einer „Assoziation", die fortan ein Verhalten steuert und vorübergehend oder auf Dauer bestehen bleibt. Hierin steckt eine der wunderbarsten Leistungen des lebenden Organismus: Gleichzeitigkeit, ein Ereignis im Zeitbereich, also keine Energie- oder Chemie-Umsetzung, veranlasst eine materielle Veränderung, die Neubildung einer mehr oder weniger dauerhafter Verbindung für die neurale Signalübertragung.

2. Prägung

Dem zuvor veranschaulichten Prinzip der Assoziationsbildung durch Gleichzeitigkeit steht der Grundprozess der Prägung gegenüber: Unter anfänglich zahlreichen funktionstüchtigen Reiz-Reaktions-Verbindungen bleiben die tatsächlich genutzten Verknüpfungen erhalten, die nicht zur Funktion gekommen gehen verloren und werden eingeschmolzen. Dies ist gleichsam ein Vorgang der physiologischen Auslese. Ein Beispiel: Wo in freier Wildbahn, in Herden von Huftieren, z. B. Gnus, alle Jungtiere eines Jahrgangs annähernd zum gleichen Zeitpunkt geboren werden, betreut jedes Muttertier anschließend nur den eigenen Nachwuchs und weist alle anderen ab. Dies garantiert, dass auch wirklich alle Jungen, sofern ihre Mütter gesund sind, Anschluss finden. Wie zunächst bei unserer Hausziege untersucht wurde, prägt sich das Muttertier gleich nach der Geburt den individuellen Geruch ihres neugeborenen Jungen ein. Gibt man ihr in den entscheidenden Minuten jedoch stattdessen irgendein anderes gleichaltriges (oder sogar etwas älteres) Junges, so betreut sie anschließend nur dieses. Es handelt sich um eine Geruchs-Prägung. In diesem und verwandten Beispielen für Prägungsvorgänge kann man folgenden gemeinsamen Funktionszusammenhang erkennen: Soziale Verhaltensweisen, z. B. das Betreuen von Jungen durch das Muttertier oder das Suchen nach Mutterkontakt durch Jungtiere, könnten sich anfänglich auf beliebige Individuen richten; sie werden aber durch den Lernprozess der Prägung auf nur einen bestimmten (oder auf wenige) Partner festgelegt, und zwar auf den-

oder diejenigen, die während der sensiblen Phase das zugehörige Verhalten auslösten (und dabei vom Partner „kennengelernt" wurden). Ein Lernprozess nach Art der Prägung knüpft also keine neuen auslösenden Reize an eine primär schon vorhandene Reaktion (wie beim bedingten Reflex und der bedingten Appetenz), sondern er beschränkt die größere Anzahl der anfänglich potenziell auslösenden Reizmuster auf ein einziges oder auf einige wenige. Dies geschieht, indem in der entscheidenden Phase die nicht in Funktion gesetzten Reaktionsbahnen ihre Wirkung verlieren und verkümmern.

Bei der Prägung von Perlhuhn-Küken auf künstliche Locktöne von einer jeweils bestimmten Tonfrequenz wurde das nachträgliche Degenerieren der neuralen Strukturen, die für andere Tonfrequenzen zuständig gewesen wären, auch histologisch nachgewiesen. Der damit skizzierte Mechanismus ist auch verantwortlich für die beiden Haupt-Kennzeichen der Prägung: Begrenzung auf eine zeitliche sensible Phase; nach deren Ablauf Irreversibilität des Prägungsergebnisses.

3. Regelkreis

Lebewesen können nur existieren, solange sie ihre Homöostase[3] durch korrigierende Reaktionen gegen Außeneinflüsse („*negative feedback*") behaupten können. Essen, Trinken, Atmen, diese Verhaltensweisen dienen bei Menschen und Tieren der Versorgung des Körpers mit lebensnotwendigen Stoffen: Nahrung, Wasser, Sauerstoff. Die Bereitschaft zu diesen drei Verhaltensweisen ist abhängig vom jeweiligen Versorgungszustand. Für den Menschen ist dieser Zusammenhang selbstverständlich: Je größer z. B. der Wasserverlust an einem heißen Tag ist, desto mehr steigert sich der Antrieb, etwas zu trinken und damit den Mangel auszugleichen. Nach einem reichlichen Mahl geht manches Raubtier (z. B. Löwen) stunden- bis tagelang nicht mehr auf die Jagd. Der Versorgungszustand ist oberhalb des Solls, folglich ist der Antrieb zur Nahrungsaufnahme gleich null. Folglich ist ein echter Regelkreis geschlossen, innerhalb dessen die Reaktionsbereitschaft als Funktionsglied wirkt: Der schlechter werdende Versorgungszustand aktiviert eine stärkere Reaktionsbereitschaft und dies verstärkt den Ablauf des Verhaltens; das Verhalten seinerseits verbessert wiederum den Versorgungszustand. Das damit angedeutete vielfältige System aus biologischen Regelkreisen gehört für

---

3 **Homöostase** = inneres Gleichgewicht hinsichtlich des Versorgungszustands, der Temperatur etc.

die Organismen zum primären, angeborenen Entwicklungs- und Verhaltensprogramm. Lernprozesse gehen sekundär in biologische Regelprozesse ein, indem Erfahrungen ausgewertet und danach das ursprünglich vollständig angeborene Verhalten zweckdienlich angepasst wird. Die einführenden fünf Beispiele hatten dies veranschaulicht. In den ersten dreien waren es zuvor neutrale Wahrnehmungen (Sinnesreize), die sich neu mit lebenserhaltendem Verhalten verknüpften; in den beiden anderen waren es neue Verhaltenselemente. Am Beispiel dieser letzteren Lernform (bedingte Aktion) sei nachfolgend veranschaulicht, welch bewundernswerte funktionelle Organisation diese anscheinend einfache Leistung voraussetzt und ermöglicht.

4. Bedingte Aktion

Auf ein Verhalten folgt eine gute Erfahrung, das Tier prägt sich das derart belohnte Verhalten ein und wiederholt es in Zukunft in der entsprechenden Situation. Bei der „guten Erfahrung" (Belohnung) handelte es sich in den Beispielen 1d und 1e darum, dass ein aktivierter Antrieb befriedigt wurde, z. B. der Drang zum Freifliegen oder das Bedürfnis nach Nähe zum Muttertier. Die erlernte Handlung, die „bedingte Aktion", wurde jeweils erneut durchgeführt, die Kotabgabe, das Harnlassen, wenn der zuvor in der Lernsituation belohnte Antrieb erneut aktiviert war. Hiernach lässt sich das Funktionsprinzip der Entstehung einer „bedingten Aktion" (= erfahrungsbedingten Aktion) so formulieren: *Folgen auf ein Verhaltenselement einmal oder mehrmals Erfahrungen, die für den Organismus Belohnungen darstellen, so verknüpft sich der durch die Belohnungen befriedigte Antrieb mit diesem Verhalten und stellt es in seinen Dienst. Antriebe können auf diese Weise neue ausführende Verhaltensweisen gewinnen.*

Aus biologischer Sicht scheint der Sinn dieses Lernprinzips zum Zweck der Lebensbewältigung unmittelbar auf der Hand zu liegen. Denkt man aber an die physiologische Verwirklichung dieses einleuchtenden Zusammenhangs, erscheint dies keineswegs so einfach: Ein Verhalten wird ausgeführt. Dem Organismus widerfährt eine gute Erfahrung, nicht unmittelbar, sondern erst nach einer gewissen, wenn auch kurzen Zeitspanne.

Beim Eintreffen der Belohnung gehört das verursachende eigene Verhalten bereits der Vergangenheit an. Trotzdem wird diese Ereignisfolge zur Ursache des sich Einprägens des eben vergangenen (und keines anderen!) Verhaltens; seine Eingliederung in den lebenserhaltenden Regelkreis ist die Folge, nämlich durch Verknüpfung des ursprünglich neutralen Verhaltens mit dem zeitlich danach befriedigten Antrieb.

Überdenkt man diese Leistung, kann man aus ihrem Ablauf vier elementare Teilprozesse der biologischen Datenverarbeitung herauslesen:

♦ Hat ein Verhalten stattgefunden, folgt zunächst eine kleine Pause bis eventuell eine Belohnung stattfindet. Über diese Pause hinweg wird die Information über das Verhalten gespeichert. Gäbe es eine solche Kurzzeitspeicherung nicht, würde eine Belohnung nicht gesetzmäßig zur Verknüpfung mit dem Verhaltenselement führen, das der Belohnung kurze Zeit vorausgegangen war. Die erste Teilfunktion, die sich im Rahmen der Bildung einer bedingten Aktion offenbart, ist die Kurzzeit-Speicherung eines Signals, das anschließend weitergesandt wird.

♦ Sofern Belohnungen vom Charakter einer Antriebsbefriedigung das Lerngeschehen mitbedingen, ist dies ein Beleg für die Bereitstellung eines inneren speziellen Signals mit der Bedeutung „Änderung der Antriebsaktivität" (wenn ich meinen Hunger befriedige, so sinkt dessen Aktivitätsgrad). Ein zweites, erschließbares Funktionsglied im Rahmen der bedingten Aktion ist folglich ein innerer Indikator für Änderung, nämlich für die Abnahme der Antriebsaktivität (durch die Belohnung). Mathematisch gesehen ist das selektive Reagieren auf die Änderung eines Signalflusses gleichbedeutend mit der Bildung und Weitersendung des zeitlichen Differentialquotienten des empfangenen Signalstroms.

♦ Dass der Lerneffekt gesetzmäßig speziell beim Zusammentreffen zweier Bedingungen eintritt, nämlich einer Belohnung und des kurz zuvor erfolgten Verhaltens, weist zwingend auf die Existenz und Wirksamkeit eines dritten Funktionsgliedes hin, welches selektiv auf das gleichzeitige Eintreffen (die Koinzidenz) von Signalen aus zwei Quellen anspricht (hier „Belohnung" und „bestimmtes eigenes, vorausgegangenes Verhalten"), also eines „Koinzidenzdetektors" oder „Koinzidenzelements".

♦ Der abschließende „eigentliche" Lernprozess besteht im Verknüpfen zweier Signalübertragungsbahnen, die zuvor unverbunden waren: der Kommandobahn desjenigen Verhaltens, das belohnt wurde, und der Übertragungsbahn der Signale von derjenigen Antriebsinstanz, die durch den Lernakt zur Ingangsetzung des betreffenden Verhaltens fähig wird. Als vierte Teilfunktion wird das Verbinden zweier bis dato unverbundener Signalübertragungswege deutlich, das Entstehen einer „bedingten Verknüpfung".

Damit ist zum Thema des assoziativen Lernens zweierlei skizziert:

Zu der bewundernswerten physiologischen Grundleistung der Assoziationsbildung namens „Gleichzeitigkeit eintreffender Signale stiftet signalübertragende Verknüpfung" gehört eine spezielle Datenverarbeitung, um die höhere Systemleistung der bedingten Aktion zu verwirklichen. Man kann deren vier Schlüsselleistungen, Kurzzeitspeicher, Differenzierglied, Koinzidenzdetektor, Verknüpfungsglied, gedanklich an sich vorbeiziehen lassen: keine ist entbehrlich oder von einer der drei anderen mitzuerfüllen. Um Lernleistungen wirklich funktionell zu verstehen, darf man sich also nicht mit der Beschreibung in Worten oder mit statistischen Zusammenhängen begnügen, sondern man muss sich mit der darunterliegenden Ebene der Datenverarbeitung befassen.

Die bisher besprochenen Lernprozesse spielten sich im Rahmen des biologischen Regel-Verhaltens ab, das den Anforderungen der Selbsterhaltung und Fortpflanzung entspricht: Vermeidung von Gefahr (Pferd), Nahrungserwerb (Zwergwels, Ratten), Freiflugbedürfnis (Blumenau-Sittich), Anstreben des Mutterkontakts (Schaflamm) usw. Die Rolle des Lernens bestand jeweils darin, dass das Zentralnervensystem die Gleichzeitigkeit zwischen unterschiedlichen Informationen registrierte und darauf durch das Bilden von Assoziationen antwortete, und zwar solchen, die neue, biologisch vorteilhafte, funktionelle signalleitende Verbindungen entstehen ließen. Von diesem funktionellen Niveau aus erfolgten jedoch in der Evolution zwei weitere Schritte, die ungeahnte neue Freiheitsgrade der Verhaltenssteuerung erbrachten: Die erste weiterführende Methode des Erfahrungserwerbs besteht für das Individuum darin: Nicht nur in biologischen Regelsituationen, die den Lernwert von guten oder schlechten Erfahrungen haben, lernbereit und lernfähig zu sein, sondern auch unabhängig davon, spontan, aus eigenem Antrieb, erfahrungsbietende Situationen zu suchen und herbeizuführen. Zu den Verhaltensweisen der Lebensbewältigung und Fortpflanzung gesellen sich dadurch Verhaltensweisen mit der alleinigen Funktion des Informationsgewinns. Dies ist der Inhalt des nächstfolgenden Abschnitts. Der zweite noch weiterführende Schritt besteht ebenfalls im Fahnden nach mehr Information aus innerem Antrieb, dies aber ohne Einsatz von Verhaltensweisen, allein durch Wechselgeschehen in der Welt der Signale und Assoziationen. Hierüber berichtet der übernächste und letzte Abschnitt dieses Beitrags.

5. Angeborene Strategien des Erfahrungserwerbs

Wollte sich jemand vornehmen, ein Repertoire von Verhaltensweisen theoretisch zu ersinnen, um einen Organismus, unabhängig von aktuellen Anforderungen an seine biologische Daseinsbewältigung, also gewissermaßen in seiner „Freizeit", einen möglichst vielfältigen für die Zukunft lebensdienlichen Erfahrungsschatz gewinnen zu lassen, so könnte ihm kaum etwas Sinnvolleres einfallen, als in vier längst existierenden, miteinander verwandten biologischen Verhaltensweisen verwirklicht ist: Erkunden, Neugierde, Spielen, spielerisches Nachahmen. Dies zu erklären gelingt am besten, indem man zunächst die Vielfalt der dazugehörigen Verhaltensprogramme zur Anschauung bringt, dann an einem einzelnen Beispiel aufzeigt, inwiefern es einer bestimmten Teilanforderung des Informationsgewinns gerecht wird.

Erkunden, Neugierverhalten und Spielen junger Löwen:
Löwenmütter werfen ihre Jungen fernab vom Rudel an einem versteckten Ort. Dort bleiben sie etwa 10 Wochen lang. Solange die Löwin auf der Jagd ist, bleiben die Jungen ruhig liegen. Kommt die Löwin zurück, säugt sie die Jungen. Ist der Nachwuchs gesättigt, ist mit Sicherheit weder ihr Nahrungsantrieb noch irgendein anderer Antrieb, etwa aus dem Bereich der Selbsterhaltung oder der Fortpflanzung, aktiviert. Trotzdem bleiben die Jungen nicht inaktiv liegen, sondern laufen in der näheren Umgebung herum und untersuchen dort alles, was ihnen begegnet: Beispielsweise wird das Junge plötzlich aufmerksam auf einen Stock, einen kleinen Busch oder ein Grasbüschel, langt danach mit den Pfoten, rollt dabei auf den Rücken. Oft ziehen solche spielerischen Bewegungen ein anderes Junges an, das mitmacht. Zwei Löwenjunge, die man beobachtete, spielten zwei Stunden lang mit einem verlassenen Straußenei, das sie entdeckt hatten; andere patschten mit ihren Pfoten ins Wasser eines Baches und versuchten, am Ufer mit dem strömenden Wasser mitzulaufen. Dann wieder nimmt ein Junges eine Körperhaltung an, die Spielbereitschaft anzeigt, und läuft auf ein ande-

res Junges zu, wirft sich über dessen Körper, bearbeitet den Spielgefährten mit den Pfoten, packt ihn mit dem Maul an der Backe, den Ohren oder im Nacken, leckt ihn, wirft sich auf den Rücken und kugelt mit ihm über den Boden. Oder die Mutter regt ein Junges an, mit ihrem Schwanz zu spielen, indem sie diesen mehrfach hin und her bewegt. Oder sie stupst eines der Kleinen mit der Nase oder einer Pranke; sie leckt es, wenn es mit allen Vieren strampelt. Ältere Löwenjunge spielen mit ihren Spielgefährten alle Phasen des angeborenen Jagdverhaltens durch: Anschleichen, vorbereitende Haltung zum schnellen Angriff, Angriff und Ansprung, Jagen des Partners, falls dieser flieht; oder Kampf mit ihm, wenn er nicht flieht. Die Prankenschläge, stets mit eingezogenen Krallen, sind dabei weich und freundlich, aber wohl gezielt. Die spielerischen Bisse richten sich eindeutig auf die Kehle oder den Nacken des Spielpartners, so als wäre dieser ein „Modell" für ein Beutetier; niemals aber wird fest zugebissen, so dass ein Spielpartner verletzt werden könnte.

Nach diesem Einblick in die fast verwirrende Vielfalt spielerischer Verhaltensweisen fokussieren wir die Aufmerksamkeit auf ein vielsagendes Einzelverhalten: Ein junger Wolf, der durch die Tundra Alaskas streifte, trat zufällig auf einen stäubenden Bovist (Bauchpilze, deren Inneres zu staubfeinen Sporen zerfällt) und sprang erschreckt zurück. Statt die Gefahrenquelle künftig zu umgehen, trat er ganz vorsichtig erneut an sie heran und patschte mit der Pfote noch einmal darauf. Zu dieser Beobachtung gibt es beliebig viele Vergleichsbeispiele, u. a. bei spielenden jungen Katzen, besonders aber bei Menschenkindern. Sie veranschaulichen ein Prinzip: Folgt auf eigenes Verhalten eine Reaktion aus der Umwelt, so veranlasst dies das Wiederholen der betreffenden eigenen Handlung. Die Attraktivität des Gummiballes für das Spielen vieler Tiere und von Kindern liegt darin, dass dieser auf jeden Anstoß sichtbar reagiert, z. B. wegrollt oder zurückspringt. Das „Wiederholen nach Umweltecho" hat eine biologisch bedeutsame Konsequenz: Wenn unmittelbar nach eigenem Verhalten etwas Wahrnehmbares geschieht, so bringt allein das Wiederholen der eigenen Handlung zur Kenntnis: War die erstmalige Koinzidenz nur ein Zufall oder handelte es sich um einen regelhaften Ursache-Wirkungs-Zusammenhang? Das Wiederholungsprinzip stiftet dem Organismus die lebenswichtige Erfahrung, was er in der dinglichen Umwelt und in seinem sozialen Umfeld durch eigene Aktivität herbeiführen kann und mit welcher Wahrscheinlichkeit dies geschieht. Dieses Wiederho-

lungsprinzip gilt genauso in den experimentellen Wissenschaften zur Unterscheidung zwischen Gesetz und Zufall. Auf die etwas ausführlichere Besprechung des „Wiederholungsdrangs nach Umweltecho" folgt nun die Nennung weiterer Eigentümlichkeiten der Erkundungs- und Spielsteuerung, wie sie im einleitenden Junglöwenbeispiel deutlich wurden oder bei Kindern in Spiellaune zum Ausdruck kommen:

♦ Neugierde ohne Beschränkung auf solche Anreize, die von unmittelbarer Lebensbedeutung sind: Empfänglichkeit für jedwede Wahrnehmung und Erfahrung, die als mögliche Anzeiger für Vorteile oder Gefahren in der Lebensbewältigung infrage kämen.

♦ Rennen, Springen, Klettern, Balancieren etc. sowie spontane Wechsel dazwischen: Vervollkommnung der Geschicklichkeit und Kraft in weitestmöglicher Vielfalt.

♦ Ausüben von Jagd-, Angriffs- und Fluchtverhalten innerhalb des Spiels mit Spielpartnern, z. B. Anschleichen, Anspringen und Zubeißen: Einbeziehen auch solchen Verhaltens ins Spiel, das im Ernstfall auf Beutetiere oder überlegene Fressfeinde gemünzt ist, wobei die Spielpartner als stellvertretende Modelle für die nicht beliebig verfügbaren Beutetiere und für gefährliche Gegner dienen.

♦ Im Rahmen aggressiven Spielens die Abänderung solcher Verhaltensanteile, die beim Spielpartner Verletzungen verursachen könnten, z. B. eingezogene Krallen sowie Beißhemmungen. Voraussetzung dafür, dass Spielpartner als „Feindmodelle" nicht gefährdet sind, trotzdem aber das spielerische Aggressionsverhalten ablaufen kann.

♦ Beim Verfolgungsspiel Abwechseln zwischen verfolgt werden und selbst verfolgen, anstatt den Verfolger wie im Ernstfall stets ganz abschütteln zu wollen. Voraussetzung dafür, dass auch das Flüchten beim Verfolgtwerden ins geschicklichkeitsfördernde Spielen einbezogen wird und dafür auch jeweils „spielerische Modellverfolger" zur Verfügung stehen.

♦ Spezieller Antrieb für das Spielen, eigenständig gegenüber den Antrieben Hunger, Durst, Sexualdrang etc.; damit verbunden, auch die eigene innere („intrinsische") Belohnung für das Durchführen des Spielens: Voraussetzung dafür, dass ein hinsichtlich aller sonstiger Bedürfnisse befriedigtes lernfähiges Lebewesen nicht nur ruht oder schläft, sondern seine „Freizeit" für das Ausüben der angeborenen Strategien zum Erfahrungserwerb verwendet. Das Individuum vollzieht das Spielen also zwar objektiv um seiner Zukunft, aber subjektiv um seiner selbst willen.

♦ Zeitliche Höchstentfaltung dieses Verhaltensbereichs in der jugendlichen Lebensphase zwischen totaler Abhängigkeit und Selbstständigkeit, also noch in der Obhut der Familie: Geeignetste Periode des Erfahrungserwerbs wegen des noch gewährten Schutzes durch die Erwachsenen bei noch nicht erreichter Perfektion der Lebensbewältigung, auch Möglichkeit zur Übernahme von verhaltensrelevanter Information durch spielerisches Nachahmen der noch im Familienrahmen anwesenden Erwachsenen.

♦ Ausprägung des Spielens in diesem Alter trotz Widerspruchs zu grundlegenden Lebenserfordernissen, denn Spielen verbraucht Energie und ist lebensbedrohlicher als Nichtstun. Hinweis auf einen durchschlagenden Selektionsdruck bei lernfähigen Tieren zugunsten des Spielalters.

♦ Trotz ihres hierdurch dokumentierten biologischen Gleichgewichts sind die Verhaltenweisen des Spielbereichs widerstandslos hemmbar durch Angst, Furcht und andere aktivierte Verhaltenstendenzen: Durch ihre fast oder ganz fehlende Hemmwirkung auf andere aktivierte Verhaltenstendenzen werden sie jedoch nicht gänzlich unterdrückt, sondern verschieben sich nur, ohne Einbuße an ihrer zukunftsbezogenen Zweckdienlichkeit, auf Zeitabschnitte, die nicht von akut lebenswichtigen Verhaltenstendenzen beansprucht werden. So geraten sie auch nicht in Konkurrenz oder Konflikt mit diesen, was sich verhängnisvoll auswirken könnte. Dies unterstreicht noch einmal ihre („objektive") Zukunfts-, nicht Gegenwartsbezogenheit.

Schon wenn man von diesen ausgewählten neun kurz gefassten Hinweisen ausgeht, kann man bewundernd ahnen: Die angeborenen Strategien des Erfahrungserwerbs bilden in sich ein äußerst sinnvolles System aus Bestandteilen unterschiedlicher Natur, jedoch mit einer gemeinsamen Funktion: möglichst umfassender Informationsgewinn für die künftige Lebensbewältigung.

6. Zielbedingte Neukombination von Engrammen – „freie Assoziation"

Bisher gebildete Engramme aus eigenem Antrieb, aber ohne Einsatz von Verhaltensweisen neu zu kombinieren und neu miteinander zu verknüpfen, eröffnet eine weitere neue Welt von Möglichkeiten des Informationsgewinns. Das einführende Beispiel demonstriert die spontane, also durch kein Umweltereignis veranlasste Neubildung einer einzelnen Assoziation, abzulesen an der Einbeziehung eines neuen Verhaltenselements in eine bestehende Handlungsfolge. W. FISCHEL (1967) hatte einer Ziege gelehrt, vor ihr stehende Kästen zu öffnen, um daraus Futter zu entnehmen. Ihr wurden jedes Mal zwei Kästen nebeneinander vorgesetzt. Einer davon (abwechselnd der rechte oder linke) enthielt Brot, die Lieblingsspeise des Tieres, der andere ein Häufchen Gerste, die weniger beliebt war. In den ersten Durchgängen fraß die Ziege jeweils das, was sie im zuerst gewählten Kasten vorfand, sei es Gerste oder Brot, und leerte danach auch den zweiten. Nach einigen Erfahrungen dieser Art änderte die Ziege jedoch ihr Verfahren: Fand sie zufällig im ersten Kasten das Brot, so fraß sie dieses. Fand sie aber Gerste, so ließ sie den Deckel gleich wieder zufallen und wandte sich dem anderen Kasten zu, um dort zuerst ihre Lieblingsspeise Brot zu finden und zu verzehren. Danach kam auch die Gerste an die Reihe. Beim Übergang von der alten zur neuen Strategie änderte sich für die Ziege nichts an den Außenbedingungen. Die Ursache für den Verhaltenswechsel musste also in ihrem Inneren liegen. Aufgrund ihrer Anfangserfahrungen verhielt sie sich im zweiten Versuchsabschnitt so, als würde sie, falls sie zuerst die Gerste fand, im anderen Kasten das Brot liegen sehen und sich daraufhin diesem zuwenden. Formal betrachtet war aufgrund des mehrmals wiederholten Zusammenhangs „Gerste" im einen, „Brot im anderen Kasten" eine innere Koppelung, eine Assoziation entstanden, sodass die Wahrnehmung „Gerste" nun die gespeicherte Information „Brot im anderen Kasten" aufrief („aktivierte") und dass die derart aufgerufene Information das Verhalten vom bisherigen Verlauf ablenkte und neu ausrichtete. Die Änderung der Verhaltenssteuerung, die sich in diesem Beispiel beobachten ließ, ist als Leistung gewiss nicht allzu hoch einzuschätzen. Aber sie hat trotzdem den Wert von etwas prinzipiell Neuem, das über das eigentliche Lernen hinausführt: Ohne besonderen äußeren Anlass bildete sich zwischen zwei Assoziationskettengliedern eine neue Verbindung, und dies führte zu einem bisher noch nicht beobachteten Verhalten: dem Wiederzufallenlassen eines Deckels, ohne zuvor den Inhalt des geöffneten Kastens zu verzehren. Mit dieser Neubildung einer Verknüpfung ohne unmittelbaren äußeren Anlass ist der „Rubikon überschritten", vom eigentlichen Lernen zum Neuverknüpfen aus innerem Anlass.

Die beiden ersten großen Experimentatoren und Theoretiker der zielbedingten Assoziationsbildung bei Tieren hörten auf denselben Namen, der sich allerdings unterschiedlich schreibt: Wolfgang KÖHLER, der Psychologe (1887–1967) und Otto KOEHLER, der Zoologe/Ethologe (1889–1977). Ersterer sprach bei Menschenaffen von Leistungen der Intelligenz. Der zweite bei verschiedenen Vogel- und Säugetierarten von „unbenanntem Denken". Von jedem der beiden sei nun je ein einzelnes Beispiel referiert, in dem ein Tier spontane Umschaltungen in seiner Verhaltenssteuerung erkennen ließ:

In einem Käfig, in dem sich sechs Schimpansen befanden, wurde in 2 m Höhe eine Banane befestigt und nahe dabei eine 50 cm hohe Kiste auf den Boden gestellt. Die Tiere versuchten das Lockmittel durch Springen zu erreichen, was ihnen jedoch nicht glückte. Ein bestimmter Schimpanse (namens Sultan) hörte früher als seine Genossen damit auf und ging unruhig hin und her. Er blieb, etwa fünf Minuten nach Beginn des Versuchs, plötzlich vor der Kiste stehen. Hastig schob er sie unter die Frucht, stieg darauf, sprang ab und erreichte die Banane. Wahrscheinlich hatten sich die Engramme von Kiste, Banane und von den räumlichen Verhältnissen so kombiniert, dass sie die Handlung zunächst „theoretisch" vorwegnahmen und dann ihre Ausführung steuerten (nach W. KÖHLER 1917, Nachdruck 1973).

Im Rahmen dessen, was Otto KOEHLER als „unbenanntes Denken" bezeichnete und was mit seinem Namen verbunden bleiben wird, solange es Naturwissenschaften gibt, gehören die Untersuchungen über das „Zählen" bei Tieren (und vergleichsweise auch bei Menschen). Beispielsweise können Dohlen durch Dressur lernen, aus einer Reihe von Schalen genau fünf Mehlwürmer zu holen, unabhängig davon, wie viele Schalen sie aufsuchen und deren Deckel entfernen müssen. Dabei zeigten sich folgende obere Grenzen: Taube 5, Dohle und Wellensittich 6, Elster, Amazone und Kolkrabe 7, Graupapagei 8. In einem ungeplanten Einzelereignis offenbarte eine Dohle in ihrem Verhalten, was beim „Zählen" in ihr vorging: Sie hatte in der ersten Schale einen, in der zweiten Schale zwei, in der dritten einen Mehlwurm gefunden. Obwohl sie auf die Zahl 5 eingestellt war, machte sie sich diesmal bereits nach vier Funden auf den Rückweg. Doch stutzte sie, bevor sie den Ausgang aus dem Versuchskäfig erreicht hatte, machte kehrt und begab sich noch einmal auf den Weg. Vor der Schale 1 machte sie eine kurze, unvollkommene Pickbewegung, eine „Verbeugung". Danach ging sie zur Schale 2, machte zwei Verbeugungen, dann vor Schale 3 eine Verbeugung. Anschließend öffnete sie Schale 4, fand keinen Mehlwurm, dann Schale 5 und fand einen. Diesen verzehrte sie und verließ den Versuchskäfig (KOEHLER 1941). In all dem kamen spezifische Wechselwirkungen zwischen Gedächtnisinhalten zum Ausdruck, mehrere nachvollziehbare Schritte „Unbenannten Denkens", z. B.: „Fünfter Programmschritt ausgelassen, also Kehrtwendung vollziehen!"

Ausblick

Wer nach der Grenze zwischen bloßem Lernen und Intelligenz fragt, wird vielleicht über die Geringfügigkeit der skizzierten Schritte vom Lernen zum Entstehen einer neuen Assoziation aus innerem Anlass („freie Assoziation") enttäuscht sein. Aber es ist nicht ausgemacht, dass an der Grenze eines Begriffsfeldes sogleich solche Gegebenheiten auftauchen, die den Begriff in seiner vollen Ausprägung repräsentieren. Geht man beispielsweise von Grautönen allmählich zu bunten Farben über, so erscheint auch hier zunächst ein ganz matter Farbeindruck, und erst im Zentrum des Begriffsfeldes finden wir ausgeprägte Farben wie sattes Grün, glühendes Rot, strahlendes Blau oder leuchtendes Gelb. Nicht nur hier, sondern auch in vielen anderen Fällen erweist es sich daher als Fehler, wenn man die beiden Fragen verwechselt: Wo liegt die Grenze eines Begriffs zu einem Nachbarbegriff? Und: Was alles gehört zu einem Begriff im Zentrum des Begriffsfeldes? Wenn ein Kleinkind zum ersten Mal zwei oder mehrere Bauklötze zu einem Turm aufeinanderstellt, so führt von dort aus noch ein schier unermesslich langer Weg zur Leistung des unbekannten Baumeisters des Turms des Freiburger Münsters. Trotzdem haben wir beim kleinen Kind das allererste „Bauen" vor uns. Der Weg von der Grenze bis zur Vollendung kann sehr weit sein. Wer aber speziell nach der Grenze sucht, findet dort womöglich nur einen bescheidenen Schritt.

In diesem Beitrag kamen vier Schritte zur Sprache:
- ♦ von der angeborenen Programmierung zur Assoziationsbildung und Prägung,
- ♦ von dort zum Lernen aus Erfahrung,
- ♦ zu angeborenen Verhaltensstrategien des Erfahrungserwerbs,
- ♦ und schließlich zur zielbedingten freien Assoziation.

Der erste Schritt bestand im Gewinn einer neuen physiologischen Grundfunktion „Gleichzeitigkeit von Signalen führt zur Verknüpfung ihrer materiellen Träger (Assoziation)". Die weiteren Errungenschaften bestanden aber nicht in der Perfektion dieses Basisprozesses, sondern in seinem Einbau in immer differenziertere Strukturen der Datenverarbeitung aus anderen Elementen. War oder ist nun die Errungenschaft der „freien Assoziation" als die letzte qualitative („wesensmäßige") Stufe zu betrachten, die zu einer neuen „Systemeigenschaft" der, sagen wir ruhig, geistigen Entwicklung hinauf führte? Hierzu sei abschließend angedeutet: als weitere Schritte zu neuen Systemebenen mit je eigener Gesetzlichkeit, Begrifflichkeit und neuen Freiheitsgraden kommen infrage: Die bei Kindern im Vorschulalter entstehende Fähigkeit des „Mitempfindens" (Empathie), d. h. der Repräsentation der inneren Situation anderer Lebewesen in der eigenen Vorstellung, verbunden mit dem Sich-Selbst-Erkennen im Spiegel; sowie das „Sich-Hineindenken", d. h. die Vergegenwärtigung des Handelns von Anderen, aber auch seiner selbst im Zeitablauf, also in der Gegenwart, der Vergangenheit und (durch Extrapolation) in der Zukunft.

Literatur:

FISCHEL, W. (1967): Vom Leben zum Erleben. (Joh. A. Barth, München).

KOEHLER, O. (1941): Vom Erlernen unbenannter Anzahlen bei Vögeln. Die Naturwiss. **29**, 201–218.

KÖHLER, W. (1973): Intelligenzprüfungen an Menschenaffen. 3. Aufl., (Springer, Berlin/Heidelberg).

HASSENSTEIN, B. (2010): „Leben ist Lernen" – In: Antal-Festetics-Festschrift: *Was ist Leben? Entstehung, Erforschung, Erhaltung*, Verlag J. Neumann-Neudamm, Melsungen, S. 41-49

Leben ist Spannung

Prof. Dr. Dietrich von Holst

(Institut für Zoologie der Universität Bayreuth)

Dieser Beitrag handelt von **Stress**[1] im Alltag von Säugetieren. Diese leben in Sozialverbänden, die sich zwar von Tierart zu Tierart beträchtlich unterscheiden, für die einzelne Art jedoch weitgehend konstant sind. Aufrechterhalten werden diese Sozialsysteme durch den ständigen Kontakt der Tiere untereinander, wobei sich dieser nicht nur auf das Verhalten der Individuen auswirkt, sondern auch ihre Gesundheit und Fruchtbarkeit entscheidend beeinflussen kann. Besonders eindrucksvoll zeigen dies Untersuchungen an den räuberischen **Breitfuß-Beutelmäusen**. Diese in Australien weit verbreiteten Beuteltiere haben einen extrem synchronisierten Lebenszyklus: Ende September – im australischen Frühling – bekommen die Weibchen Junge, die bis zum Januar entwöhnt werden, doch noch einige Monate friedlich mit ihren Müttern zusammenleben. Ende Mai verlassen die Jungen ihren Geburtsort und verteilen sich in ihrem Lebensraum. Im August setzt dann die kurze Fortpflanzungsperiode ein: Auf der Suche nach Weibchen durchstreifen die Männchen ihr Gebiet und werden hierbei ständig in heftige Kämpfe mit anderen Männchen verwickelt. Nach zwei bis drei Wochen, und damit stets vor Erreichen ihres ersten Lebensjahres, sterben alle Männchen. Die Weibchen überleben und bringen nach einer Tragzeit von etwa einem Monat ihre Jungen zur Welt – Männchen und Weibchen: Ein neuer Zyklus beginnt. Wie australische Wissenschaftler zeigen konnten, beruht der Tod der Männchen auf einem dramatischen Anstieg der typischen **Stresshormone** Cortisol[2] und Corticosteron[3] in ihrem Blut und einem damit einhergehenden Zusammenbruch des Immunsystems: Magen-Darm-Blutungen, Blutarmut, schwerster Parasitenbefall, bakterielle Lebernekrosen und andere Infektionen bedingen innerhalb kürzester Zeit das Ende der nun überflüssigen Männchen, während die Weibchen optimale Nahrungsbedingungen für die Jungenaufzucht vorfinden.

Die zum Tod führenden physiologischen Veränderungen beruhen im Wesentlichen auf der extrem gesteigerten Aggression unter den Männchen. Verhindert man entsprechende Kämpfe, indem man die Männchen vor der Paarungszeit einfängt und einzeln hält, so können sie, ebenso wie die Weibchen in der Natur, einige Jahre alt werden. Tod als Folge anhaltender Streitigkeiten um Reviere, Rangpositionen oder andere Ressourcen ist zwar auch von vielen anderen Tierarten aus der Natur und dem Labor bekannt, doch nur unter extremen Bedingungen, wie zum Beispiel bei hoher Populationsdichte. In der Regel werden jedoch bei Säugetieren immerwährende Streitigkeiten durch den Aufbau von Dominanzbeziehungen vermindert. Auf eine akute Belastung, wie sie ohne Zweifel eine Dominanzauseinandersetzung darstellt, reagieren alle Säugetiere mit typischen Stressreaktionen. Besondere Bedeutung kommt hierbei **zwei Systemen** zu: dem Sympathikus[4]-Nebennierenmarksystem und dem Hypophysen[5]-Nebennierenrindensystem. Beide werden beim Einsetzen der Belastung augenblicklich aktiviert und geben ihre Hormone Adrenalin und Noradrenalin[6] sowie Cortisol und Corticosteron an das Blut ab. Dies führt innerhalb kürzester Zeit zu einem beschleunigten und kräftigeren Herzschlag, einem Anstieg des Blutdruckes sowie zu einer verstärkten Atmung; gleichzeitig wird die Durchblutung der Skelettmuskulatur verbessert, während Magen-Darm-Trakt und Nieren vermindert durchblutet werden. Der für die Energieversorgung des Körpers benötigte Blutzucker wird aus den Glykogenvorräten[7] der Leber freigesetzt sowie unter dem Einfluss der Nebennierenrindenhormone Körpereiweiß in Glukose[8] umgewandelt und in der Le-

---

1 **Stress** (von lat. stringere = anspannen) = zum einen durch spezifische äußere Reize (Stressoren) hervorgerufene Reaktionen, die zur Bewältigung besonderer Anforderungen befähigen, und zum anderen die dadurch entstehende körperliche und seelische Belastung.
 Eustress = Stressoren, die den Organismus positiv beeinflussen, **Distress** = negativer Einfluss.

2 **Cortisol** (von lat. cortex = Rinde) = Steroidhormon, in der Nebennierenrinde gebildet.

3 **Corticosteron** (von lat. cortex = Rinde und gr. stereós = fest, hart) = Steroidhormon, in der Nebennierenrinde gebildet.

4 **Sympathicus** (von gr. sympathein = mitleiden) = Teil des vegetativen Nervensystems.

5 **Hypophyse** (von gr. phýgesthasi = entstehen) = Hirnanhangdrüse, die verschiedene Hormone produziert.

6 **Adrenalin** und **Noradrenalin** (von lat. ad = zu und ren = Niere) = Stresshormone, im Nebennierenmark gebildet.

7 **Glykogen** (von gr. genès = verursachend) = Polysacharid (Vielfachzucker) dient der Speicherung und Bereitstellung des Energieträgers Glukose.

8 **Glukose** (von gr. glykýs = süß) = Traubenzucker

ber deponiert: Bei akutem Stress finden wir also eine ausgeprägte Steigerung der Leistungsfähigkeit des Organismus. Gleichzeitig werden alle Funktionen gehemmt, die nicht direkt zum Überleben notwendig sind, wie Körperwachstum, Fruchtbarkeit und immunologische Widerstandskraft. Sind derartige Kämpfe nur selten, so haben sie für das Individuum keine wesentliche Bedeutung. Treten solche aktivierenden Auseinandersetzungen jedoch immer wieder auf, so kann das die Gesundheit der Tiere wesentlich beeinträchtigen oder sogar – wie im eingangs geschilderten Fall – innerhalb kürzester Zeit zum Tod führen.

Kämpfe zu vermeiden, wie es im Tierreich in der Regel durch die Errichtung von **Dominanzbeziehungen** geschieht, ist somit ein sinnvoller Weg, um Stressreaktionen zu mildern. Jedoch sind von dieser positiven Auswirkung einer Dominanzbeziehung nicht beide Rivalen gleichermaßen betroffen, wie anhand einiger Befunde an **Tupajas** (Tupaia belangeri) gezeigt werden soll. Tupajas (Spitzhörnchen) sind kleinere tagaktive Säugetiere, die in ganz Südostasien weit verbreitet sind. Aufgrund einer Reihe von Merkmalen wurden sie ursprünglich den Primaten zugeordnet; heute stellen sie jedoch eine eigene Ordnung dar, die Scandentia. In der Natur leben Tupajas paarweise in Territorien, die sie gegen fremde Artgenossen verteidigen. Auch in Gefangenschaft kann man Tupajas langfristig nur paarweise zusammenhalten. Setzt man zu einem solchen Paar ein fremdes Männchen, so führt das meist augenblicklich zu heftigen Kämpfen zwischen den Männchen und der Unterwerfung des Eindringlings. Sobald die Dominanzbeziehungen geklärt sind, lässt der Sieger von weiteren Attacken ab und beachtet den Verlierer kaum noch. Der Unterlegene verkriecht sich hingegen in ein möglichst geschütztes Versteck, das er nur noch zum hastigen Fressen und Trinken verlässt. Auch in den folgenden Tagen sind Kämpfe zwischen den Rivalen selten oder überhaupt nicht vorhanden, dennoch verliert das unterlegene Individuum drastisch an Körpermasse, putzt sich nicht mehr, wird apathisch und stirbt nach nur wenigen Tagen.

Der Tod ist hierbei keine Folge körperlicher Anstrengungen beim Kampf. Auch Verwundungen kommen als Todesursache nicht in Betracht, da sich die Tiere, wenn überhaupt, nur oberflächliche Verletzungen beibringen. Vielmehr beruht der Tod auf der ständigen Anwesenheit des Siegers. Trennt man nämlich beide Tiere nach dem Kampf durch eine undurchsichtige Trennwand voneinander, so erholt sich der Ver-

lierer ebenso schnell vom Kampf wie der Sieger und stirbt nicht vorzeitig, selbst wenn man ihn über Wochen täglich für einen Kampf mit dem Sieger zusammenbringt. Trennt man hingegen beide Tiere nach der Unterwerfung durch eine Gitterwand voneinander, so dass der Verlierer zwar nicht mehr attackiert werden kann, den „bedrohlichen" Sieger jedoch ständig sieht, dann stirbt er nach ein bis zwei Wochen. Anthropomorph[9] gesprochen: Der Unterlegene stirbt an der andauernden Angst. Das Einsetzen eines Rivalen in den Käfig eines Männchens stellt eine extreme Belastung für territoriale Tiere wie die Tupajas dar. Anders stellt sich die Situation dar, wenn man zwei sich fremde männliche Tupajas in einen für beide fremden Käfig mit jeweils zwei getrennten Futterplätzen, Wasserflaschen und Schlafkästen zusammenbringt. In dieser Situation beginnen die Tiere nicht sofort zu kämpfen, sondern erkunden den Käfig zunächst vorsichtig. In der Regel beginnen jedoch auch hier nach einiger Zeit Kämpfe, die spätestens nach vier Tagen zu einer klaren Dominanzbeziehung zwischen den Tieren führen. Werden die Tiere weiterhin gemeinsam gehalten, kümmert sich auch in diesem Fall der Sieger kaum noch um den Verlierer. Attacken gegen ihn sind selten oder fehlen sogar vollständig. Der Verlierer verändert hingegen sein Verhalten drastisch, wobei anhand ihres Verhaltens zwei Gruppen unterschieden werden können: submissive und subdominante Verlierer.

Submissive Tiere verkriechen sich in eine Ecke des Käfigs oder in einen Schlafkasten und verlassen dieses Versteck nur noch zum hastigen Fressen und Trinken. Selbst die seltenen Attacken des Siegers lassen sie in der Regel ohne Gegenwehr oder Fluchtversuche über sich ergehen. Sie putzen sich nicht mehr und machen einen apathischen, depressiven Eindruck. Ebenso wie die oben erwähnten Verlierer sterben auch sie stets in weniger als drei Wochen, wenn man sie nicht rechtzeitig aus dieser Situation entfernt. Subdominante Tiere zeigen hingegen ein entgegengesetztes Verhalten: Sie haben eine deutlich erhöhte Aktivität, beobachten ständig die Bewegungen des Siegers und versuchen, jede Auseinandersetzung durch Ausweichen oder Flucht zu vermeiden. Ist eine Konfrontation nicht zu umgehen, verteidigen sie sich sogar. Solche Tupajas können in dieser Situation wochenlang überleben. Ganz im Sinne des Stresskonzeptes hat die Konfrontation in den ersten Tagen eine starke Aktivierung der Sympathikus-Nebennierenmark- und Hypophysen-Nebennierenrindensysteme beider Rivalen

---

9 **Anthropomorph** (von gr. ánthropos = Mensch und morphḗ = Gestalt) = menschliche Gestalt, Vermenschlichung.

zur Folge: Die Serumkonzentrationen der Hormone Cortisol sowie von Adrenalin und Noradrenalin im Blut aller Tiere steigen auf das Mehrfache an. Sobald jedoch die Dominanzbeziehung zwischen den Kontrahenten geklärt ist, verschwinden bei siegreichen Tieren trotz gelegentlicher Streitigkeiten nicht nur alle **Stressreaktionen**, ihre Cortisolwerte im Blut sinken sogar unter die Ausgangswerte ab und ihre Körpermassen und Gonadenfunktionen nehmen zu. Nach etwa drei Wochen sind daher dominante Tiere deutlich schwerer als vor der Konfrontation, haben einen verbesserten Immunstatus und um mehr als 100 % erhöhte Testosteronkonzentrationen in ihrem Blut.

Unterlegene Tupajas sind hingegen durch verringerte Körpermassen und eine Vielzahl hormoneller und sonstiger physiologischer Veränderungen gekennzeichnet. Unter anderem nehmen die Serumkonzentrationen von Testosteron[10], Insulin[11] und Schilddrüsenhormonen stark ab. Insgesamt sind hierbei die Auswirkungen bei den Tieren beider unterlegener Gruppen qualitativ gleich, sie unterscheiden sich nur in ihrem Ausmaß. Erstaunlicherweise finden sich jedoch qualitativ unterschiedliche Reaktionen bei Subdominanten und Submissiven in ihren typischen Stress-Systemen. Ebenso wie bei dominanten Tieren sinkt das für Stressreaktionen charakteristische Cortisol nach Etablierung der Dominanzbeziehungen bei Subdominanten, die sich also aktiv mit der Situation auseinandersetzen, wieder auf die Ausgangswerte ab. Nur bei den Submissiven, die sich passiv in die Situation ergeben, findet sich ein kontinuierlicher Cortisolanstieg bis zu ihrem Tod, was mit einem gesteigerten Abbau von Muskulatur und Fettgewebe, einer Beeinträchtigung der Wundheilung und einer starken Immunsuppression[12] einhergeht. Anders ist es mit der Sympathikus-Nebennierenmark-Aktivität der Tiere: Während sie bei den Dominanten wieder auf Ausgangswerte absinkt, steigt sie bei den aktiven Subdominanten Tieren um 100 % gegenüber der von Dominanten oder Kontrolltieren an.

Bei den passiven Submissiven sinkt sie hingegen sogar unter die Kontrollwerte ab. Diese Veränderungen der Sympathikus-Aktivität äußern sich auch in den Herzraten der Tiere: Bei den siegreichen Tieren kehrt die Herzrate nach Herstellung der Dominanzbeziehung wieder auf die Ausgangswerte zurück und bei den Submissiven sinkt sie sogar unter die Ausgangswerte. Hingegen bleibt sie bei den Subdominanten nicht nur am Tag, wenn ein Angriff des Siegers niemals auszuschließen ist, ständig mehr oder minder erhöht, sondern auch in der Nacht, wenn sie in einem vom Sieger getrennten Versteck schlafen. Ihre Herzrate kann hierbei nahezu Tageswerte erreichen, so dass der ursprünglich vorhandene Tag-Nacht-Rhythmus weitgehend aufgehoben ist. Eine derartige anhaltende Aktivierung des Sympathikus-Nebennierenmarksystems führt bereits nach nur wenigen Wochen zu Schäden des Herzkreislauf-Systems und Herzversagen, wenn die Tiere nicht rechtzeitig getrennt werden. Je nach ihrem Verhalten in dieser Situation zeigen also unterlegene Tupajas völlig unterschiedliche physiologische Reaktionen. Diese Ergebnisse stehen damit im Einklang mit dem Konzept des Amerikaners J. HENRY von zwei unterschiedlichen Stressreaktionen bei Säugetieren: Walter CANNONS „Notfallreaktion" mit gesteigerter Sympathikus-Nebennierenmark-Aktivität und SELYES[13] „Stressreaktion" mit vorwiegender Aktivierung der Nebennierenrinde. Während CANNONS Reaktionsmuster bei einer aktiven Auseinandersetzung mit der belastenden Situation auftritt, findet sich SELYES Reaktionsmuster bei dem Fehlen jeder Kontrollmöglichkeit und dem passiven Erdulden einer Belastung. Entsprechend werden diese beiden Stressformen als „aktiver" und „passiver" Stress bezeichnet.

HENRY stellte dies Konzept vor allem aufgrund umfangreicher Untersuchungen an **Labormäusen** auf, wobei allerdings einige grundlegende Unterschiede zu unseren Ergebnissen an Tupajas bestehen. Unterlegene Mäuse haben nur eine leicht erhöhte Nebennierenrinden-Aktivität, sie können daher ohne wesentliche Gesundheitsschäden im Gebiet des dominanten Tieres leben, wenn auch mit verminderter Fruchtbarkeit und einem begrenztem Aktionsradius. Im Gegensatz dazu stehen die dominanten Mäuse unter einer schwereren Belastung, einem ständigen aktiven Stress: Sie haben eine stark erhöhte Sympathikus-Nebennierenmark-Aktivität, entwickeln innerhalb weniger Monate Arteriosklerose, Nierenschädigungen sowie Bluthochdruck und sterben an diesen Erkrankungen: Eine dominante Rangposition hat somit nicht unbedingt positive Auswirkungen auf die Gesundheit, vielmehr wird der physiologische Zustand eines Tie-

---

10 **Testosteron** (von lat. testis = Hoden und gr. stereós = fest, hart) = das wichtigste männliche Geschlechtshormon neben Androsteron.

11 **Insulin** (von lat. insula = Insel) = Peptidhormon, in der Bauchspeicheldrüse gebildet.

12 **Immunsuppression** (von lat. suppression = Unterdrückung) = künstlich herbeigeführte Unterdrückung der Immunreaktionen des Organismus.

13 Hans SELYE (1907–1982): Österr.-Kanadischer Mediziner, Vater der Stressforschung.

res dadurch bestimmt, wie die jeweilige Position errungen und erhalten wird: Für ein Tupajamännchen, das mit seinem Weibchen in einem vertrauten Revier lebt, stellt ein besiegter Rivale keine Bedrohung dar und hat daher, selbst unter den eingeschränkten Bedingungen einer Laborhaltung, keine negativen Auswirkungen auf sein Verhalten und seine Gesundheit. Bei Mäusen, bei denen stets mehrere Männchen und Weibchen gemeinsam ein Gebiet bewohnen, kann hingegen die dominante Position nur durch erhöhte Aufmerksamkeit und ständiges Kontrollieren des gesamten Gebietes sowie eine gesteigerte Aggression gegen Artgenossen gehalten werden. Dies geht jedoch zu Lasten der Gesundheit des Dominanten, er stirbt vorzeitig.

Bluthochdruck, Arteriosklerose, Herz- und Nierenschäden, also die typischen menschlichen Zivilisationserkrankungen, kennt man aus der Natur ebenso wie aus Laboruntersuchungen auch von vielen anderen Säugetieren, und zwar stets als Folge lang anhaltender aktiver Stressreaktionen. Dies zeigen unter anderem Untersuchungen russischer Wissenschaftler an **Mantelpavianen**. Diese Affenart lebt normalerweise in Gruppen, die aus jeweils einem dominanten Männchen mit seinem Harem von einigen Weibchen und ihren Jungen bestehen. Konkurrenten für seinen Harem duldet das Männchen nicht. Dem dominanten Männchen steht die beste Nahrung zu und im Allgemeinen frisst kein Gruppenmitglied, solange der „Pascha" nicht gesättigt ist. In derartigen stabilen Sozialverbänden ist die Herzrate der unterlegenen Tiere stets deutlich höher als die der Dominanten, was auf eine ständige emotionale Anspannung bei den unterlegenen Gruppenmitgliedern hinweist. Setzt man einen solchen Pascha in ein Gehege, das von seiner ehemaligen Gruppe durch ein Gitter getrennt ist, und lässt ein fremdes Männchen zu seiner Gruppe, so versucht er zunächst ständig, seinen Rivalen durch das Gitter zu attackieren und zu vertreiben. Nach nur wenigen Wochen unter diesen Bedingungen entwickeln die Männchen dann Verhaltensstörungen, Herzkreislaufschäden sowie Bluthochdruck und sterben vielfach an den Folgen dieser pathophysiologischen Veränderungen. Entsprechende Schädigungen treten auch bei anderen Säugetierarten regelmäßig auf, wenn durch ständiges Umsetzen einzelner Individuen oder das Eindringen fremder Rivalen der Aufbau eines stabilen Sozialverbandes verhindert wird. Hierbei sind z. B. bei **Rhesusaffen** gerade die Individuen verstärkt von arteriosklerotischen Schädigungen ihres Herz-

kreislauf-Systems betroffen, die über Monate hin ihre dominante Position erfolgreich verteidigen konnten.

Zentralnervöse Prozesse, die mit Emotionen einhergehen und in Situationen auftreten, die durch Unsicherheit oder Unvorhersehbarkeit gekennzeichnet sind, führen also akut zu einer Aktivierung der Sympathikus-Nebennierenmark- und Hypophysen-Nebennierenrinden-Systeme. Hält eine derart belastende Situation an, dann werden jeweils unterschiedliche physiologische Stressreaktionen ausgelöst, je nachdem welche Verhaltensstrategie das Individuum versucht, um die Situation unter Kontrolle zu bekommen oder mit ihr umzugehen: Aktive Versuche, die Kontrolle zu erlangen (z. B. durch Kampf oder Flucht), sind dann gekennzeichnet durch ein Überwiegen der Sympathikus-Nebennierenmark-Aktivität und können langfristig zu Herzkreislauf-Erkrankungen führen (aktiver Stress). Ein passiver Umgang mit einer Unterwerfung oder der Verlust der Kontrolle ist charakterisiert durch eine Hypophysen-Nebennierenrinden-Aktivierung und kann langfristig insbesondere zu solchen Erkrankungen führen, die mit einer Beeinträchtigung des Immunsystems einhergehen (passiver Stress).

Diese zwei unterschiedlichen Verhaltensreaktionen und die damit einhergehenden aktiven oder passiven Stressreaktionen werden durch die Bewertung der Situation durch das Individuum sowie durch die Intensität und Dauer der Belastung bestimmt. Sie stellen daher alternative Strategien zur Lösung eines Problems dar. Um z. B. die Attacken eines überlegenen Artgenossen zu vermeiden, kann kurzfristig ein Verzicht auf jegliche Gegenwehr ebenso erfolgreich sein wie Flucht, insbesondere wenn diese erschwert oder unmöglich ist. Entsprechend kann ein Tier, das zunächst einem Rivalen aktiv zu entkommen sucht, hierbei aber z. B. in einem kleineren Gehege keinen Erfolg hat, nach einigen erfolglosen Versuchen eine passive Strategie einschlagen. Zudem können diese beiden Strategien auch je nach Sozialstruktur einer Art und deren Populationsdynamik unterschiedlich effizient sein: So sind z. B. nach den Untersuchungen des Niederländers B. Bohus und seinen Mitarbeitern aggressive **Hausmäuse** unter stabilen Populationsbedingungen erfolgreich, während nicht aggressive Mäuse sich besser unter den instabilen Bedingungen einer Populationszunahme durchsetzen. Die Bewertung eines Reizes oder einer Situation ist ein psychischer Prozess, der auf Erwartungen des Individuums basiert. Diese Erwartungen werden durch die verschiedensten Faktoren modifiziert, wie z. B. Geschlecht und Alter des Individuums sowie persönliche Eigenschaften, die auf seiner Genetik, auf pränatalen Einflüssen (vor der Geburt) und insbesondere auf postnatalen Erfahrungen (nach der Geburt) beruhen. Manche dieser Erwartungen müssen sehr stabil sein und entsprechend immer wieder zu denselben starren Verhaltensantworten führen. Ein Beutetier muss z. B. bei jeder Annäherung eines Räubers von einem möglichen Angriff ausgehen und daher fliehen.

Im sozialen Kontext müssen hingegen die Erwartungen flexibel sein und sich immer wieder an neue Situationen im Leben der Tiere anpassen. Eines der ersten frustrierenden Erlebnisse **im Leben aller Säugetiere**, bei der bisherige Erwartungen keine Gültigkeit mehr besitzen, dürfte wohl die Entwöhnung von der Mutter sein, wenn die Mutter also erstmals das Säugen ihrer Jungtiere unterbindet. In der Pubertät schlägt sogar das zuvor ihren Jungtieren gegenüber freundliche Verhalten der Eltern vielfach in Aggression um und die Nachkommen werden aus dem elterlichen Lebensraum vertrieben. Bei Säugetieren, die in Gruppen leben, sind die Beziehungen zu den anderen Gruppenmitgliedern vielfach hierarchisch geordnet, was je nach Individuum und dessen sozialer Stellung unterschiedliche Reaktionen zu den anderen Individuen verlangt. Auseinandersetzungen innerhalb einer Gruppe können vielfach zu einer Abwanderung unterlegener Individuen führen, die sich dann anderen Gruppen anzuschließen versuchen müssen.

Alle diese Situationen sind durch ein hohes Maß an Unsicherheit und fehlende Kontrolle gekennzeichnet und stellen daher Belastungen dar, doch passen sich die Tiere in der Regel daran an. Sie bilden neue Erwartungen aus, die ihnen den erfolgreichen Umgang mit diesen Situationen erlauben, wenngleich vielfach zu Lasten ihrer Fruchtbarkeit und Gesundheit. Allerdings können soziale Erwartungen, die über eine längere Zeit erfolgreich bestanden, offensichtlich so fixiert werden, dass eine Anpassung an eine neue Situation nicht mehr möglich ist. Während z. B. nach unseren Befunden ein Rangwechsel bei erwachsenen **Wildkaninchen** häufig und ohne größere Gesundheitsbeeinträchtigung auftritt, können dominante Männchen, die ihre hohe Position über längere Zeit erfolgreich innehatten, nach einem Rangsturz nicht mehr die neuen Beziehungen zu den Gruppenmitgliedern erlernen. Sie werden apathisch und sterben innerhalb kurzer Zeit. Auf Belastungen können Tiere also je nach Situation mit aktiven oder passiven Stressreaktionen antworten. Eine ausschließliche Aktivierung nur eines Systems, wie wir sie bei unterlegenen Tupajas finden, ist jedoch nicht die Regel; vielmehr dürfte meist eine je nach Situation mehr oder minder starke, und zum Teil auch wechselnde, Aktivierung beider Stressachsen vorherrschen. Dies ist auch bei Tupajas unter anderem stets zu Beginn der Konfrontation der Fall, wenn die Kontrollierbarkeit der Situation bedroht ist und um Kontrolle bzw. die dominante Position gekämpft wird.

Diese beiden Stressreaktionen haben einen **bipolaren Aspekt**: Der Angst-Wut-Reaktion (vom Sympathikus-Nebennierenmark bestimmt) steht die Entspanntheit gegenüber, die in stabilen sozialen Situationen mit festen Rangbeziehungen vorliegt und sich in vermehrtem Putzen und Ruhen äußert. Das Gegenteil zu der durch die Hypophysen-Nebennierenrinden-Aktivierung gekennzeichnete Situation der Depression und Verlust von Kontrolle ist ein subjektives Hochgefühl, wie es z. B. bei dominanten Individuen beim Anblick eines unterlegenen Rivalen oder bei Tieren mit einer starken positiven Bindung zu einem Partner vorhanden ist. Dies soll abschließend anhand unserer Untersuchungen zur Paarbindung **bei Tupajas** verdeutlicht werden. Wie bereits eingangs erwähnt wurde, leben Tupajas in der Natur paarweise. Auch im Labor kann man erwachsene Tupajas nur paarweise zusammenhalten. Das Zusammensetzen eines Männchens mit einem Weibchen hat jedoch in etwa 80 % aller Fälle keine Paarbeziehung zur Folge. Vielmehr treten zwischen den Individuen immer wieder Streitigkeiten auf, doch führen sie in der Regel nicht zu heftigeren Auseinandersetzungen, vielmehr versuchen beide Tiere Konfrontationen möglichst aus dem Wege zu gehen. Nur in 20 % hat das Zusammensetzen eines Männchens mit einem Weibchen eine „harmonische" Paarbeziehung zur Folge, die lebenslang (bis zu zehn Jahre) bestehen kann. Für den menschlichen Betrachter macht hierbei der Kontakt zwischen den Tieren von Anfang an den Eindruck einer „Liebe auf den ersten Blick". Aggressive Auseinandersetzungen fehlen gänzlich, vielmehr beschnuppern und markieren sich beide Tiere immer wieder gegenseitig.

Besonders auffällig ist eine Verhaltensweise, die sonst nur noch zwischen den Eltern und ihren Jungtieren zu beobachten ist: das Begrüßungslecken oder „Küssen". Hierbei stößt ein Tier seinem Partner mit der Schnauze leicht in den Mundwinkel und leckt dann den in Tropfen abgegebenen Speichel von dessen Schnauze ab. Dieses auffällige Verhalten tritt meist bereits beim ersten Kontakt zwischen den Tieren und später täglich immer wieder für längere Zeiten auf. Tagsüber ruhen die Tiere in der Regel gemeinsam und nachts schlafen sie zusammen im selben Schlafkasten. Begattungen können zwar bereits bei der ersten Begegnung auftreten, doch sind sie keine notwendige Voraussetzung für eine harmonische Paarbeziehung. Interessanterweise beruhen derartige harmonische bzw. nicht-harmonische Paarbeziehungen auf individuellen Sympathien bzw. Antipathien der Tiere zueinander, die auf Unterschieden in den Haupthistokompatibilitätsgenen[14] beider Individuen beruhen: Entsprechend kann ein Männchen, das von dem einen Weibchen abgelehnt wird, von einem anderen sofort als „geliebter" Partner akzeptiert werden.

Nicht-harmonische Paare zeigen keine dieser für harmonische Partner typischen Verhaltensweisen (wie gemeinsames Ruhen, gegenseitiges Markieren und Küssen); dennoch können sie, zum Teil sogar ohne Aggression, zusammen leben. Im Gegensatz zu harmonisch verpaarten Individuen haben sie jedoch eine deutlich verminderte Gonadenfunktion und bekommen niemals Nachwuchs. Daneben finden sich bei den Tieren die verschiedensten endokrinen und immunologischen Veränderungen, die auf eine ständige Belastung, einen chronischen Stresszustand, hinweisen: Ihre Herzraten sowie die Serumkonzentrationen der Stresshormone Cortisol und Adrenalin sind permanent erhöht. Auf kurzfristige Störungen reagieren sie zudem mit wesentlich stärkeren und länger anhaltenden Stressantworten. Zugleich findet sich bei ihnen eine je nach Paar-Beziehung unterschiedlich starke Immunsuppression. Werden die Partner eines derartig unharmonischen Paares getrennt, erreichen alle gemessenen Parameter innerhalb weniger Tage bis Wochen wieder ihre Ausgangswerte. Genau das Gegenteil findet man **bei harmonisch zusammenlebenden Partnern**: Ihre Herzraten sowie ihre Serum-

konzentrationen von Cortisol und Adrenalin sinken deutlich ab und zugleich verbessert sich ihr Immunstatus ganz beträchtlich. Eine harmonische Verpaarung, bzw. die damit einhergehende soziale Unterstützung, hat somit eine deutliche Verbesserung des Gesundheitszustandes der Tupajas zur Folge.

Abschließend sollen diese Ergebnisse in einem **Schema zusammengefasst** werden, das die Beziehungen zwischen einer Aktivierung des Sympathikus-Nebennierenmark- bzw. Hypophysen-Nebennierenrinden-Systems und dem Verhalten bzw. der sozialen Position von Tupajas darstellt (s. Abb.). Unter Einbe-

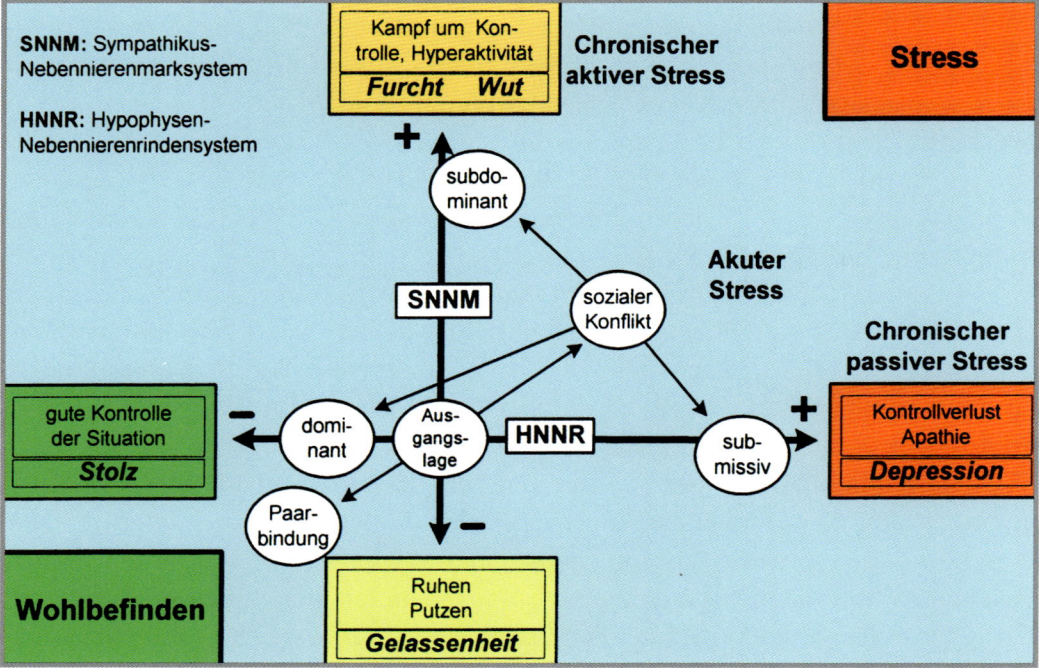

ziehung der Befunde von anderen Tierarten muss jedoch das Schema erweitert werden. Die Aktivitäten der jeweiligen Systeme sind dann nicht mehr davon abhängig, welche Position ein Tier in einer Gruppe innehat, sondern von der Art und Weise, wie es diese Position erringt und aufrechterhält. Weiterhin sind die damit vermutlich einhergehenden subjektiven Empfindungen der Individuen kursiv angegeben. Alle Reize oder Situationen, die zur Verschiebung des Normalzustandes eines Individuums nach rechts oben in diesem Schema führen, stellen für seinen Organismus eine Belastung, einen **Stresszustand** dar, der je nach Intensität und Dauer die Gesundheit des Individuums mehr oder minder beeinträchtigen kann. Im Gegensatz zu dem ursprünglichen Stresskonzept von Hans SELYES sind diese Stressreaktionen jedoch nicht unspezifisch, vielmehr müssen wir zwischen aktivem und passivem Stress mit unterschiedlichen Krankheitsrisiken unterscheiden.

---

14 **Histokompatibilität** (von gr. histós = Gewebe und lat. kompatibel = zusammenpassend) = Gewebeverträglichkeit, Maß für das Übereinstimmen von Eigenschaften zwischen Spender und Empfänger bei Gewebetransplantationen.

Ohne Zweifel dürften dieselben Mechanismen **auch beim Menschen** vorhanden und an der Entstehung seiner Erkrankungen beteiligt sein. Denn trotz der großen Komplexität des menschlichen Verhaltens sind die physiologischen Antworten auf soziopsychische Belastungen begrenzt. Es handelt sich um basale Reaktionen, die beim Menschen in derselben Weise ablaufen wie bei allen anderen Säugetieren. Diese **physiologischen Reaktionen** sind Begleiterscheinungen der **basalen Emotionen** Wut, Angst, Frustration und Depression, die beim Kampf um erstrebenswerte Ziele und dem Verlust der Kontrolle über die Umwelt auftreten. Ihnen gegenüberzustellen sind die Auswirkungen einer Dominanz über Artgenossen und Situationen (d. h. Kontrolle, Sicherheit und Erfolg) sowie positive Kontakte zu Mitmenschen. Gerade der letzte Punkt, eine freundliche oder liebevolle Beziehung zu einem Partner sowie die Anerkennung durch Familie, Gruppe oder Gesellschaft (d. h. ein guter sozialer Rückhalt), dürfte hierbei als Gegenspieler zu den negativen und vielfach unvermeidbaren, alltäglichen Belastungen besonders wichtig sein.

Oder – wie es der bedeutende Arzt und Philosoph PARACELSUS bereits vor etwa 500 Jahren ausdrückte: **„Liebe ist die beste Medizin."**

VON HOLST, D. (2010): „Leben ist Spannung" – In: Antal-Festetics-Festschrift: *Was ist Leben? Entstehung, Erforschung, Erhaltung*, Verlag J. Neumann-Neudamm, Melsungen, S. 51-57

Leben ist Wettlauf

Prof. Dr. Josef H. Reichholf

(Zoologische Sammlung des Bayerischen Staates, München)

„Now, here, you see, it takes all the running you can do, to keep in the same place. If you want to get somewhere else, you must run at least twice as fast as that!"[1]

So lässt Lewis CARROLL (1897) in „Through the looking glass" die Rote Königin zu Alice im Wunderland sprechen. Die evolutionäre Ökologie fasst dieses Prinzip in der „Red Queen-Hypothese" zusammen: Leben ist Wettlauf und nur die Sieger kommen weiter voran. Rivalenkämpfe bestimmen, wer siegt. Wir alle sind Nachkommen von „Siegern" – und verhalten uns dementsprechend bewusst oder unbewusst auch so. Damit sei das Thema umrissen.

■ Zwei Formen von Konkurrenz mit vier Folgen

Konkurrenz kann in zwei ganz unterschiedlichen Grundformen auftreten: In der **zwischenartlichen**, der interspezifischen Konkurrenz stehen verschiedene Arten in Wettbewerb zueinander; in der **innerartlichen**, der intraspezifischen Konkurrenz, aber Angehörige derselben Art. Zwischenartlich geht es wie auch innerartlich um die Nutzung überlebenswichtiger Ressourcen wie Nahrung, Wohnraum und Ähnliches, aber intraspezifisch kommen Geschlechtspartner und Fortpflanzungschancen (Rangordnung und sexuelle Selektion) hinzu. Sie verschärfen die Konkurrenz, der zwischenartlich in mehr oder minder großem Umfang ausgewichen werden kann. Dabei

---

1 „Hierzulande musst du so schnell rennen, wie du kannst, wenn du am gleichen Fleck bleiben willst. Und nochmal doppelt so schnell, wenn Du irgendwo anders hin gelangen möchtest!"

entscheidet oft nicht, welche Art die physisch stärkere ist (Interferenz), sondern welche die verfügbaren Ressourcen am effizientesten nutzt (Exploitation). Dieses Grundschema nach MILLER (1967) hat sich bewährt, auch wenn die Bedeutung der Konkurrenz in der freien Natur gegenwärtig wieder relativiert wird, setzt sie doch voraus, dass entscheidende Ressourcen tatsächlich limitiert sind und die Populationen der Konkurrenten die Umweltkapazität erreicht haben. Ein Beispiel für ein derartig zwischenartliches Konkurrenzsystem stellt die Nutzung von Wasserpflanzen durch Wasservögel und Bisamratten als deren gemeinsame Nahrungsressource dar.

Höckerschwäne *Cygnus olor* sind die mit Abstand stärkste Art, Schnatterenten *Anas strepera* die schwächste. Blässhühner *Fulica atra* eignen sich den größten Teil der verfügbaren Nahrung an und alle Wasservögel schränken mit ihrer Nutzung der Wasserpflanzenbestände die Möglichkeiten für die Bisamratte *Ondatra zibethicus* (Abb. 1 & 2) auf den Stauseen am unteren Inn (REICHHOLF 1973 und 2005) durch Konkurrenz stark ein.

Abb. 1 zeigt, dass der Höckerschwan als stärkste Art durch die Blässhühner und Schnatterenten rund 35 % der vorhandenen, von den Schwänen erreichbaren Nahrung verliert, weil diese die Wasserpflanzen im Herbst exploitativ (s. o.) wirkungsvoller nutzen. Aus Abb. 2 geht hervor, wie der hohe und ganzjährig vorhandene Bestand an Höckerschwänen die Häufigkeit der Bisamratten im Gebiet einschränkt. Die Wasserpflanzen werden von Schwänen, Blässhühnern und Schnatterenten zu mehr als 90 % abgeweidet und verzehrt, so dass für die Bisamratten (zu) wenig übrig bleibt (REICHHOLF 1993). Die gemeinsame Verwertung der Wasserpflanzen durch die Wasservögel erreicht damit tatsächlich die Umweltkapazität, also das verfügbare Angebot.

Verlierer in diesem Exploitationssystem sind die Stärksten, die Höckerschwäne, mit einem Minus von gut einem Drittel ihrer potenziell nutzbaren Nahrungsmenge, noch mehr aber die Bisamratten, für die fast nichts mehr übrig bleibt. Die Schnatterenten sind dagegen durch sog. Kleptoparasitismus im Vorteil. Kleptoparasitismus bezeichnet das Abjagen von Beute,

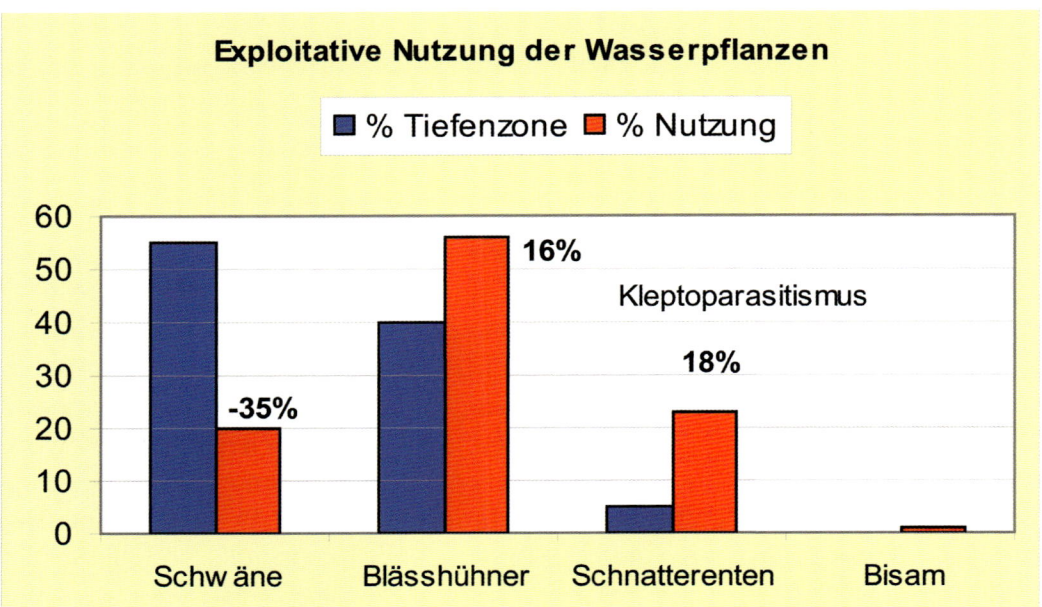

Abb. 1: Anteile an der herbstlichen Nutzung von Wasserpflanzen gemäß einer ökologischen Einnischung nach der Wassertiefe (Schnatterente 0–30 cm, Höckerschwan 30–130 cm, Blässhuhn 130–250 cm), wie die Arten in der Aufeinanderfolge zueinanderpassen würden und tatsächliche Nutzungsprozente (= Anteil der von der betreffenden Art genutzten Menge Wasserpflanzen am Gesamtvorrat).

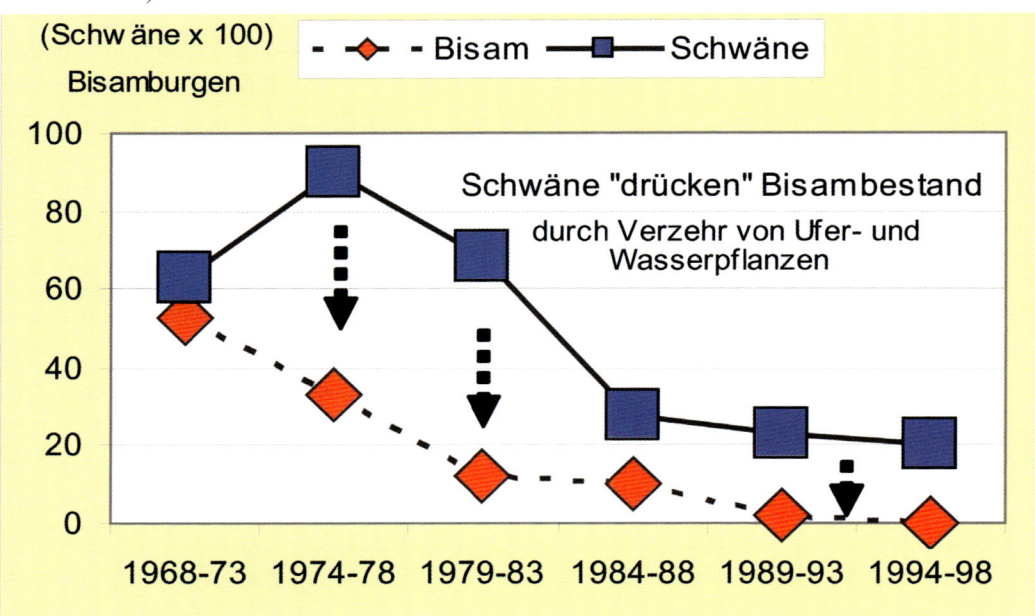

Abb. 2: Nutzung von Wasserpflanzenbeständen durch Höckerschwäne und Bisamratten.
Die Häufigkeit der Bisamratten ging schneller als die Schwanenbestände zurück, aber auch die Schwäne wurden stark durch die noch effizienteren (zum Tauchen befähigten) Blässhühner beeinflusst (Exploitationssystem von Abb. 1).

Nahrung oder auch Nistmaterial von anderen Individuen. Schnatterenten erbeuten Wasserpflanzen von auftauchenden Blässhühnern und Schwänen. Der starke Konkurrenzdruck durch die Wasservögel zwingt die Bisamratten, auf Ersatznahrung auszuweichen, im Winter z. B. Großmuscheln, da sie bei Erschöpfung der Nahrungsquelle nicht wie Vögel weiterziehen können. Die Entwicklung großer Bestände von Höckerschwänen drückte daher in einigen Jahren die Häufigkeit der

Bisamratten auf einen geringfügigen Restbestand hinab (Abb. 2).

Das Beispiel zeigt, wie höchst unterschiedliche Organismen um dieselbe Nahrungsquelle konkurrieren können. Die innerartlichen Auswirkungen bleiben dabei zunächst verdeckt. Jedoch werden die Jungschwäne durch die erheblich stärkeren Altschwäne von den Nahrungsplätzen massiv verdrängt, so dass nur wenige Jungtiere eines Jahrgangs (< 10 %) den ersten Winter überleben (REICHHOLF 1993). Ein geringer Anteil an Jungvögeln lässt sich auch an den Futterstellen beobachten, an denen sich im Winter die Schwäne am Fluss oder in innerstädtischen Gewässern einfinden. Obwohl Bisamratten nicht in direkte, „sichtbare" Konkurrenz mit Wasservögeln treten, wird ihre Überlebensmöglichkeit im Winter durch diese Nahrungskonkurrenz erheblich eingeschränkt. Viele Beispiele von zwischenartlicher Konkurrenz sind analysiert und zur Ausformulierung des Konzepts der „ökologischen Nische" verwendet worden. Dieser häufig benutzte Begriff soll ausdrücken, welche Plätze die verschiedenen Arten in den Lebensgemeinschaften, den Biozönosen, einnehmen.

Da die „Wettläufe" um die entsprechenden ökologischen Nischen in aller Regel in der fernen Vergangenheit stattfanden, als sich die Arten gebildet und ausdifferenziert hatten, haben wir es in der Natur der Gegenwart im Wesentlichen mit vollendeten Tatsachen zu tun und die frühere evolutionäre Konkurrenz wird als vergangenes Geschehen vorausgesetzt („the ghost of competition past"). Dagegen spielt sich die innerartliche Konkurrenz selbst dann beständig ab, wenn die Ressourcen (noch) nicht begrenzt sind, weil es in der intraspezifischen Konkurrenz auch um anderes geht, nämlich um die Auseinandersetzung mit Geschwistern oder insbesondere um Geschlechtspartner und Fortpflanzung. Dieser Aspekt ist so auffällig, da die Weibchen sehr sorgfältig wählen, sich „spröde" zeigen und mit ihrem Zögern bei den Männchen mehr oder minder heftige Rivalenkämpfe auslösen oder sie dazu bringen, besonderes Balzverhalten und prächtigen Körperschmuck zu entwickeln. Bereits DARWIN (1871) behandelte diese „sexuelle Selektion" umfassend und stellte sie den selektiven Wirkungen der Umwelt (Außenwelt) gegenüber. LORENZ (1963) nannte die innerartliche Aggression, die sich in den Rivalenkämpfen zumeist in ritualisierten Formen (mit Tötungshemmung) äußert, das „sogenannte Böse" und hielt sie in Anlehnung an Darwin für einen der beiden großen „Baumeister" in der Evolution des Lebendigen. Nach seiner Meinung käme die innerartliche Aggression der Art zugute und sei daher notwendigerweise ritualisiert – im Gegensatz zur aggressiven Behandlung Artfremder. Dieses Konzept ließ sich unter der massiven Kritik der Evolutionsgenetiker und Soziobiologen nicht lange aufrechterhalten, denn diese machten plausibel, dass das, was scheinbar der Art zugute kommt, in Wirklichkeit dem Egoismus des Individuums entspringt. Dabei soll sich, speziell bei Säugetieren und Vögeln, die sexuelle Selektion durch die Weibchen zu einem „evolutionären Selbstläufer" („runaway selection" genannt) entwickeln. Sie kann beeinträchtigende bizarre Bildungen hervorbringen, wie die großen Geweihe der Hirsche oder das Prachtgefieder mancher Vogelmännchen. Als Paradebeispiel gilt die „Schwanzschleppe" der Pfauenhähne, welche die Oberschwanzdecken über den eigentlichen Schwanzfedern ausbilden. Sie würde, so die ungeprüfte Annahme, die Hähne massiv behindern. Was für Konrad LORENZ also eine Konkurrenz zugunsten der Art hatte sein sollen, wurde in dieser Sichtweise zum Handicap (ZAHAVI 1975) umgemünzt. Schwang hier das Pendel zu weit in die Gegenrichtung?

■ Geweihe und Schmuckfedern: „Schönheit" – woher?

Das „Handicap-Prinzip" wurde vermutlich aus folgenden Gründen rasch populär: Erstens entsprach es den bedeutenden Strömungen des Zeitgeistes gegen Ende des 20. Jahrhunderts, zweitens dem allgemeinen Schönheitsempfinden und drittens kam es dem speziellen Trophäeninteresse der Jagd entgegen. An der Vorstellung, der im Rivalenkampf siegreiche „Platzhirsch" würde sein Weibchenrudel nun mit roher Gewalt (Geweihschläge) zusammenhalten können, mag zwar mancher Jäger und Wildbeobachter insgeheim gezweifelt haben. Wie könnte ein Hirsch auch 30 oder mehr Hirschkühe seiner Gewalt unterwerfen, wenn diese sich ihm widersetzen. Es muss also am Hirsch selbst liegen und nicht allein an der Tatsache, dass er gesiegt hat. Denn der mit einem Paar langer Spieße ausgerüstete „Mordhirsch" könnte rasch als Sieger alle ernsthaften Rivalen ausschalten und würde offenbar doch nicht akzeptiert. Das Geweih ist nicht auf das Töten ausgerichtet, denn wo mit langen glatten „Spießen" innerartlich gekämpft wird, wie z. B. bei den Oryx-Antilopen, wird gefochten und nicht gestochen. Zudem meiden die jüngeren Hirsche ernsthafte Kämpfe, bis sie sich der Herausforderung „gewachsen" fühlen, dies haben umfangreiche Verhaltensstudien an Rothirschen *Cervus elaphus* (CLUTTON-BROCK 1988) und anderen Hirscharten ergeben. Worin kann die Lösung dieses Dilemmas liegen, dass ein „Mangel", ein Handicap, bevorzugt wird? Die Hirschkühe „bewerten" offenbar beides, den Sieg im Rivalenkampf und das Aussehen.

Eine Lösung kommt zutage, wenn die vermeintlichen „Kosten" genauer betrachtet werden, die nach ZAHAVI (1.c.) das Handicap verursachen sollten (beim Rothirsch wäre dies die Belastung durch das Geweih und die davon ausgehende Behinderung im Wald und auf der Flucht). Das Geweih besteht im Wesentlichen aus Knochensubstanz (Kalziumphosphat & Knochenkittmasse). Es wird alljährlich im Frühjahr in recht kurzer Zeit neu entwickelt, mit Blut über den Bast versorgt, der im Sommer abstirbt, vertrocknet und abgestreift wird. Es wächst mit dem Alter der Hirsche bis zu einem Optimum heran, dem Erreichen des maximalen Körpergewichts. Die Geweihgröße nimmt wieder ab, wenn der Hirsch „überaltert" ist und „zurücksetzt". Die Geweihgewichte lassen sich leicht ermitteln und verfolgen. Sie geben quantitativ das Maß für den „Einsatz" an Materialentsprechung für die Knochen, den der Hirsch in sein Geweih steckt. Warum sollte es aber weiterhin größer werden, wenn es bereits im Zustand eines schwachen „Dreienders" zum Kampf mit den Rivalen taugen würde? Das zeigen z. B. die „Kämpfe" der Junghirsche und auch die Rehböcke kommen im Rivalenkampf mit zwei Spros-

Jedes Geweih ≈ ein Jungtier

Äquivalente Menge an Calciumphosphat & Eiweiß in Geweih und Kitz

♀ 5 – 6 Junge

Abb. 3: Aufbau des Geweihs und Erzeugung von Jungtieren beim Rothirsch als Beispiel unterschiedlicher Zuteilung (Allokation) derselben Grundstoffe, welche der Körper zur entsprechenden Zeit physiologisch bereitstellen muss. Teilbilder aus MacDonald & Barrett (1993); Originalzusammenstellung vom Autor.

können die Geweihe besonders groß werden (zum Riesenhirsch *Megaloceros giganteus* vgl. Reichholf 2003 a & b). Auch Weibchen können Geweihe ausbilden, z. B. bei Rentieren, wenn Kalzium und Phosphate im Überfluss vorhanden sind, da sie sich zur Feindabwehr eignen. Das Geweih des Riesenhirsches lässt sich zur Abwehr von Wölfen sehr wohl funktionell verstehen, nicht aber als „Luxusbildung" (Reichholf 2003 l.c., Wölfel 1999). Auf diese Weise führt der Rivalenkamp nahtlos zur sexuellen Selektion:

♦ Männchen werden umso größer, je länger es dauert, bis sie zur Fortpflanzung gelangen und je größer der Harem werden kann, den sie um sich scharen.

♦ Männchen können umso prächtiger werden, je geringer ihr Eigenanteil an der Versorgung des Nachwuchses ausfällt.

sen an jeder Stange problemlos zurecht. Die Geweihe der verschiedenen Hirscharten sind bekanntlich höchst unterschiedlich entwickelt und dennoch alle funktionstüchtig. Die größten Geweihe finden sich bei den „nordischen Hirschen". Bei der „nördlichsten Hirschart", dem Ren *Rangifer tarandus*, sind auch die Weibchen mit Geweihen ausgestattet.

Wie passt ein „Handicap-Prinzip" mit „runaway selection" dazu? Beide Formen der Erklärung werden unnötig, wenn wir die Geweihbildung im Zusammenhang mit der Physiologie der weiblichen Tiere betrachten: Es handelt sich um dasselbe Material, das diese in ihre Föten investieren müssen. Den späteren Aufwand der weiblichen Tiere an Milch können die Hirsche zur Bildung von Körpermasse verwenden und so Jahr für Jahr größer und stärker werden (Abb. 3). Geweih für Geweih entspricht dann Kalb für Kalb. Der Unterschied ergibt sich aus der Aufhäufung (Kumulation) von Körpermasse bei den Hirschen, die diese im Gegensatz zu den Jahr für Jahr setzenden Hirschkühen nicht wieder vollständig verlieren, auch wenn die herbstliche Brunft ihnen einiges davon abverlangt. Sind Kalzium und Phosphat in Böden und Pflanzennahrung reichlich vorhanden, wie z. B. in der arktischen Tundra oder manchen Gebirgsregionen,

Während bei Säugern die Tendenz zur Steigerung der Körpergröße (besser: Masse) klar überwiegt, kommt es insbesondere bei männlichen Vögeln zur Entfaltung von Prachtgefieder. Das dürfte gleichfalls Gründe im Stoffwechsel haben. Bei Säugetieren werden die Jungen mit Milch mehr oder weniger lang versorgt, was bei Vögeln nicht bzw. nur ausnahmsweise (Kropfmilch der Tauben, blutartiges Kropfsekret bei den Flamingos) der Fall ist. Die Vögel haben entsprechend (viel) mehr und sehr kurzfristig in die Eier (Gelege) zu investieren als Säugetiere, bei denen die Föten direkt an den mütterlichen Stoffwechsel angeschlossen sind und hierdurch mitversorgt werden. In die Eier müssen Stoffe eingebracht werden, welche die Funktionen des Immunsystems der Säuger übernehmen. Das „Gelbe im Ei" – nämlich, die darin gespeicherten Carotinoide! Ihr Beispiel soll verdeutlichen, weshalb sich Vogelmännchen selbst in ansonsten wenig oder gar nicht bunt gefiederten Artengruppen nicht selten mit höchst auffälligem Rot präsentieren. Dieses kommt durch Masseneinlagerung von Carotinoiden zustande. Große Bedeutung hat es bei der Präsentation des Sperrrachens von Nestlingen, mit denen die um Futter bettelnden Jungen ihre Gesundheit demonstrieren.

Der Jungkuckuck *Cuculus canorus* nützt diese „Auslöserwirkung" aus (REICHHOLF 2004), aber sie ist auch z. B. in den „Rosen" der Raufußhühner und in den roten Seitenlappen am Kopf des Fasans *Phasianus colchicus* zu finden. Mehrhundertfach konzentrierter treten sie in diesem Depot pro Gramm Körpergewicht auf als etwa in Karotten. Die sich solcherart präsentierenden Männchen geben gleichsam ein „Ge-

Nachweis: Messung der Carotinoide

„Rosen" voller Carotinoide!

Reserven an Kraft & Mikrobenabwehr bilden die Kriterien für die Fitness der Männchen und ihre Erfahrung als Maß für das Alter und die Überlebensfähigkeit

Abb. 4: Beispiele von Depots für Carotinoide bei Vogelmännchen; die Weibchen müssen ihre Gelege (Dotter) damit ausstatten und so in der Zeit, in welcher die Hähne möglichst viel angesammeltes „Rot" päsentieren, aus dem Körper in die Eier abgeben.

sundheitszeugnis" ab, denn sie weisen so viel ungenutzte Carotinoide vor, dass sie gar nicht ernstlich krank oder von Parasiten befallen sein können (Abb. 4). Das Prachtgefieder der Männchen benötigt zu seiner Bildung im Prinzip ganz ähnliche Stoffe wie die Eier der Weibchen. Denn Federn sind Gebilde aus Eiweiß (Keratin). Die Schwanzschleppe eines Pfauenhahns enthält daher ähnlich viel Eiweiß wie das Gelege der Weibchen und insbesondere auch die Struktur bildenden, schwefelhaltigen Aminosäuren Cystein und Methionin in hohen Prozentsätzen (BEZZEL & PRINZINGER 1990). Je größer die Gelege, desto mehr Aminosäuren müssen in kurzer Zeit im Körper mobilisiert werden. Vogelarten, deren Junge ausgeprägte Nestflüchter sind und gleich nach dem Schlüpfen selbst nach Nahrung suchen, weisen in der Regel besonders prächtig gefiederte Männchen auf – und umgekehrt. Anhaltende „Balztänze" arbeiten bei den Männchen die Überschüsse ab, welche die Weibchen in der Fortpflanzungszeit brauchen. Daher werden die Vogelmännchen nicht um so vieles größer wie bei manchen Säugetieren (Flossenfüßer, Paarhufer).

Schönheit wird so zum direkt sichtbaren Maß für Gesundheit, und zwar in doppelter Hinsicht: Das schöne Männchen ist gesund, hier und jetzt, aber es hat sich auch von Anfang an ungestört entwickelt, so dass

es während der Fötal- und Jugendentwicklung zu keinerlei Abweichungen in Symmetrie und Proportionen gekommen ist. Entwicklungsstörungen in frühem Stadium machen sich als Missbildungen bemerkbar. Fallen sie zu stark aus, sterben die Föten ab oder sie gehen bald nach der Geburt als Kümmerlinge an Unterversorgung ein. Auch in dieser Hinsicht bleibt vom Handicap so gut wie nichts mehr übrig. Vielmehr präsentieren sich die Männchen als gesunde, kräftige und somit potenziell bestens geeignete Väter den möglichen Müttern, die vorab schon viel in ihren Nachwuchs zu investieren haben, seien es Säuger oder Vögel. Nun wird auch plausibel, warum sich die Dauer von Kämpfen, die gar nicht zum Tod führen sollen, zum Fitness-Test eignet, wie auch die Gesangsduelle der Vogelmännchen mit ihrem Variantenreichtum. Diese physiologische Betrachtungsweise lässt sich auf das Spielen ausweiten, wenn dieses einen hohen Anteil an der Aktivität während des starken Wachstums der Jungtiere einnimmt. Energieverbrauch im Spiel braucht Stoffe auf, die in der Nahrung enthalten sind, aber gerade nicht zum Wachstum benötigt werden. Ein starker Aufbaustoffwechsel gibt Möglichkeiten zum Spielen frei. Dass dieses sekundär als Vorübung für den Ernstfall eingesetzt werden kann, erweitert seine Funktionen, bildet aber keinen Widerspruch zum Ursprung. Denn im Spiel ist vieles enthalten, was für das Erlernen von Bewegungsabläufen unnötig ist. Das ergibt sich aus dem Vergleich mit Vögeln, die ihre wichtigste Bewegungsweise, das Fliegen, in der Enge ihrer Nistplätze gar nicht lernen können. Die besten Flieger, wie die Segler, zählen dazu!

Rangordnungen können aus spielerischen Anfängen heraus oder ohne solche dennoch entstehen, wie z. B. die Hackordnung auf dem Hühnerhof gezeigt hat. All diese Aspekte beruhen auf der Grundlage, dass es keinen spezifisch männlichen oder weiblichen Stoffwechsel gibt und dieser auch bei Jungtieren in grundsätzlich gleicher Weise funktioniert, wenn Aufbau- und Betriebsstoffwechsel noch nicht ausgeglichen sind. Der Stoffwechsel wird zwar insbesondere unter dem Einfluss von Hormonen modifiziert, aber von diesen nicht grundsätzlich anders gestaltet. Die sexuelle Selektion stellt daher, wie schon von Darwin angenommen, im Grundsatz einen Fitnesstest für die Männchen dar. Fünf Hauptkriterien sind dabei von Bedeutung:

♦ Körperkraft (Wirksamkeit/Aussagekraft ist kurzzeitig)
♦ Ausdauer (als Leistungsfähigkeit mittelfristig)
♦ Symmetrie & Schönheit (sind Ausdruck ungestörter Entwicklungsabläufe)
♦ Überschussbildungen, wie Geweihe und Prachtgefieder (Ausdruck für funktionierenden Stoffwechsel)
♦ Gesundheitssignale (geben eindeutige Hinweise auf funktionierende Mikroben- und Parasitenabwehr im Körper)

Die innerartliche Konkurrenz baut auf diesen Informationen auf, welche maßgeblich die Partnerwahl beeinflussen und selektiv wirksam werden können. Schönheit wird auf diese Weise zum Ergebnis von unablässigen intraspezifischen Eignungstests und die Trophäe zum sichtbaren Ausdruck dafür. Intuitiv wird sie deshalb geschätzt. Und wie sieht es beim Menschen aus?

■ Wettläufer Mensch

Zoologisch betrachtet sind wir Menschen als „nackter Laufaffe" zu bezeichnen, denn die Entwicklung zum Läufer unterscheidet uns anatomisch am meisten von den nächstverwandten Menschenaffen. Im Vergleich zu unseren Laufbeinen sind die Arme kaum verändert und selbst am Schädel fielen die evolutiven Umformungen erheblich weniger stark aus als an den Beinen. Das war schon DARWIN (1871) wohl bekannt, auch wenn er vielleicht noch nicht wusste, dass der Mensch tatsächlich auch der ausdauerndste Läufer unter allen Säugetieren ist. Welche Art sonst schafft die Marathondistanz oder gar 100-km-Läufe am Stück. Seine Nacktheit steht damit in unmittelbarem Zusammenhang, weil die weitgehend nackte Haut das beste Kühlsystem darstellt, das es unter laufenden Säugern gibt. Unbestritten ist, dass der Übergang zum Läufer erstens der entscheidende Schritt in der Evolution der Stammeslinie zum Menschen war und zweitens die starke Vergrößerung des Gehirns erst einsetzte, nachdem die vorhumanen Formen der Hominiden bereits zu Zweibeinern geworden waren (REICHHOLF 1990). Doch bei diesem „nackten Laufaffen" entwickelte sich das Merkwürdige (Abb. 5), nach allem was wir wissen nur beim Menschen vorkommende Streben, Erster zu werden, auch wenn am Ziel gar nichts zu holen ist außer dem Sieg (REICHHOLF 2001).

Wofür steht dieses Siegen als Ersatzbelohnung?

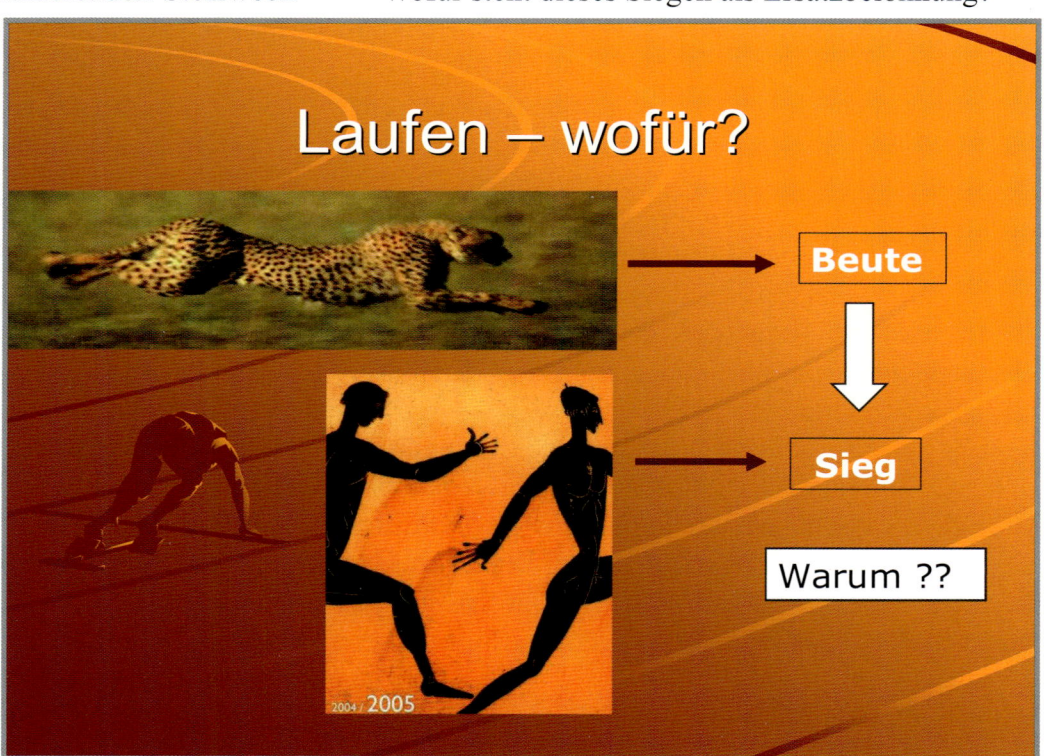

Abb. 5: Warum kam es beim (werdenden) Menschen zur Änderung des Ziels von der Beute (unmittelbar) zum Sieg (als mittelbarer Erfolg)?

Es spricht einiges dafür, dass das Siegenwollen wenig oder gar nichts mit dem ursprünglichen, bei höheren Wirbeltieren weit verbreiteten Streben nach guten Positionen in der Rangordnung zu tun hat, sondern sich auf andere Weise, nämlich Besitz anzeigend, entwickelt hat. Der Ursprung dürfte weit in die stammesgeschichtliche Vergangenheit zurückreichen, als die Vorläufer des Menschen anfingen, in die Savanne hinauszulaufen, um Frischfleisch von Großtierkadavern zu bekommen. Schnell mussten sie werden und riskant war das Unternehmen, wenn es sich um Tiere handelte, die gerade die Beute von Löwen geworden waren oder die auf saisonalen Wanderungen sterbend zurückgeblieben sind. Es hätte sich für (junge) Männer sicher nicht gelohnt, den riskanten Spurt in die Savanne zu unternehmen, wäre ihnen die Beute bei der Rückkehr sogleich vom Stärksten abgenommen worden. Ein Wechsel vom Recht des Stärkeren zur Priorität musste dieses Verhalten ermöglichen und profitabel gemacht haben (für die eigene Frau und die Kinder zur Förderung und Sicherung des persönlichen Fortpflanzungserfolgs). Auch für konkurrierende Gruppen sollte es sich gelohnt haben, die Priorität an der Beute zu akzeptieren, anstatt sich auf den lebensgefährlichen Kampf darum einzulassen, bei dem das Raubtier, die Löwin etwa, die Nutznießerin gewesen wäre, weil sie sich inzwischen von den Anstrengungen der Jagd erholt hätte. Die Knappheit der Zeit kann so zur entscheidenden Größe für den Wechsel vom Recht des Stärkeren auf das Vorrecht des/der Ersten geworden sein.

Es ist hier nicht der Raum, diesen Ansatz auszuweiten, zumal dies an anderer Stelle bereits geschehen ist (REICHHOLF 2001). Aber es darf auf die Folgen und Weiterentwicklungen dieses Prinzips, Erster zu sein oder werden zu wollen, hingewiesen werden. Sie durchziehen unser ganzes Leben, auch und gerade auch das akademische, wo besonders großer Wert darauf gelegt wird, wer als Erster etwas entdeckt, gefunden oder beschrieben und publiziert hat. Das System des Patentierens beruht darauf. Intern im Körper wird es belohnt durch die Ausschüttung von Endorphinen, die ein besonderes Glücksgefühl verursachen, die Euphorie des Sieges (begeistert, siegestrunken, im Siegestaumel etc.). Auf dem Prioritätsprinzip aber bauen auch ganz wesentliche Teile unserer Rechtsordnungen auf: z. B. sind Erstausgaben bei Sammlern begehrt. Diesem Wettbewerb um den Sieg, gerade auch um den Sieg ohne direkten Lohn, sind sicherlich höchst bedeutende Teile unserer Kultur zu verdanken. Sie entwickelte

sich auf diesem Grundprinzip und schaffte mit der Anerkennung der Priorität weithin soziale und strukturelle Sicherheiten. Doch anders als bei Rangordnungen, die möglichst fest (und in dieser Hinsicht verlässlich) sein sollen, geht es beim Wettstreit um die Priorität, immer aufs Neue um den Sieg und nicht um die Plätze, gar um die hinteren. Mitläufer werden rasch zur anonymen Masse, selbst wenn sie zum Sieg ganz wesentlich beitragen. Unter ferner liefen verschwinden sie im aktuellen Wettbewerb, um aber vielleicht schon beim nächsten Versuch als Sieger hervorzugehen. Frühere Sieger trainieren zukünftige Sieger – auch im akademischen Bereich, wo der Schüler den Meister nicht nur erreichen, sondern übertreffen soll. Der Fortschritt der Wissenschaft ergibt sich daraus. Die Lehrer werden zu Vermittlern für die neuen Generationen von Schülern, die nach der alten Metapher „auf den Schultern von Riesen stehen". Vielleicht hat diese Eigenschaft den Menschen mehr als alles andere in seiner Evolution zum Menschen gemacht.

Literatur:

BEZZEL, E. & R. PRINZINGER (1990): Ornithologie. (Ulmer, Stuttgart).

CARROLL, L. (1897/1992 ed.): Alice in Wonderland. (Norton, New York).

CLUTTON-BROOK, T. (1988): Fortpflanzung beim Rothirsch. Kosten – Nutzen – Prinzip. In: Biologie des Sozialverhaltens. (Spektrum, Heidelberg). S. 144-151.

DARWIN, C. (1871): Die Abstammung des Menschen. Reprint 1992. (Fourier, Wiesbaden).

LORENZ, K. (1963): Das sogenannte Böse. Borothra Schoeler, Wien).

MACDONALD, D. & P. BARRETT (1993): Mammals of Britain and Europe. (Collins Field Guide, London).

MILLER, R. S. (1967): Pattern and Process in Competition. Adv. Ecol. Res. **4**: 1-74.

REICHHOLF, J. H. (1973): Die Bestandsentwicklung des Höckerschwans *Cygnus olor* und seine Einordnung in das Ökosystem der Innstauseen. Anz. Ornithol. Ges. Bayern **12**: 15-46.

REICHHOLF, J. H. (1990/2004): Das Rätsel der Menschwerdung. Die Entstehung des Menschen im Wechselspiel der Natur. (DVA, Stuttgart und dtv, München).

REICHHOLF, J. H. (1993): Comeback der Biber. (C.H. Beck, München).

REICHHOLF, J. H. (2001): Warum wir siegen wollen. Der sportliche Ehrgeiz als Triebkraft in der Evolution des Menschen. (dtv, München).

REICHHOLF, J. H. (2003 a): Der Riesenhirsch *Megalocerus giganteus* und die Funktion seines Schaufelgeweihs. Archaeopteryx **21**: 19-32.

REICHHOLF, J. H. (2003 b): Gründe für das Aussterben des Riesenhirsches *Megalocerus giganteus* – eine ernährungsökologische Kalkaulation. Archaeopteryx **21**: 33-36.

REICHHOLF, J. H. (2004): Warum wirkt der Sperr-Rachen den Jungkuckucks *Cuculus canorus* als übernormaler Auslöser? Ornithol. Anzeiger **43**: 205-210.

REICHHOLF, J. H. (2005): Die Zukunft der Arten. (C.H. Beck, München).

WÖLFEL, H. (1975): Mate selection – a selection for a handicap. J. theor. Biol. **67**: 603-605.

REICHHOLF, J. (2010): „Leben ist Wettlauf" – In: Antal-Festetics-Festschrift: *Was ist Leben? Entstehung, Erforschung, Erhaltung*, Verlag J. Neumann-Neudamm, Melsungen, S. 59-66

Leben ist Überleben

Prof. Dr. Antal Festetics

(Institut für Wildbiologie und Jagdkunde der Universität Göttingen)

Wohl kaum ein anderes **Beziehungsgefüge** ist so grundlegend bedeutsam in der Evolution von Wirbeltieren, aber auch kaum ein anderes wird oft so falsch interpretiert, wie das so genannte „Räuber-Beute-Verhältnis". Wenn ich hier nun gleich einleitend die Forderung ausspreche, diese falsche Bezeichnung durch ein **System Jäger-Gejagte** zu ersetzen, so will ich damit zugleich die Quintessenz meiner Ausführungen vorausschicken, die darin besteht, dass in unserem System gar nicht das Töten und Getötet werden, als vielmehr das Jagen und Gejagt werden die biologische Schlüsselstellung einzunehmen scheint.

Dieses System hat 1. morphologische, 2. ethologische, 3. ökologische und 4. populationsdynamische Aspekte, deren Kenntnis 5. auch für das Verständnis des Menschen als Jäger von Bedeutung ist. Das Verhältnis zwischen Jagenden und Gejagten ist ein vielschichtiges Phänomen und soll am Beispiel einheimischer Vögel und Säugetiere als Gestalts- und Verhaltensphänomen in den Vordergrund gestellt werden, was seit vielen Jahren beschäftigt. Von ihrer taxonomischen Stellung unabhängig, sind Jäger und Gejagte zwei einander – in vielen Merkmalen – diametral entgegengesetzte **Lebensformen** im Funktionskreis der Ernährung, oder allgemeiner, der Selbsterhaltung, wenn wir unter Lebensform mit REMANE (1943) Organismen verstehen, die im Zusammenhang mit gleicher Lebensweise einen Komplex gleichartiger Strukturen aufweisen, so dass Rückschlüsse von der Struktur auf die Lebensweise möglich sind.

Zum Ersten soll hier dieses Lebensform-Paar nach einem **morphologischen Aspekt** verdeutlicht werden. Der Unterschied offenbart sich wohl am markantesten im Gesicht, zumal Jagd und Flucht häufig auf visueller Orientierung fußen. Richtungsmerkmale des Lichtes sind verlässliche Anhaltspunkte zu einem exakten Zielangriff. Optische Höchstleistungen sind deshalb – und das nicht nur bei Wirbeltieren – für Jägerformen kennzeichnend. Die unmittelbare Nachbarschaft des Augenpaares mit dem todbringenden Schnabel oder Gebiss sichert dem optisch Jagenden den Jagderfolg. Weidetieren hingegen wächst das Gras sozusagen ins Maul; das Lichtsinnesorgan braucht dieses nicht speziell zu fixieren und deshalb auch nicht unmittelbar „in der Schusslinie" zu sitzen. Umso mehr muss es den gesamten Umkreis überwachen, um während der Nahrungsaufnahme seines Trägers diesem Überraschungen ersparen zu helfen. Das **Raubtier-Gesicht** ist deshalb durch nach vorne gerichtete, auf der Frontalebene eng zusammengerückte Augen mit ausgeprägtem Binokular-Sehen gekennzeichnet; das **Fluchttier-Gesicht** hingegen durch extrem seitlich sitzende, sowohl nach hinten als auch nach oben verlagerte Augen, mit zwei großen monokularen Sehfeldern. (Abb. 1)

Dieses Phänomen der **relativen Binokularsicht**, bei dem der Quotient die Stellung der Augen zueinander ist, unterscheidet zum Beispiel das Jäger-Gesicht eines Sperbers vom Fluchttier-Gesicht einer Turteltaube genauso wie etwa das lebhaft bewegte Antlitz eines Fuchses mit einem Augenachsen-Winkel von nur 30° von dem Panoramablick eines Rehs etwa, welches – wegen seines weiten Augenachsen-Winkels von 100° – selbst bei der Feindwahrnehmung in kaum nennenswertem Maße bewegt werden muss. Greifvögel und Raubsäuger sehen nur einen relativ kleinen Ausschnitt ihrer Umwelt; diesen allerdings durch die Überkreuzung ihrer Sehachsen in extremer Schärfe und in feinster Auflösung (Abb. 2 u. 3). Die rückwärtige „blinde Fläche" ist bei ihnen zwar groß – aber das vordere Überlappen der Augen ermöglicht ihnen räumliche Tiefenwahrnehmung zur exakten Lokalisation und Entfernungsschätzung, ohne die ein optisches Jagen wohl kaum möglich wäre. Bei Katzen, Marder und Eulen hilft dabei allerdings auch das Gehör wesentlich mit.

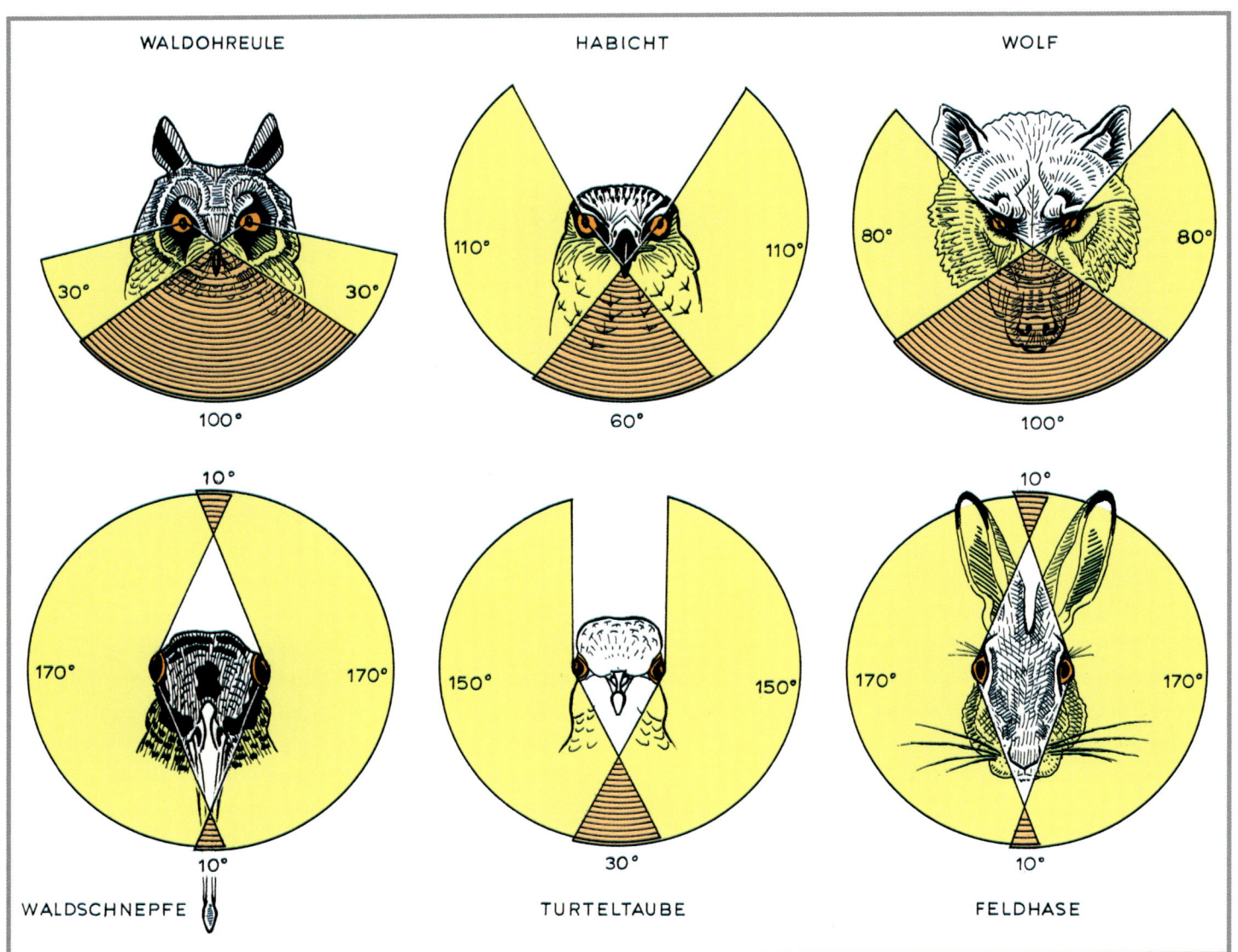

WALDOHREULE HABICHT WOLF

WALDSCHNEPFE TURTELTAUBE FELDHASE

Abb. 1: Die relative Binokularsicht bei „Jägern" und „Gejagten": die Sehfelder des eng sitzenden Augenpaares der **Verfolger** überlappen sich in einem breiten Winkel, wie bei Waldohreule, Habicht und Wolf. Die weit sitzenden Augen der Lebensform **Verfolgten** überlappen sich in einem nur schmalen Winkel, z. T. allerdings nach hinten, wie bei Waldschnepfe, Turteltaube und Feldhase.

(Grafik: A. Festetics, nach Ausgaben von Johnson (1901) und Walls (1942).

Die Fluchttiere dieser zwei Vertebraten-Klassen dagegen, egal ob z. B. Rebhuhn oder Reh, Waldschnepfe oder Waldmaus, zeichnen sich durch ein beinahe **sphärisches Gesamtgesichtsfeld** aus. Gleichsam einem Weitwinkel-Objektiv überblicken sie rundum fast alles gleichzeitig. Durch ausgeprägte Konvergenz[1]-Bewegungen der Bulbi[2] sind einige Fluchttiere, wie zum Beispiel Stockente, Waldschnepfe oder

Feldhase, sogar in der Lage, während der Flucht ihren Verfolger, ohne den Kopf dabei nach hinten zu drehen, im Auge zu behalten (Abb. 4 u. 5)! Ihre beiden Sehfelder überlappen sich nicht bloß vorne, sondern (bei entsprechender Augendrehung) auch hinten um einige Grade (Walls 1942). Der Panorama-Blick des Rothirsches wird dagegen durch eine Brennlinie statt eines Brennpunktes der Lichtstrahlen in seinen Augen und durch die querovalen statt runden Pupillen noch zusätzlich gesteigert. Und senkt nun der Wiederkäuer seinen Kopf aus der hochtragenden Horizontallage um 45°, also in die Vertikale, um zu weiden, so dreht sich der Bulbus automatisch in die Position einer auch in dieser Situation **horizontalen** Pupille zurück. Das Fluchttier kann dadurch auch während der Nahrungsaufnahme die feindverdächtige Umwelt im Auge be-

---

1 **Konvergenz** (von lat. convergere = zusammen neigen) = Parallelentwicklung von ähnlichen Gestalt- oder Verhaltensmerkmalen unterschiedlichen Ursprungs, aber gleicher Funktion; im Gegensatz zu **Divergenz** (von lat. divergere = auseinander neigen) = unterschiedliche Entwicklung und Funktion von Gestalt- oder Verhaltensmerkmalen gleichen Ursprungs; siehe: Homologie.

2 **Bulbus oculi** (lat.) oder **Ophthalmos** (griech.) = Augapfel.

halten (Abb. 6). Sein astigmatisches[3] Auge perzipiert allerdings nur bewegte Objekte und ist kaum in der Lage, Entfernungen richtig einzuschätzen, wie dies auch z. B. ein Feldhase nicht kann. Das um ein Vielfaches dichtere Netz von Sehzellen und die gleich mehreren Sehgruben in der Retina des Greifvogels z. B. ermöglichen diesem wiederum, das Kaninchen aus einer etwa fünffach größeren Entfernung wahrzunehmen, als unser Auge das könnte (Abb. 7).

Ein Fluchttier, wie ein Fasan etwa oder ein Damhirsch, muss dagegen beim Schreiten mit dem Kopf rhythmisch nicken, um in den kurzen Phasen des zum Stillstand gebrachten Kopfes unbewegte Objekte wahrnehmen zu können. Auf der mit extrem langer Belichtungszeit exponierten Fotografie sind diese Fluchttiere natürlich unscharf, bis auf ihren Kopf, der wie gestochen scharf bleibt. Der Fixpunkt Auge ermöglicht während der Stillstandphase des Kopfes die kurzfristige Wahrnehmung eines **stabilen** Umweltbildes, das allerdings durch das darauf folgende Nachziehen des Kopfes von blinden Phasen rhythmisch unterbrochen wird. In Analogie[4] erinnert dies an unsere eigene optomotorische Reaktion beim Betrachten einer scheinbar bewegten Landschaft aus dem fahrenden Zug; wir perzipieren relativ stillstehende Bilder durch unsere reflektorischen Augenbewegungen!

Der Jagende würde verhungern, wäre er nicht in der Lage, die Entfernung seiner Beute abzuschätzen. Für den Gejagten hat es dagegen nicht unbedingt letalen Ausgang, wenn dieser das Heu, die Körner, aber selbst seinen Verfolger nur unscharf sieht. Wichtig nur, dass er Futter bzw. Verfolger **rechtzeitig** wahrnimmt. Dann aber heißt es, nicht lange abschätzen, sondern kurzerhand abhauen. Und tatsächlich, so ziemlich alles, was zum Beispiel ein Pferd als Fluchttier sieht, beurteilt es mit der einfachen Alternative, „laufe ich fort oder bleibe ich" – was oder wer es ist, ist ihm egal. Und wenn wir nun den Panorama-Blick dieses vor allem **nach hinten** wachsamen Steppentieres durch Scheuklappen gewaltsam zum engen, frontalen Sehfeld à la Wolf um-

funktionieren, so wird sich das Pferd für den Straßenverkehr zwar scheinbar besser eignen, allerdings nur noch in der Gestalt eines Halbblinden. Denn der Verlust an Raumausschnitt wird nicht durch Gewinn an Tiefenschärfe kompensiert. Bei uns selbst ist es genau umgekehrt: Wir erweitern unser von Haus aus enges Blickfeld mithilfe der Rückspiegel unseres Fahrzeuges im Straßenverkehr zu einer Rundumsicht und können dadurch auch nach hinten blicken, ohne den Kopf drehen zu müssen (Abb. 8).

Das **eng sitzende Augenpaar** bei Habicht, Luchs oder Uhu ist das „Kain-Zeichen" der Prädatoren; die zwar niemals biblisch handeln und ihren Bruder erschlagen, auf ihre Beutetiere offenbar jedoch furchterregend wirken, zumal das „Räubergesicht" als **Abwehr-Signal** von jenen Lebewesen **mimikriert**[5] wird, die ihrerseits den Beutetieren der Spitzenprädatoren zum Opfer fallen (COTT 1940, BLEST 1957, WICKLER 1968, CURIO 1976). Das Insekt als Vertreter einer niedrigeren Ernährungsstufe im trophischen System, versucht den ihn unmittelbar bedrohenden Singvogel als den Vertreter der mittleren Ernährungsstufe so abzuschrecken, dass er das Augenpaar-Muster seiner Flügel als Gesichtsattrappe einer Eule oder eines Greifvogels (also einem Vertreter der höchsten Ernährungsstufe) plötzlich vorweist. Der große Bruder soll mit der Maske des noch Größeren eingeschüchtert werden (Abb. 9)!

Die ausgeprägte Binokularsicht des **menschlichen Antlitzes** hat allerdings, von seiner Phylogenese[6] her, mit Jagen wenig zu tun. Denn noch eine Lebensform, zu der Beuteltiere, Faultiere und Primaten – in der Mehrzahl also Vegetarier – gehören, hat dieses Gestaltsmerkmal. Es sind dies die ursprünglich in Baumkronen lebenden Greifhand-Kletterer, bei denen nur die stereoskopische Tiefenwahrnehmung die Raumlage ihres Sprungzieles mit genügender Sicherheit zu erfassen ermöglicht. Sie müssen mit ihren Augen die Aktionen ihrer Greifhände ständig unter Kontrolle halten und unser Ausdruck **Be-Greifen** (LORENZ 1954) ist bildhaft für die mit dieser ständigen Rückkoppelung verbundene Hirnleistung höchstorganisierter Säugetiere. Jener Primat, der seinerzeit in der Baumkrone sein Sprungziel verfehlt hat, dürfte nicht zu unseren Vorfahren gezählt haben!

---

3 **Astigmatismus** (von gr. a- = nicht und stigma = Stich/Punkt = „Keine (Bild-) Punkte") = Stabsichtigkeit. Beim astigmatischen Auge wird das einfallende Licht nicht in einem Brennpunkt fokussiert, sondern in zwei „Brennlinien". Es wird daher kein Punkt (und damit kein Bild) scharf, sondern alles nur unscharf und verschwommen abgebildet.

4 **Analogie** (nach gr. analogía = Entsprechung) = Gestalt- oder Verhaltensmerkmale gleicher Funktion (Ähnlichkeit), aber verschiedenen Ursprungs (nicht verwandt); im Gegesatz zu **Homologie** (nach gr. homologeo = übereinstimmen) = Gestalt- oder Verhaltensmerkmale unterschiedlicher Funktion (keine Ähnlichkeit), aber gemeinsamen Ursprungs (verwandt); siehe: Divergenz.

5 **Mimikry** (vom gr. mímēsē = Imitation) = eine Tierart ist einer zweiten bis zum Verwechseln ähnlich, so dass eine dritte Art (bzw. Arten) die beiden miteinander verwechselt. Dieses Vorbild-Nachahmer-Phänomen hat für den Letzteren Schutzfunktion durch Abschrecken von Prädatoren.

6 **Phylogenese** (von gr. phýlon génesis = Ursprung des Stammes) = Stammesentwicklung.

Abb. 2a

Abb. 2b

Abb. 2c

Abb. 2d

(Fotos: A. FESTETICS ©)

Abb. 2: **Jagende**, wie der Wolf und der Luchs, sehen durch die Überkreuzung ihrer Sehachsen extrem scharf (Abb. 2a, c). Ihre potentiellen **Beutetiere** wie z. B. der Rothirsch hingegen weniger präzise, dafür rundum fast alles gleichzeitig (Abb. 2b, d).

Abb. 3a

Abb. 3b

Abb. 3c

Abb. 3d

Abb. 3e   (Fotos: A. FESTETICS ©)

Abb. 3: Das Gesicht der **Verfolger**, wie Steinadler, Rotmilan oder Sperber (Abb. 3a, b, c) ist ausdrucksvoller als das der **Verfolgten**, wie Stockente oder Fasan (Abb. 3d, e).

Abb. 4a

Abb. 4c

Abb. 4b

Abb. 4d

Abb. 4: „Raub"tieraugen wie die vom Fuchs (Abb. 4a) reflektieren das Licht besonders stark leuchtend. Wildkatzen (Abb. 4b) verleiht der „Fazial-Effekt" ihres eng sitzenden Augenpaares einen magischen Blick. Das Fluchttier Feldhase (Abb. 4c, d) hat, frontal gesehen, kein so ausdrucksvolles Gesicht.

Abb. 5a

Abb. 5b

Abb. 5c

(Fotos: A. FESTETICS ©)

Abb. 5: Die brütende Waldschnepfe ist im vorjährlichen Falllaub farblich gut getarnt (Abb. 5c). Ob von vorne (Abb. 5a) oder von hinten betrachtet (Abb. 5b), überblickt sie mit ihren seitlich sitzenden Augen rundum alles, ohne dabei ihren Kopf drehen zu müssen.

Abb. 6: Das „Einpendeln" der längsovalen Pupillenspalte des Rothirsches in die Horizontale bei veränderter Kopfhaltung. Das „**Fluchttier**" kann dadurch auch während der Nahrungsaufnahme die „prädatorverdächtige" Umwelt im Auge behalten.

Abb. 7: Das Bild auf der Netzhaut von **Mensch** und **Greifvogel**. Der gefiederte Prädator sieht etwa achtmal schärfer als wir, weil seine Netzhaut mit einem viel dichteren Bestand von Sehzellen ausgestattet ist. Das **Pecten** (Kammhaut) ist eine Falte der Retina im Vogelauge, die zur Oberflächenvergrößerung dient. Es kann auch Schatten auf die Netzhaut werfen, die dem Vogel helfen, Bewegungen in der Ferne wahrzunehmen. In unserer Retina (Abb. 7a) sitzen an der empfindlichsten Stelle, der **Fovea** etwa 200 000 Sehzellen. Die Netzhaut des Greifvogels hat **2 Foveae** mit 1,5 Millionen Sehzellen!

Abb. 6   (Grafik: TOMM/FESTETICS ©)   (Grafik: TOMM/FESTETICS, nach PETERSON 1965)

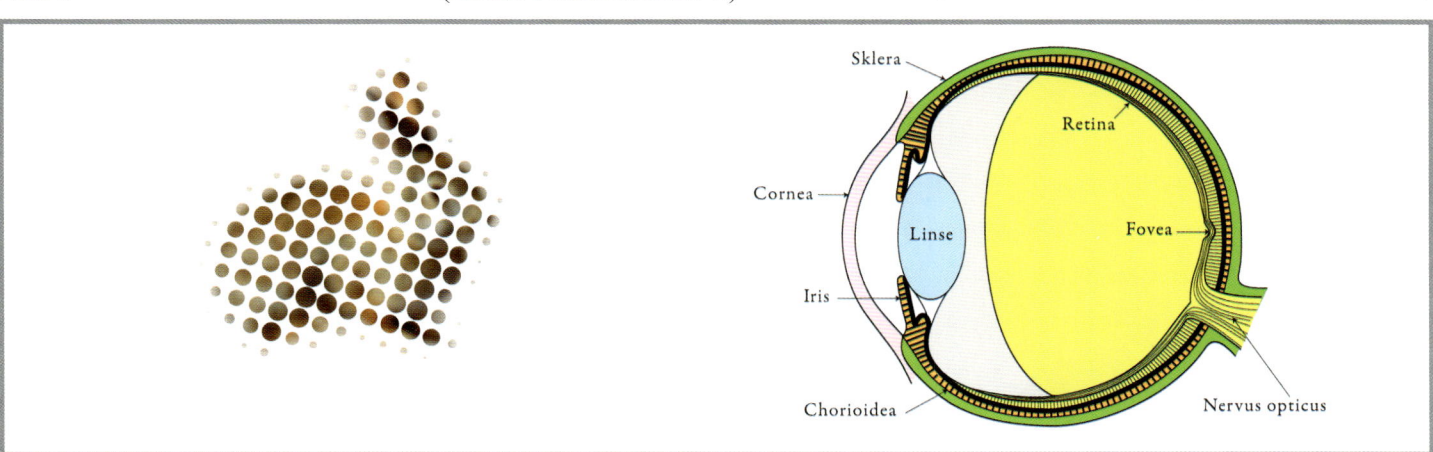

Abb. 7a

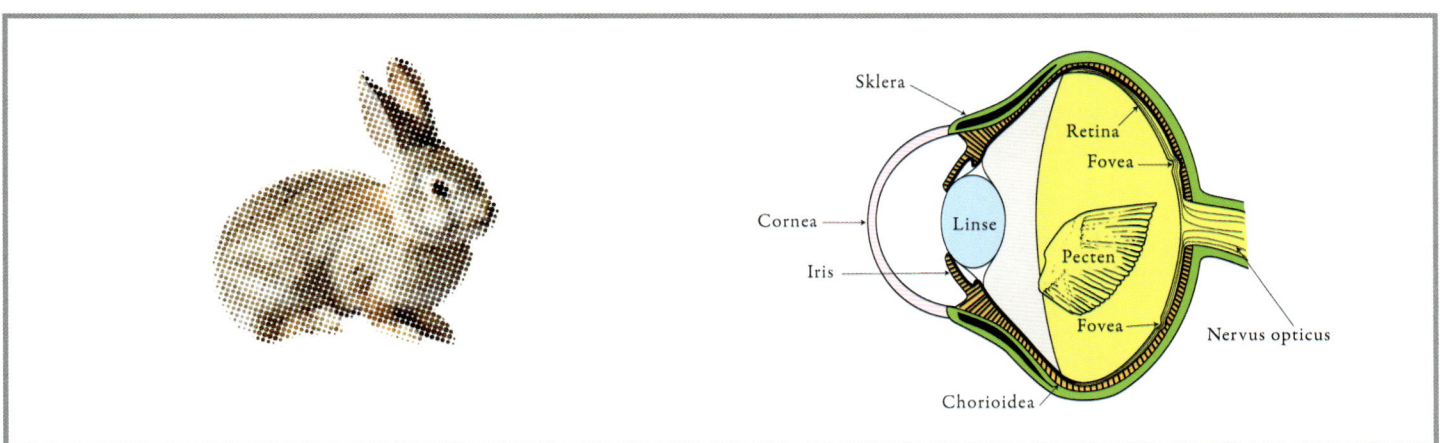

Abb. 7b

73

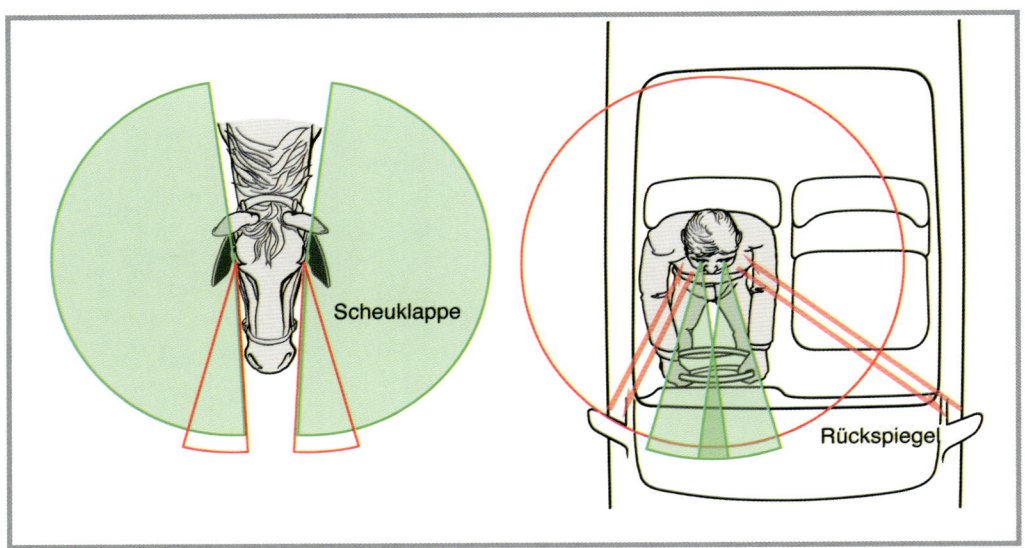

Abb. 8: Die Scheuklappen verengen den Rundumblick des „Fluchttieres" Pferd zu engen, unscharfen, frontalen Sehfeldern. Wir Menschen haben von Natur aus zwei enge, allerdings scharfe Sehfelder, die wir im Auto mithilfe von Rückspiegeln als optische Prothesen künstlich zu einem Rundumblick erweitern.

Grafik: Tambour/Festetics ©)

Abb. 9a

Abb. 9b

Abb. 9c

Abb. 9d

Abb. 9: Der „**stechende**" **Blick** von Habicht (rechts oben), Uhu (rechts unten) oder Raufußkauz (links unten) kann beängstigend sein – für Tiere und Menschen gleichermaßen.

(Fotos: A. Festetics ©)

Das „**Räuber**"-**Gesicht** wird von Insekten, Spinnen u. a. „Kleingetier" **nachgeahmt**. Dieses Mimikry-Phänomen dient dem Schutz vor Prädatoren. Die Blattheuschrecke (Mitte und links oben) zum Beispiel tarnt sich im trockenen Laub so perfekt, dass ihre Flügeldecken sogar Blattadern, Welligkeit und Schadstellen (Pfeil Abb. 9a oben) des trockenen Laubes imitieren. Bei Gefahr jedoch springt die Blattheuschrecke drohend auf ihren Prädator zu und zeigt dabei ihre bis dahin verborgenen **Augenflecken** auf den Hinterflügeln. Das Scheinaugen-Paar imitiert eine schwarze Pupille, gelbe Iris, weiße Lichtreflexe und einen schwarzen Wimperkranz von echten Augen!

(Foto: O. v. Helvensen in Todt, 1972)

Jäger- und Suchertiere weisen aber auch vielfach lebensformtypische **Gestaltsunterschiede** auf. Dabei kommt es weniger auf die Art der Futtersorte als vielmehr auf die Art der Futtersuche an. Jäger müssen stets jagen, auch wenn sie dabei nicht immer hetzen, sondern sehr viel lauern; Sucher müssen jedoch keineswegs permanent flüchten, allerdings ein Vielfaches mehr an Zeit mit Fressen verbringen (Abb. 11). Die Gestaltunterschiede dieser beiden Lebensformen weisen in Verbindung mit dem ihnen typischen unterschiedlichen Mengenbedarf an Futter auf die Unhaltbarkeit der Sprichwörter „Wolf Nimmersatt" oder „Wolfshunger" hin. Wer draußen mit offenen Augen sein Urteil fällt, wird eher den Symbolen „Kaninchenhunger" oder „Hirsch-Nimmersatt" zustimmen. Und egal ob Weihnachtskarpfen, Mastgans, Mastochse oder gar die Siebenschläfer, die von den Römern in so genannten „Glirarien" gemästet und verspeist worden sind, es waren niemals Karnivore, sondern stets Herbivore, die unsereiner schon frühzeitig zu lebenden Futterkonserven zu verwandeln in der Lage war (Abb. 10c). Beim Hecht und beim Karpfen sind die lebensformtypischen Unterschiede der Darmlänge sichtbar. Der „brustdominante" Wolf und Habicht bzw. das „rumpfdominante" Reh und Rebhuhn sind hier gleich groß abgebildet (Abb. 10 a-b). Wie unabhängig der systematischen Stellung ähnliche Lebensweise zu **konvergenten** Gestalten führen kann, zeigt beispielsweise der Rapfen (Aspius) als einziger echter Jäger seiner näheren Weißfischverwandtschaft; ein Raubfisch also dem „ökologischen Beruf" nach, allerdings mit „Friedfisch-Stammbaum". Oder der Raubwürger, der bei uns den ökologischen Stellenplan eines kleinen Greifvogels erfüllt, in taxonomischer Sicht jedoch genauso ein Singvogel ist wie der Haussperling, den er zu verspeisen pflegt (Abb. 12).

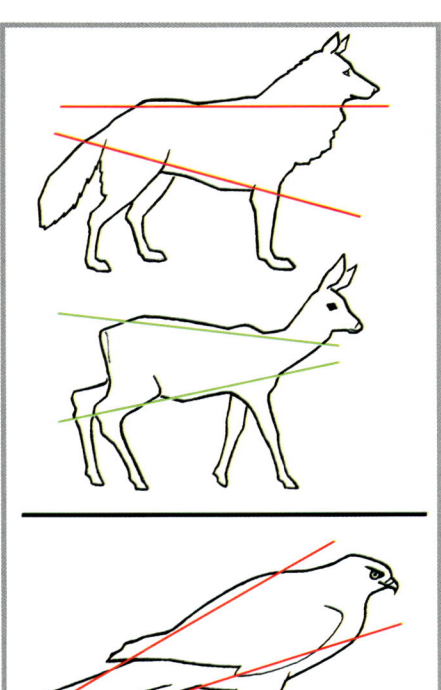

Abb. 10: Prinzipieller Unterschied zwischen „Jäger"- und „Sucher"-Gestalt: Beim Hecht und Karpfen sind die lebensformtypischen Unterschiede der **Darmlängen** hervorgehoben. Der „**brust**dominante" Wolf und Habicht bzw. das „**rumpf**dominante" Reh und Rebhuhn sind hier gleich groß dargestellt.

Abb. 11: Die Unterschiede zwischen „starken" (Habicht) und „fetten" (Rebhuhn) Gestalten kommt besonders bei den Flugleistungen (Verfolgen und Flüchten) zum Tragen.

(Grafik: A. Festetics ©)

75

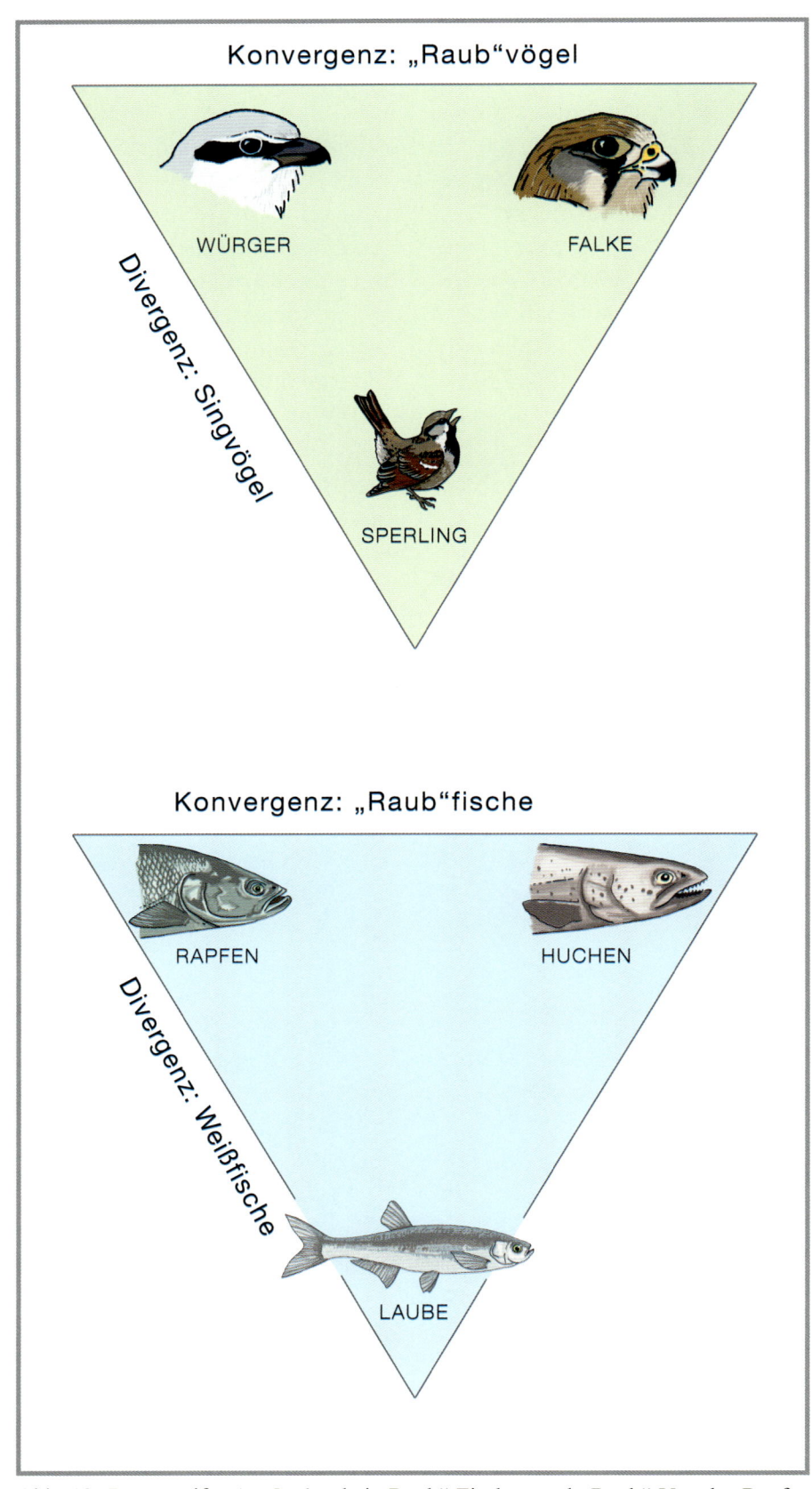

Abb. 12: Beutegreifer-**Analogien** bei „Raub"-Fischen und „Raub"-Vögeln; Rapfen und Raubwürger gehören taxonomisch zu den Beutetieren Haussperling bzw. Laube, die ihnen als Beute dienen. Ihre funktionellen Entsprechungen sind jedoch Huchen und Turmfalke, mit denen sie nicht verwandt sind.   (Grafik: Tomm/Festetics ©)

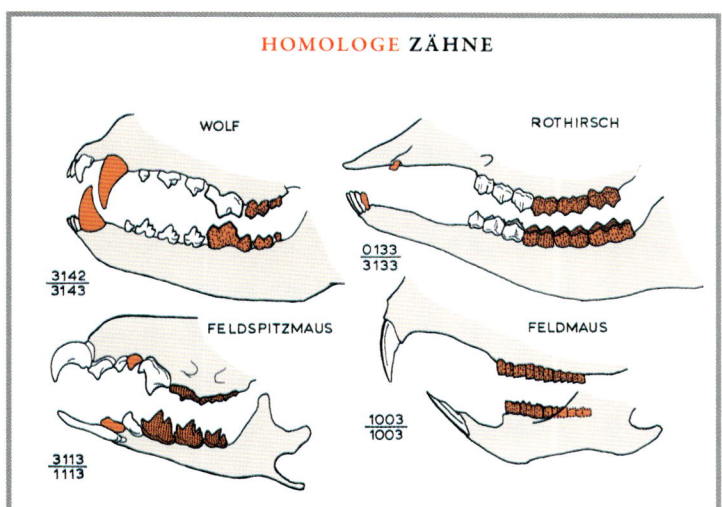

HOMOLOGE ZÄHNE

WOLF   ROTHIRSCH

$\frac{3142}{3143}$ $\frac{0133}{3133}$

FELDSPITZMAUS   FELDMAUS

$\frac{3113}{1113}$ $\frac{1003}{1003}$

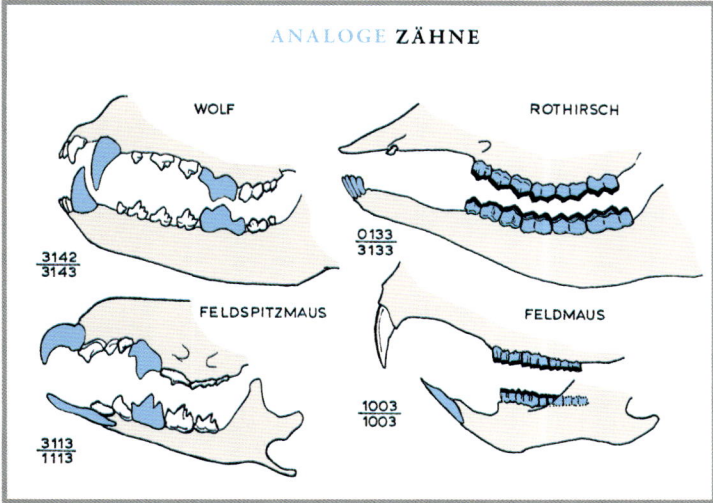

ANALOGE ZÄHNE

WOLF   ROTHIRSCH

$\frac{3142}{3143}$ $\frac{0133}{3133}$

FELDSPITZMAUS   FELDMAUS

$\frac{3113}{1113}$ $\frac{1003}{1003}$

Abb. 13: Lebensformtypische Konvergenzen beim **Säugetier-Gebiss**. Wolf und Feldspitzmaus gehören dem **Jäger-Typ**, Rothirsch und Feldmaus dem **Sucher-Typ** an. Das Raubtier und der Insektenfresser haben ein fast vollständiges Gebiss. Der Wiederkäuer und der Nager weisen ein reduziertes (abgeleitetes) Gebiss auf (siehe Gebissformeln, jeweils links). Oben sind die entsprechend homologen und unten die jeweils analogen Zähne in gleichen Farben dargestellt.

Die großen, hakenförmigen Schneidezähne der Spitzmaus sind **funktionell** mit den gewaltigen Eckzähnen des Wolfes als „**Fang**gebiss" vergleichbar. Die großen Vorbackenzähne der Spitzmaus sind funktionell **konvergent** mit dem (hinteren) „Brechschergebiss" (p4/m1) des Wolfes. Im Herbivoren-Gebiss von Hirsch und Feldmaus sind Diastema und funktionell einheitliche Kaufläche der Vorbacken- und Backenzähne ebenfalls konvergent entstanden.   (Grafik: A. FESTETICS ©)

Es sei hier noch – nebst einer Reihe anderer morphologischer Merkmale – beispielsweise auf die dunkle, sarkoplasmareiche[7] **Muskulatur** von Habicht und Hermelin gegenüber dem hellen, fibrillenreichen Fleisch von zum Beispiel Wachtel oder Kaninchen hingewiesen, oder auf den wohl markantesten Unterschied unseres Lebensform-Paares innerhalb der Säugetiere, nämlich der **Zähne**. Hier fällt besonders die **funktionelle Analogie** von Vorder- und Hintergebiss auf, wenn zum Beispiel nicht nur der große Wolf, sondern auch die kleine Feldspitzmaus ein „Fanggebiss" und zugleich ein „Brechschergebiss" aufweisen (Abb. 13). Einem solchen konvergenten Reiß- und Kau-Apparat steht das Mahl-Werkzeug von Rothirsch bzw. Feldmaus gegenüber in analoger Verwirklichung von Diastema[8] und reduzierter Zahnkollektion. Das Phänomen der unterschiedlichen **relativen Darmlänge** determiniert schließlich die Mittelstellung omnivorer Formen zwischen Karnivoren und Herbivoren. Ratte, Schwein und Mensch repräsentieren unter anderem diesen intermediären Typ. Die Bewältigung ka-

lorienarmer, schwer zu erschließender Pflanzennahrung ist das zentrale Problem in der Ernährung der Vegetarier und steht im Kausalbezug zu ihrem extrem langen, mit komplizierten Sonderbildungen ausgestatteten Darmtrakt (Abb. 14-18). Bei den Fleischfressern ist dieser kurz und einfach gebaut (Abb. 19). Die Jagenden haben einen kurzen Verdauungstrakt mit kleinen bis winzigen Blinddarmfortsätzen; Weidetiere, zu denen z. B. auch Gänse gehören, sowie Nadelblattfresser, wie das Auerhuhn, einen langen Darm und mächtige (bei Vögeln paarige, bei Säugern unpaare) Blinddarmsäcke (Abb. 20). Das Hauptproblem der Jagenden ist ja nicht die Verdauung, sondern die **Überwältigung** der Fleischnahrung in der Gestalt sich wehrender Beutetiere. Die unterschiedliche relative Darmlänge kann schließlich, funktionsbedingt, sogar an ein und demselben Tier, zu verschiedenen Zeitpunkten seiner Ontogenese[9] beobachtet werden: die herbivore Kaulquappe weist einen extrem langen; nach der Metamorphose[10] zum Frosch geworden, jedoch den kurzen Darm der Insektivoren auf.

---

7   **Sarkoplasma** (von gr. sarkós = Fleisch): das Plasma der Muskelzellen.

8   **Diastema** (von gr. diástēma = Zwischenraum) = Zahnfreie Lücke zwischen Eckzähnen und Backenzähnen.

9   **Ontogenese** (von gr. on génesis = Entstehung eines Wesens) = Individualentwicklung.

10 **Metamorphose** (von gr. metamórphosis) = Umwandlung, Umgestaltung.

 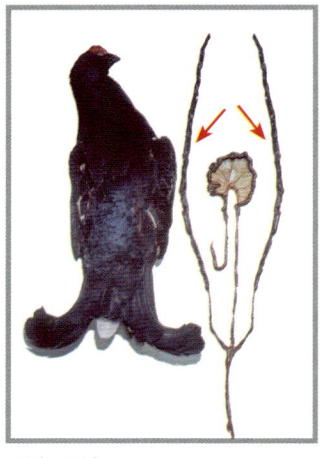 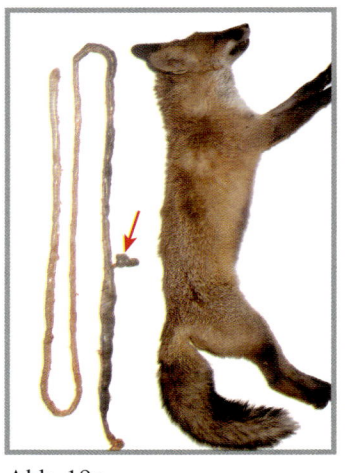 

Abb. 19a   Abb. 19b   Abb. 19c   Abb. 19d   (Fotos: A. FESTETICS ©)

Abb. 19: Lange Blinddarmfortsätze kennzeichnen den Verdauungstrakt von **Vegetariern** wie Birkhuhn (Abb. 19b) und Feldhase (Abb. 19d), kurze hingegen den der **Prädatoren** wie Habicht (Abb. 19a) und Fuchs (Abb. 19c). Die homologen Organteile sind durch Pfeile markiert.

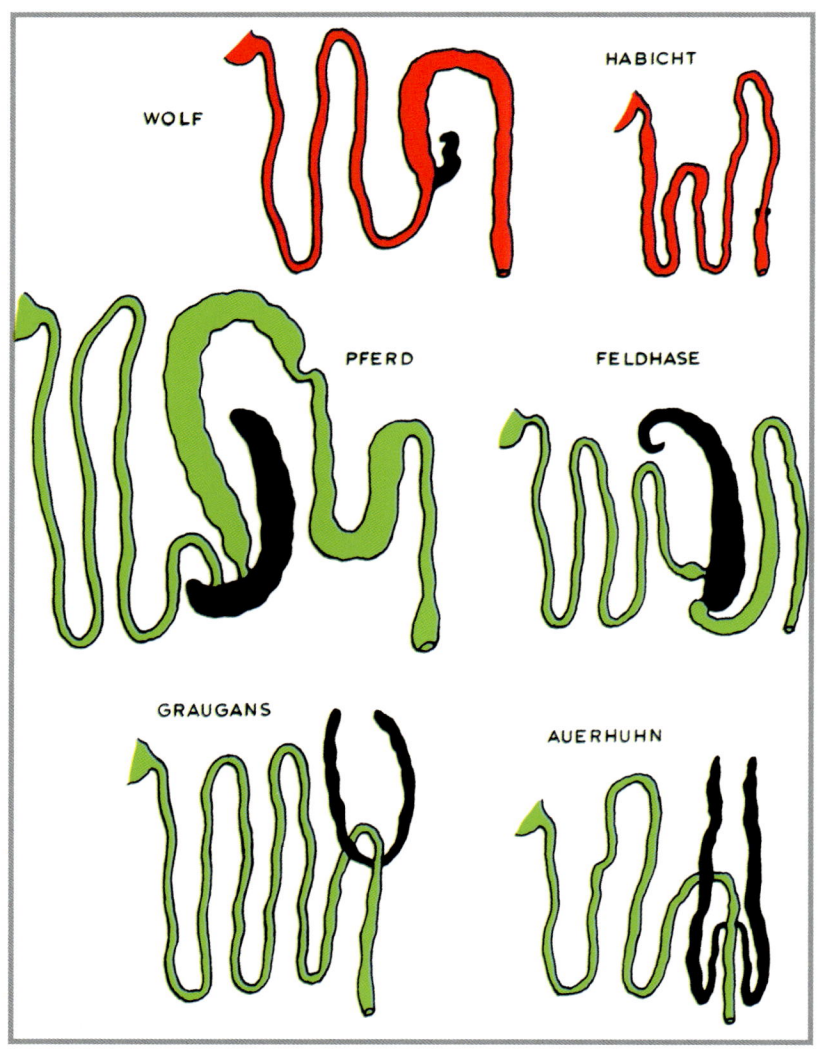

Abb. 20: Unterschiedliche relative Darmlänge bei **Karnivoren** (Wolf, Habicht) und **Herbivoren** (Pferd, Feldhase, Graugans, Auerhuhn). Die „Jäger"-Typen haben einen kurzen Verdauungstrakt mit kleinen bis winzigen Blinddarmfortsätzen. Weidetiere, zu denen auch die Gänse gehören, sowie Nadelblattfresser wie die Waldhühner haben einen langen Darm und mächtige (bei Vögeln paarige, bei Säugern unpaare) Blinddarmsäcke.

(Grafik: A. FESTETICS ©)

Zum Aufschließen pflanzlicher Zellwände fehlt dem Vertebraten-Organismus bekanntlich ein eigenes Ferment. Hartfaser-Fresser bedienen sich deshalb der Fermentation **symbiontischer Bakterien** im Blinddarmfortsatz, wie dies in Konvergenz bei Wildgänsen, Waldhühnern, Nagern und Hasentieren verwirklicht ist – oder im Pansen der Wiederkäuer, wie wir dies nicht nur bei Huftieren, sondern in Analogie auch bei Klippschliefern und Kängurus vorfinden. Im Verdauungstrakt der Fluchttiere ermöglichen solche speziellen „Proviantsäcke" wie z. B. Pansen oder Kropf aber auch eine zeitliche oder räumliche Trennung von Nahrungsbeschaffung im Feld und Nahrungsaufschließung im Versteck. Das rasche, flüchtige Aufpicken und Abweiden verkürzt Tauben, Birkhühnern, Hasen und Hirschen gleichermaßen das Risiko in exponierter Lage. Die **Gastrolithen**[11] der Körnerfresser bzw. der Vorgang der **Rumination**[12] und der **Coecotrophie**[13] der Weide-

tiere können dann schließlich im „psychisch entspannten Feld" in Aktion treten. Und trotz der wesentlich langsameren Darmpassage verlässt ein Großteil des Grünfutters als kaum aufgearbeiteter Ballaststoff den Enddarm. Diesem Umstand ist es zu verdanken, dass es ausschließlich die **Exkremente** der Vegetarier sind, die nicht bloß Lebensunterhalt einer ganzen koprophagen[14] Fauna von Anneliden, Dipteren und Koleopteren bieten, sondern in Form von Brennstoff, Baumaterial bzw. Ackerdünger auch einen Beitrag zur Kulturgeschichte des Menschen geleistet haben! Kaum einen solchen allerdings zur intraspezifischen[15] Kommunikation, wie dies wiederum bei der extrem abgebauten stark duftenden Losung jagender Säugetiere der Fall ist, die als Territoriumsmarke der innerartlichen Verständigung dient. Für den Jäger ist deshalb der **lokalisierbare Typ**, für die meisten Sucher hingegen der **diffuse Typ der Kotabgabe** charakteristisch. Raubtiere und Greifvögel entleeren sich anatomisch bedingt zwangsweise in einer bestimmten Körperhaltung – das Fluchttier Pferd oder Rebhuhn kann sich auch im Galopp bzw. im Flug erleichtern.

---

11 **Gastrolithen** (von gr. gaster = Magen und lithos = Stein) = Magensteine, die gezielt aufgepickt im Muskelmagen der mechanischen Zerkleinerung von Nahrung dienen.

12 **Rumination** (von lat. rumen = Pansen) = Wiederkäuen von hochgewürgtem Nahrungsbrei mit erneutem Verschlucken und anschließendem Verdauen.

13 **Caecotrophie** (von lat. caecum = Blinddarm und gr. trophos = Nahrung) = gezieltes Verschlucken des eigenen Blinddarmkotes zwecks besserer Ausnützung der schwer verdaulichen Pflanzennahrung.

14 **Koprophagie** (von gr. kópros = Dung und phagín = fressen) = Ernährung von Exkrementen anderer Arten.

15 **Intraspezifisch** = innerartlich, im Gegensatz zu **interspezifisch** = zwischenartlich.

Körper- und Blinddarmlänge einiger Vogelarten						
Karnivore			Herbivore			
	KL	BL			KL	BL
Graureiher	91 cm	0,1 cm	Höckerschwan		152 cm	42 cm
Gänsesäger	66 cm	4,5 cm	Pfeifente		46 cm	18 cm
Steinadler	80 cm	0,7cm	Auerhuhn		75 cm	80 cm
Habicht	55 cm	0,1 cm	Schneehuhn		35 cm	100 cm

Abb. 14

Relation Darmlänge/Körperlänge bei einigen Knochenfischen	
„Jäger"	„Sucher"
Hecht 1,4	Karpfen 2,7
Hering 0,4	Meeräsche 4,0
Hornhecht 0,4	Gelbstrieme 2,0

Abb. 15

Relation Darmlänge/Körperlänge bei einigen Vögeln	
„Jäger"	„Sucher"
Waldkauz 1,5	Graugans 2,7
Steinadler 1,4	Auerhuhn 2,2

Abb. 16

Relation Darmlänge/Körperlänge bei einigen Säugetieren			
Größenordnung	1. Karnivore	2. Omnivore	3. Herbivore
Klein:	Waldspitzmaus 1,3	Hausmaus 5,0	Feldmaus 7,0
Mittelgroß:	Wildkatze 1,3	Dachs 8,0	Reh 11,0
Groß:	Wolf 4,7	Bär 8,0	Rind 25,0

Abb. 17

Absolute Darmlänge und Zeit der Darmpassage bei einigen Säugetieren		
Schäferhund	Schwein	Schaf
5 m	22 m	31m
17-60 Stunden	13-96 Stunden	12-384 Stunden

Abb. 18　　　　(Alle Tabellen nach GADOW 1891-93, BÖKER 1935 und eigenen Messungen)

Damit sind wir bereits beim zweiten, beim **etholo-gischen Aspekt** unseres Systems (FESTETICS 1969). Die einschlägigen Lebensform-Unterschiede können hier folgend wiederum nur an ganz wenigen ausge-wählten Beispielen veranschaulicht werden. So kenn-zeichnet beispielsweise Füchse, Katzen oder Marder ein langer, tiefer, gleichmäßiger **Schlaf**; Hirsche hin-gegen dösen im Halbschlaf mit hochgehaltenem Kopf während des Wiederkäuens; Hasen verharren bewe-gungslos, aber mit offenen Augen in ihrer Mulde, und Pferde können sogar stehend in Dämmerschlaf verfal-len. Fluchttieren genügt notfalls ein solcher Körper-schlaf an sich, um eine Restitution des motorischen Energieverbrauchs zu bewirken. Die perfekte Erholung bewirken allerdings kurze, nur einige Minuten dauern-de Phasen eines tiefen Hirnschlafes, welches durch das kurzfristige Erlöschen des Bewusstseins einer Betäu-bung gleichkommt. Sie nehmen beim Rothirsch zum Beispiel täglich insgesamt kaum mehr als 1 bis 2 Stun-den in Anspruch, und die Sinnesfunktionen sind somit auch nicht länger voll ausgeschaltet.

Beim **Spielverhalten der Jungtiere** kommt im we-sentlich differenzierteren und nuancierteren Programm der Jäger die Grenze zwischen Spiel und Ernst klar zum Ausdruck. Auflauern, Beutemachen oder symbolisches In-den-Nacken-Beißen lassen zum Beispiel bei Jung-füchsen das Heranreifen des Jagdverhaltens vermuten. Die Fluchtspiele zum Beispiel der Rothirschkälber hin-gegen wirken simpler, starrer, bestehen aus Hakenschla-gen, Sich-Drücken oder In-Deckung-Gehen und gehen gleitend in echtes, ernst gemeintes Flüchten über (Abb. 21). **Akustische Kommunikation** hat bei Fluchttie-ren öfters auch interspezifische Funktionen: Warnrufe zahlreicher Sing-, Hühner- und Entenvögel, aber auch Murmeltiere, Gämsen und Steinböcke des gleichen Wohnraumes werden gegenseitig „verstanden". Sie rei-chen über die Artgrenze hinaus und sind Bestandteil ei-nes **kollektiven Warnsystems**. Als höchstentwickel-te Form kann dabei das differenzierte „Verstehen" der Luftfeind- und Bodenfeind-Warnrufe von Singvögeln im interspezifischen Bereich angesehen werden. Die Klangspektrogramme machen die Ähnlichkeit der ent-sprechenden Warnrufe verschiedener Vogelarten deut-lich. Sie werden auch von anderen Arten in ihrer Aus-sage verstanden. Die Luftalarmrufe sind schwer, die Bodenalarmrufe leicht lokalisierbar (Abb. 22).

Abb. 21a

Abb. 21: Für Jungtiere der „**Gejagten**" sind Fluchtspiele typisch, wie bei Rothirschkälbern zum Beispiel (Abb. 21a). Die heranwachsenden „**Jäger**" wie Füchse etwa, üben im Spiel bereits Beutefanghandlungen (Abb. 21b). (Aus dem Film „Von Lenz bis zum Blättertanz" von Homoki-Nagy, 1955)

Abb. 21b

Abb. 22: **Inter**spezifische Warnsignale vor Luftangriff (Sperber) und Bodenangriff (Katze) bei Kleinvögeln. Das Klangspektrogramm macht die Ähnlichkeit der entsprechenden Warnrufe deutlich. Sie werden auch von anderen Arten in ihrer Aussage verstanden. **Luft**alarmrufe sind schwer, **Boden**alarmrufe leicht lokalisierbar (nach Thielcke, 1970 und Marler & Hamilton, 1972).

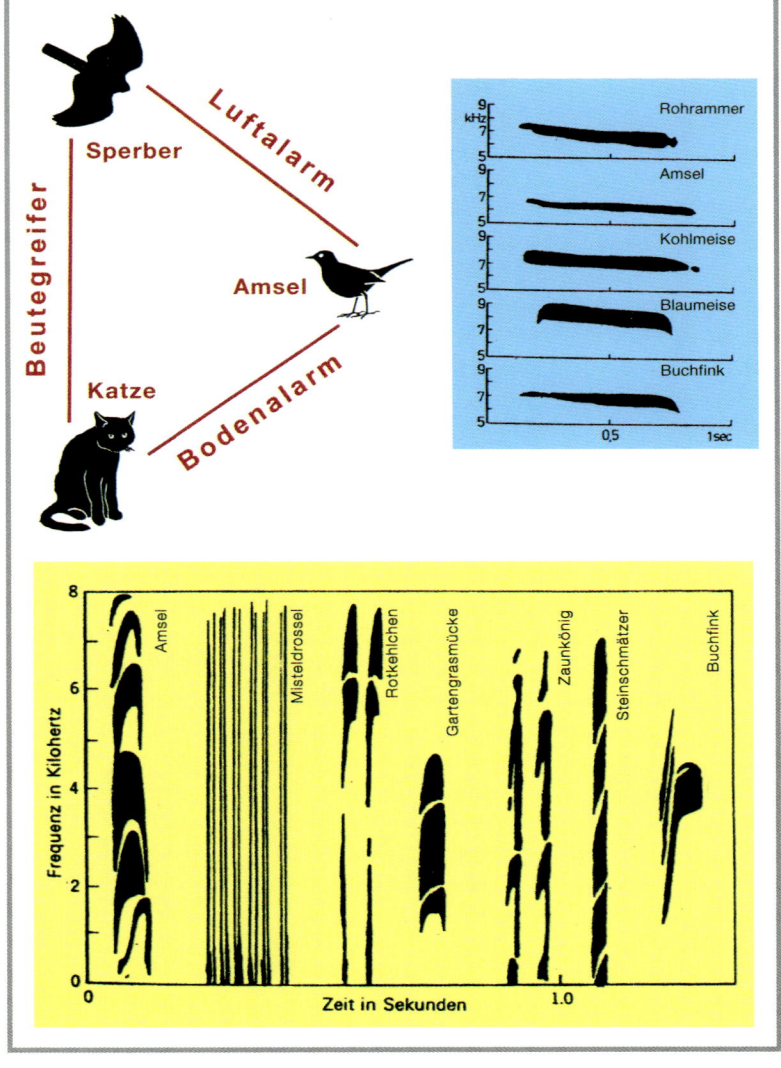

Abb. 23: Ein Beispiel für **proteanisches** Verhalten ist das Hakenschlagen des vom Beutegreifer (im Bild ein Jagdhund) verfolgten Wildkaninchens. Es trifft den Verfolger **unerwartet** und sichert den Verfolgten etwas Vorsprung.

(Fotos aus HÁJEK 1954)

Aufgejagt, bedienen sich Fluchttiere schließlich häufig **irregulärer** Verhaltensmuster, die es dem Verfolger erschweren sollten, die Reaktionen des Verfolgten vorauszusagen und somit den Kontakt mit diesem aufrechtzuerhalten. Ein solches nicht voraussagbares Verhalten bzw. die Änderung der Erscheinungsform in rascher Folge – als Täuschungsmanöver – bezeichnen wir als **proteanisches** Verhalten nach der griechischen Sage von Proteus, der durch dauernden Gestaltswechsel seinen Verfolgern entkam. Fasan, Auerhuhn oder Zwergtrappe pflegen im „psychisch entspannten Feld" relativ leise aufzufliegen. Aufgeschreckt, flüchten sie jedoch mit einem geräuschvoll polternden Rüttelstart, wie aus der Kanone geschossen, und schießen darüber hinaus selbst „aus allen Rohren", indem sie gleichzeitig nicht nur einen lauten Warnschrei, sondern auch einen auf den Angreifer gerichteten Schuss an Exkrementen von sich geben. Auch das explosive Hochkatapultieren des Feldhasen oder Wildkaninchens lähmt für eine kurze Schrecksekunde den Verfolger und gibt dem Verfolgten etwas Vorsprung. Das Hakenschlagen findet als proteanisches Verhalten in unserem Sprichwort „wer weiß, wie der Hase läuft" sinnvollen Ausdruck (Abb. 23). Die pathologisch wirkende Lokomotion der Roller- und Purzlerrassen unter den Haustauben, ihre Kapriolen beim Sturzflug zeigen eine domestikationsbedingte Hypertrophierung des ursprünglichen Ausweichverhaltens einem angreifenden Greifvogel gegenüber.

Soziale Abwehrmanöver verlaufen bei kleinen Schwarmfischen einem angreifenden „Raub"fisch gegenüber oder bei Starenschwärmen beim Erscheinen eines Wanderfalken grundsätzlich ähnlich (Abb. 24). Beide kumulieren sich in eine dichtgeballte Wolke zusammen, um durch den **Konfusions-Effekt** den Zielmechanismus des Angreifers zu verwirren (Abb. 25). Das Gewoge vieler Zielpunkte macht dem Jäger die Entscheidung unmöglich. Wir kommen auf diese Phase der Jagd noch zurück. Darüber hinaus würde ein Attackeflug des Falken in den **Stoßpulk** der Stare zum Beispiel auch zu unerwünschten Kollisionen führen, die für den Predator selbst gefährlich sein könnten. In Abb. 26

das analoge Beispiel von einem Wolf und einer Rentierherde. Der Beutegreifer ist bedacht, ein Einzeltier, das die Nerven verliert, aus dem Rudel abzusprengen. Das Feindabwehr-Manöver eines Starenschwarmes verläuft ähnlich. Beim Erscheinen des Wanderfalken bewegt sich die Wolke in einer Spirale nach unten und verdichtet sich stets dort, wo der Falke gerade angreift. Danach bekommt der „Flaschenhals" von unten Verstärkung. Der Schwarm fliegt vor dem Falken her und umschlingt ihn allmählich, bis der Angreifer schließlich völlig „eingekapselt" ist. Dies erinnert an ein Paramaecium beim Einverleiben eines Nahrungspartikels mithilfe seiner Pseudopodien (Abb. 27).

Abb. 24a

Abb. 24b   (Grafik: Tomm/Festetics ©)

Abb. 24: **Prädator-Reaktion** eines Starenschwarmes. Beim Erscheinen des Wanderfalken kumuliert sich die Gruppe zusammen. Der Greifvogel kann nur einen vom Pulk abgesprengten Star erbeuten und versucht deshalb durch Scheinangriffe ein Individuum aus dem Schwarm herauszusondern.

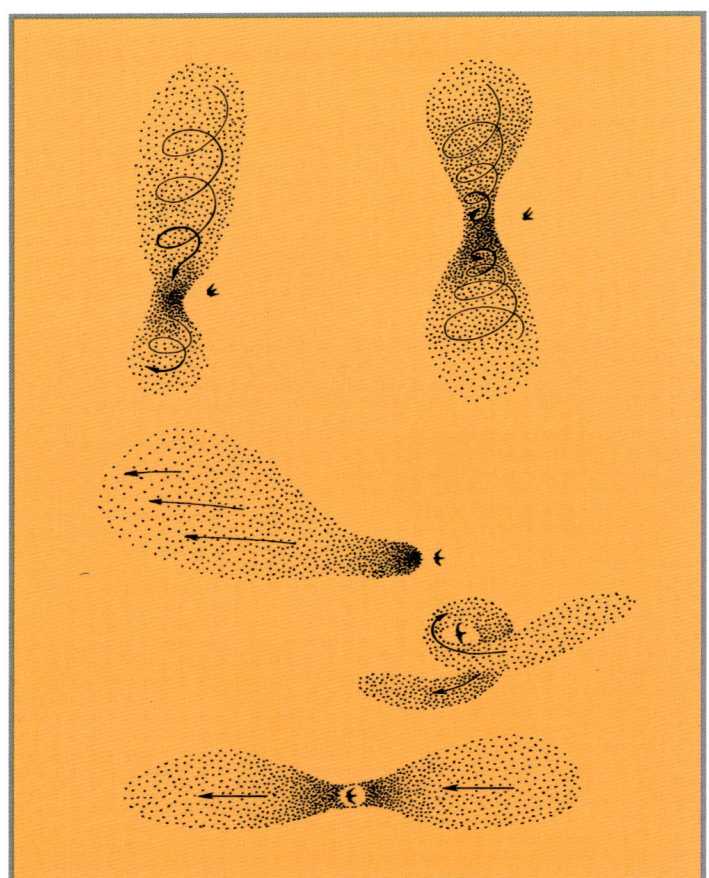

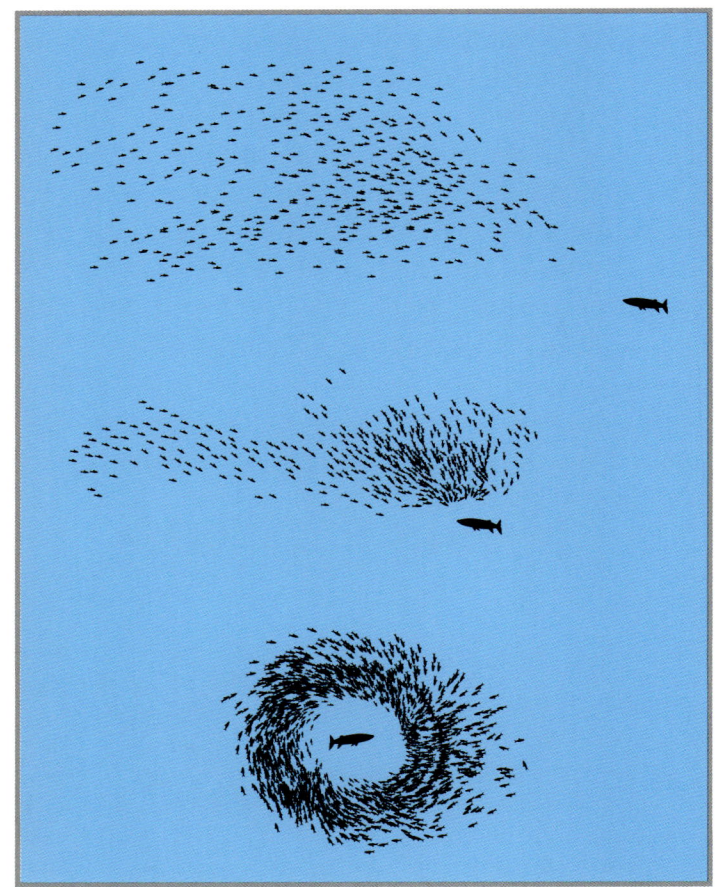

Abb. 27: **Abwehr-Flugmanöver** eines Starenschwarmes gegen den Wanderfalken. Die „Wolke" bewegt sich in einer Spirale nach unten und verdichtet sich stets dort, wo der Beutegreifer gerade angreift (oben links). Der „Flaschenhals" bekommt von unten Verstärkung (oben rechts), und die Stare fliegen **vor** dem Falken her (mitte links) bis er zum „Gefangenen" seiner potentiellen Opfer wird (unten). Das Bild erinnert an den Einzeller Paramecium (Pantoffeltierchen), welches mithilfe seiner Pseudopodien (Scheinfüßchen) einen Nahrungsbrocken einverleibt.

(Grafik: A. FESTETICS ©)

Abb. 25: Das **Abwehr-Schwimmmanöver** eines Weißfisch-Schwarmes gegenüber dem Hecht verläuft am Anfang prinzipiell ähnlich. Durch **Alarmkreisen** der kleinen Fische in großer, dichter Menge um den Angreifer herum bildet sich förmlich eine Vakuole, in der der Hecht allerdings reglos wartet, bis ein einzelnes Fischchen aus Neugier auf Schnappdistanz herankommt.

(Grafik: TOMM/FESTETICS ©)

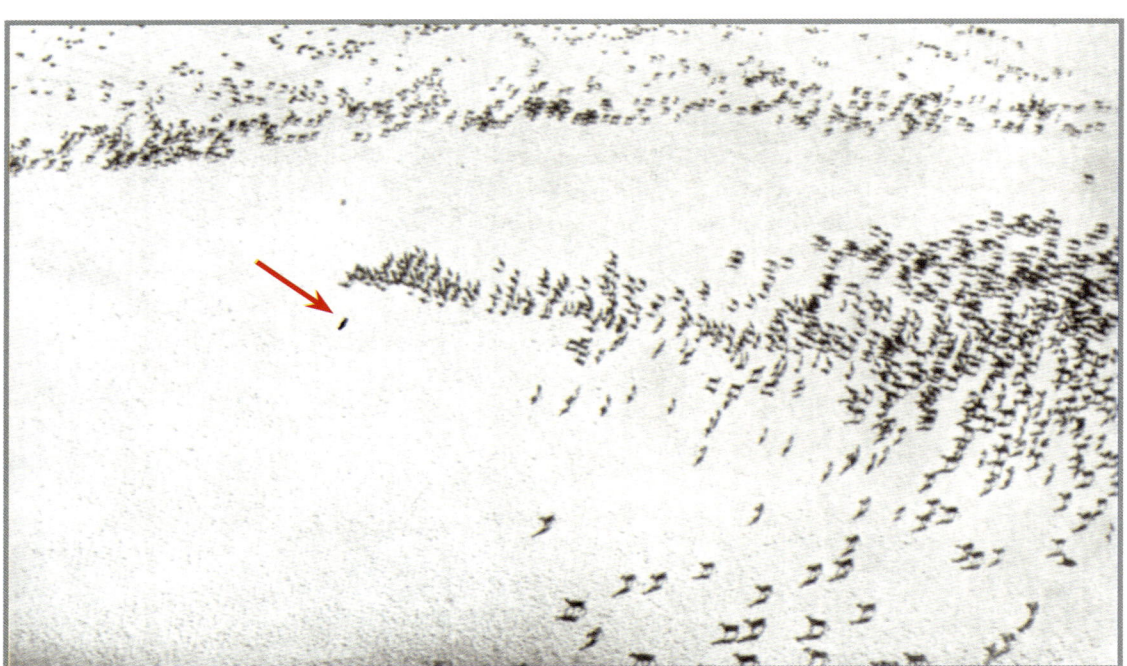

Abb. 26: Wie der Starenschwarm im Flug und der Fischschwarm schwimmend, bildet auch die Rentierherde als soziales Abwehrmanöver einen **Stoßpulk** (roter Pfeil), d. h. die Gruppe verdichtet sich dort zusammen, wo der solitäre Jäger, wie hier ein Wolf, gerade anzugreifen versucht.

(Luftbild aus ZEUNER, 1967)

Abb. 28a

Abb. 28b   (Fotos: A. Festetics ©)

Abb. 28: Autotomie (Selbstverstümmelung) ist ein **defensiver Abwehrmechanismus** bei Echsen und Nagern. Bei der **Waldeidechse** (unten) löst sich der distale Teil des Schwanzes an einer hierzu präformierten Stelle ab (Pfeil). Die bereits abgetrennte Schwanzspitze zeigt kurzfristig noch **autonome** Bewegungen. Dadurch wird die Aufmerksamkeit des Angreifers von der Eidechse abgelenkt. Die **Waldmaus** (oben) entledigt sich beim Angriff eines Prädators nur ihrer Schwanzhaut etwa zur Hälfte (am rechten Bildrand mit dem nackten Ende der Schwanzwirbelsäule sichtbar).

Beim Überwältigen durch den Prädator pflegen manche Verfolgte – als letzte Möglichkeit – buchstäblich aus der Haut zu fahren oder sogar noch mehr. Die **Autotomie** oder Selbstverstümmelung der Eidechsen zielt auf eine Umorientierung des Beutegreifers auf den abgeworfenen Schwanz als neuen Schlüsselreiz hin, zumal sich dessen autonome, schlängelnde Bewegungen noch fortsetzen können. Kleinsäuger werfen nur die Schwanzhaut ab, um ihren Verfolgern zu entkommen, wie der Gartenschläfer oder die Waldmaus zum Beispiel (Abb. 28). Das spezifisch dichte und zugleich locker sitzende Rückengefieder und die Steuerfedern typischer Fluchtformen unter den Sing- und Hühnervögeln können in Bedrängnis ebenso plötzlich, in Form einer **Schreckmauser**, abgeworfen werden. Die **Thanatose**, das Sich-Totstellen (durch vorübergehende Lähmung des Atemzentrums im Gehirn) kann schließlich in vielen Fällen die Beute-Repräsentanz des potentiellen Opfers seinem Angreifer gegenüber zur Gänze auflösen. Ich vermute, dass eine vergleichbare, automatisch einsetzende Psycho-Anästhesie auch die **Tragschlaffe** der Raubtierkinder bewirkt, die von ihrer Mutter mit dem Gebiss transportiert werden, um eine Verwechslung mit Beute und damit einen „familieninternen Betriebsunfall"

auszuschließen. Wie bei der **Schrecklähmung** des Opossums, das aussieht, als wäre es tot. Das amerikanische Sprichwort „to play possum" oder „Opossum spielen" für Sich-Verstellen nimmt auf dieses Verhalten Bezug.

Nun aber zum eigentlichen **Jagdverhalten**. Das Überleben eines Luchses oder eines Wanderfalken erfordert ein wesentlich differenzierteres, mehrstufigeres Verhalten im Funktionskreis der Ernährung, als dies bei Reh oder Rebhuhn zum Beispiel notwendig wäre. In dem hier angestellten **Phasen-Vergleich** (Abb. 30) stehen den **3 Abschnitten des Sucher-Verhaltens** nicht weniger als **8 Phasen des Jagdverhaltens** gegenüber: Als **Suchen** (1) wollen wir in diesem Zusammenhang nicht nur den Weidegang eines Huftieres, sondern zum Beispiel auch die Suche einer Wachtel nach Insekten bezeichnen. Zur **Nahrungsbeschaffung** (2) gehört weiters das Aufknacksen eines Hanfkornes durch den Zeisig genauso wie das Aufraspeln der Nuss durch das Eichhörnchen. Unter **Nahrungs-Aufschließung** (3) kann schließlich nicht nur das Kauen, sondern auch das Wiederkäuen oder gar die Tätigkeit des Gastrolithen im Magen verstanden werden. Von den **8 Phasen des Jagdverhaltens** können – von der ersten abgesehen – die letzten beiden, Nr. 7 und 8 also, mit der zweiten und dritten Phase

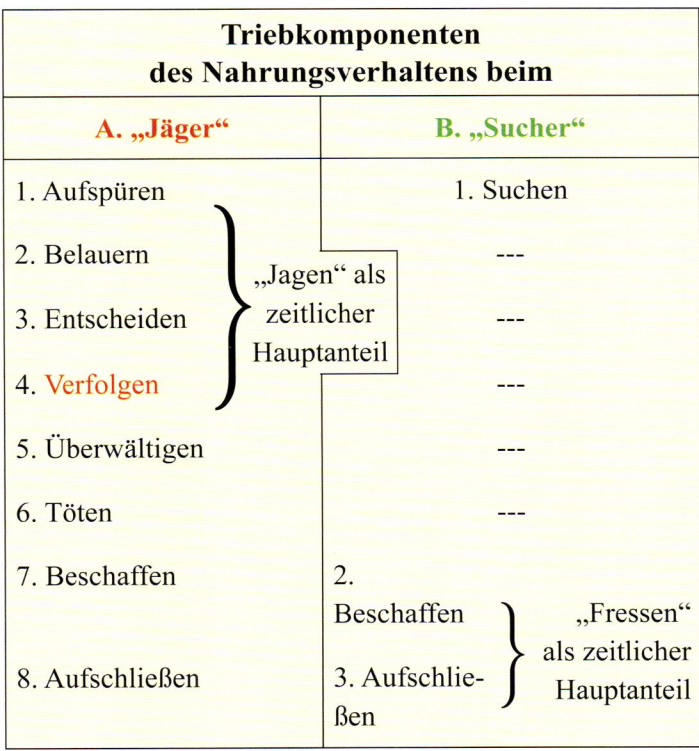

Triebkomponenten des Nahrungsverhaltens beim		
A. „Jäger"	**B. „Sucher"**	
1. Aufspüren	1. Suchen	
2. Belauern	---	
3. Entscheiden	---	„Jagen" als zeitlicher Hauptanteil
4. Verfolgen	---	
5. Überwältigen	---	
6. Töten	---	
7. Beschaffen	2. Beschaffen	„Fressen" als zeitlicher Hauptanteil
8. Aufschließen	3. Aufschließen	

Abb. 29: Gegenüber den Räuber-Beute-Modellen der theoretischen Populationsdynamik soll die vergleichende Betrachtung des Verhaltens im System Jäger-Gejagte veranschaulichen, dass für die Ko-Evolution dieser Partnerschaft **nicht** das Töten (6), sondern das **Verfolgen** (4) von grundsätzlicher Bedeutung ist.

(Entwurf: A. Festetics ©)

Aktion – Reaktion im „System Jäger – Gejagte"

Einzelne Triebkomponenten des Nahrungsverhaltens bei Verfolgern (=Jägern)		Reaktionen der Verfolgten (=Gejagte)
1. (Aufspüren) 2. Belauern 3. Entscheiden	„Natürliche Zuchtwahl" durch 1.) sorgfältige Beobachtung der Bewegungen des Beutetieres bzw. 2.) wiederholte Scheinangriffe (testen, ermüden) und Beobachten der Reaktion des Beutetieres	
4. Verfolgen	a.) versteckt (Anpirschen) b.) schauspielernd (Ablenken) c.) offen (Hetzen)	Flucht: a.) versteckt (Sich-Tarnen) b.) schauspielernd (Akinese, Verleiten) c.) offen (Flüchten)
5. Überwältigen	A.) Überfallstaktik B.) Entwaffnungstechnik	Abwehr: A.) offensiv (Tritt, Biss) B.) defensiv (Autotomie) C.) passiv (Thanatose)
6. Töten 7. Beschaffen 8. Aufschließen	Das Überwältigen (5) ist für den **Verfolger**, mit höchstem **Risiko** verbunden! (Eine durch Bisswunde laufbehinderte Antilope braucht nicht zu verhungern, zumal ihr das Gras nicht davonläuft (=„Sucher"). Der Löwe aber, der durch den Hörnerstoß der Antilope laufbehindert geworden ist, verhungert mit großer Wahrscheinlichkeit (=„Jäger")	

Abb. 30: **Die Angriffs- und Abwehr-Strategien** der beiden Kontrahenten wirken aufeinander, dialektisch gesehen, wie These und Antithese und führen als Synthese zu einem homoeostatischen (siehe Seite ....) System zwischen Verfolger und Verfolgten. Die erfolglose Jagd ermöglicht eine negative Rückkoppelung und dadurch weitere Evolutionen.   (Entwurf: A. FESTETICS ©)

der Suchtiere verglichen werden. Der Differenz, die sich aus den nicht-vergleichbaren Phasen Nr. 2 bis 6 ergibt, kommt im System Jäger-Gejagte zentrale Bedeutung zu. In den Phasen Nr. 2 und 3 (beim Belauern und beim Entscheiden) pflegen solitäre Jäger, wie ein Luchs oder ein Habicht zum Beispiel, ihre potentiellen Beutetiere auf kleinste lokomotorische Störungen ihres Verhaltens hin wahrzunehmen und treffen danach ihre Auswahl. Sozial Jagende, wie Wölfe zum Beispiel, ermüden Rehe oder ein Elchrudel durch wiederholte Scheinangriffe, im Testverfahren, um anhand der Reaktionen der Verfolgten sich für das am leichtesten zu Erbeutende zu entscheiden (Abb. 36 u.

37). In den Phasen 2 und 3 betreiben Jagdtiere also „natürliche Zuchtwahl", auch wenn DARWIN (1859) diesen nicht ganz treffenden Ausdruck der Haustierkunde entlehnt hat (jeder weiß, was damit gemeint ist). Die Quintessenz des ganzen Systems Jäger-Gejagte stellt allerdings nach unseren Erfahrungen **Phase Nr. 4, das Verfolgen** dar (Abb. 29). Dies – und nicht das Töten – macht den Beutegreifer zum Jäger und das Fluchttier zu einer dem diametral entgegengesetzten Lebensform. Die vergleichende Beobachtung des Verhaltens von Wildtieren führt zu anderen Erkenntnissen als die Räuber-Beute-Modelle der theoretischen Populationsdynamik.

Eine Gaudi pflegt der Bayer auch mit „Hetz", eine besonders gut gelungene sogar bezeichnenderweise „mords Hatz" zu bezeichnen und lässt damit das Lustbetonte in der ursprünglichen Handlung des Hetzens zum Ausdruck bringen. Den Vegetariern, ob Zebra, Antilope, Schaf oder Rind, hat die Evolution diese Wonne vorenthalten, zumal ihnen das Gras nicht davonzulaufen pflegt. In dieser so wichtigen Stufe des Jäger-Gejagten-Systems setzen beide Kontrahenten zum ersten **versteckte Strategien** (Anpirschen, Sich-Tarnen), zum zweiten **schauspielernde Strategien** (wie die Schautänze der Hermeline als Ablenkungsmanöver oder das Verleiten eines Rebhuhns als proteanisches Verhalten) und zum dritten **offene Strategien** ein (wie etwa das Davon- und Nachlaufen). Angriff und Abwehr wirken aufeinander, dialektisch gesehen, wie These und Antithese und führen als Synthese zu einem homöostatischen System zwischen Verfolger und Verfolgten. Die erfolglose Jagd bewirkt eine negative Rückkoppelung und dadurch weitere Evolutionen.

Die 5. Phase des Jagdverhaltens, das **Überwältigen**, ist für den Jagenden mit dem höchsten Risiko verbunden. Denn das **Abwehr-Verhalten** des Überwältigten kann nicht nur in passiver (z. B. durch akinetisches Verhalten) oder in **defensiver** Form (zum Beispiel durch Selbstverstümmelung), sondern auch in der **offensiven** Form eines Fußtrittes oder Bisses durchgeführt werden. Für den Überwältiger gilt es deshalb, die richtige Überfall-Taktik und die geeignete Entwaffnungs-Technik anzuwenden. Das klingt alles sehr militärisch, aber wir haben leider kein anderes Vokabular dazu. Ein durch Greifvogel-Attacke laufbehindert gewordener Hase braucht theoretisch noch nicht zu verhungern. Der Habicht aber, den der Hase in offensiver Abwehr durch einen kräftigen Tritt verletzt hat, verhungert mit viel größerer Wahrscheinlichkeit. Zur Phase Nr. 6, dem Töten, sei hier nochmals bemerkt, dass wir diesem nicht das Monopol einer alleinigen Kraft in der Ko-Evolution[16] des Jäger-Gejagten-Systems einräumen, wie das bislang in der Populationsdynamik üblich war. Es scheint die weiterformende, selektive Wirkung des Verfolgens für die Population essenzieller zu sein, als das Töten einzelner Auserwählter.

Jede einzelne Phase des Jagdverhaltens, egal ob Belauern, Verfolgen oder Töten, hat ihre **eigene** Instinktbewegung und diese wiederum ihre eigenen, unabhängigen Rhythmen der Kumulation und Entladung aktionsspezi-

fischer Energien (LEYHAUSEN 1965). Aktualspiegel und somit die Schwellenwerte beispielsweise des Anschleichens, Fressens oder des Spielens mit der Beute weisen jedoch unabhängige Fluktuationen auf. Und die permanente Bereitschaft zur Umordnung der Appetenzhandlungen[17] bewirkt, dass etwa satte Katzen mit der Maus zuerst spielen, hungrige sie jedoch rasch töten. Die Maus ist entweder ein Objekt zum Belauern oder zum Haschen, zum Töten, zum Fressen oder zum Herumschleudern. Und Katzen haben zu jeder dieser Tätigkeiten Eigenappetenzen. Was sie aber ganz sicher **nicht** haben, ist ein einheitlicher, übergeordneter Jagd**trieb**!

Nun müssen Jäger die eben aufgezeigten Phasen Nr. 1 bis 4 (also vom Aufspüren bis zum Verfolgen) naturgemäß **häufiger** ablaufen lassen als Nr. 5 bis 8, nämlich jene der erfolgreichen Jagd. Da aber beim Jagen der **Misserfolg** häufiger ist als der Erfolg (Abb. 46), müssen die endogenen Antriebe dieser ersten vier Phasen kräftigere Eigenappetenzen entwickeln, damit selbst häufiges Versagen sie dem Jagenden nicht abdressieren kann. Allein schon aus diesem Grunde finden Fanghandlungen ihre Befriedigung mehr im eigenen Ablauf als im greifbaren Enderfolg. Dazu reicht aber das Wollknäuel, obwohl natürlich jede Katze diesen sehr wohl von einer Maus zu unterscheiden weiß. Im Nahrungsverhalten des **Suchtieres** fallen alle diese 5 Komponenten des Beutemachens weg, wie aus unserem Faktorenvergleich ersichtlich. Der damit verbundene Zeitgewinn geht allerdings im Zeitaufwand verloren, den ein Weidetier zum Beispiel während der beiden letzten Phasen, die der Beschaffung und Aufschließung der Nahrung, also des Weidens, Kauens und Wiederkäuens, an Plus aufwenden muss. Stark vereinfacht ausgedrückt: die Hauptbeschäftigung des **Jägers** ist das **Verfolgen**, die des **Flüchters** aber nicht das Flüchten, sondern das **Fressen**.

Dieser scheinbare Widerspruch wird allerdings wiederum – ich komme somit bereits zum zweiten, zum **ökologischen Aspekt** – durch ELTONsche (1949) Regel ausgeglichen, wonach Lebensformen höherer Ernährungsstufen im Allgemeinen eine geringere Arten- und Individuenzahl aufweisen. Ihre Vermehrungsrate ist im Allgemeinen geringer. Ich habe dieses Phänomen als Pyramide[18] dargestellt (Abb. 31a). Auf der Basis sind Pflanzen, auf der mittleren trophischen[18] Stufe pflanzenfressende Insekten, auf der oberen insektenfressende Vögel und an der Spitze der (auch) vogelfres-

---

16 **Koevolution** (von lat. co. = zusammen und evolvere = ausrollen, entwickeln) = wechselseitige Anpassung zweier Arten aufeinander (bzw. auch „gegeneinander", siehe „Räuber-Beute"-Verhältnis) in langen stammesgeschichtlichen Zeiträumen.

17 **Appetenzverhalten** (von lat. appetens = begierig) = zielstrebiges Suchverhalten nach einer auslösenden Reizsituation.

18 **Nahrungspyramide** = schematische Darstellung von quantitativen Verhältnissen der **Trophie**- (= Ernährungs-) Ebenen in einem Ökosystem.

a. Pyramide der Arten- und Individuenanzahl: Lebensformen **höherer** Ernährungsstufen weisen im Allgemeinen eine **geringere** Arten-, Individuen- und Vermehrungszahl/-rate auf.

b. Verkehrte Pyramide der Territoriengröße und Biotopzahl: Sie haben im Allgemeinen **größere** Territorien und konsumieren in einer **größeren** Anzahl von Biotopen bzw. Nahrungs-„Ketten".

Abb. 31: Die Stellung von Prädatoren in den trophischen Systemen und die Konsequenzen, die sich daraus ergeben.

(Grafik: A. FESTETICS ©)

sende Marder dargestellt. Wir müssen diese Pyramide allerdings durch eine zweite, umgekehrte Pyramide ergänzen (Abb. 31b), die zum Ausdruck bringt, dass Lebensformen höherer Entwicklungsstufen im Allgemeinen auch größere Territorien oder Aktionsräume haben und wie in diesem Schema die Stare, den Insekten und der Falke den Staren gegenüber in einer größeren Anzahl von Lebensräumen oder Lebensgemeinschaften ihr Futter zu holen pflegen. Sie sind gewissermaßen mobile, wandernde Betriebe, die simultan in mehreren Systemen oder Nahrungsketten zu wirken in der Lage sind. Die dritte Pyramide (Abb. 31c) weist auf die geringere Biomasse der Lebensformen höherer Ernährungsstufen hin und soll (in primitivster Form) den Energiefluss verdeutlichen nach der bekannten 10-%-Regel des ökologischen Wirkungsgrades, die besagt, dass der Jäger als Endverbraucher nur ein Zehntausendstel der von Pflanzen produzierten Kalorien auszunutzen vermag (in unserem Schema von den Pflanzen über die Mäuse zu den Füchsen, die gelegentlich auch vom Luchs erbeutet werden). Das ist auch der Grund, weshalb Nahrungssysteme selten mehr als 4 bis 5 solcher Trophie-Ebenen aufweisen, und das widerlegt auch die Behauptung, Raubtiere müssten gegen „Übervermehrung" von uns Menschen „reguliert" werden. **Warum** sich Raubtiere niemals übervermehren, beantwortet im Prinzip allerdings auch schon unsere 1. Pyramide. Dass sie aber nicht bloß durch unsere direkten Vernichtungsaktionen, sondern auch indirekt stärker, als jede andere Lebensform, gefährdet sind, veranschaulicht das „kopflastige System" der Pestiziden-Anreicherung unserer vierten und wiederum umgekehrten Pyramide: Im Seeadler als Endverbraucher kumuliert sich das Vielfache an DDT[19] von dem, was an der Basis dieses trophischen Systems

durch Algen angereichert wurde (Abb. 31d). Die Stufenleiter exponentiell steigender Giftportionen über Barsch und Schellente bis hinauf zum Greifvogel in unserem Schema veranschaulicht die ganze Tragik des Schicksals von jagenden Lebensformen in unserer Zeit (FESTETICS 1978/6).

Diese Schemata leiten nun zum vierten, zum **populationsdynamischen Aspekt** über. Es war der Mathematiker Vito VOLTERRA (1926), der – angeregt durch seine Beobachtungen an italienischen Märkten über das wechselnde Angebot von „Raub-" und „Fried"-fischen – die folgenden **theoretischen Regeln** der so genannten „Räuber-Beute-Beziehung" formuliert hat (Abb. 32): **Erstens** die Regel von den periodischen Zyklen der Jagenden und Gejagten – mit konstanter Fluktuation. Die Geburtsrate der Jäger steigt mit zunehmender Beutezahl, während bei den Gejagten mit zunehmender Jägerzahl die Sterberate ansteigt. Die Wachstumskurve der Verfolger erreicht ihren Gipfel, wenn die der Verfolgten bereits schon im Absinken begriffen ist. **Zweitens** die Regel von der Erhaltung der Mittelwerte, die also von der Fluktuation abhängig, bei gleichen Außenbedingungen konstant bleiben und schließlich **drittens** die Regel von der Störung der Mittelwerte, die besagt, dass, wenn beide Bestände – proportional zu ihrer Individuenzahl – im gleichen Maße dezimiert werden, im Anschluss daran die der Jäger vorerst weiter ab-, die der Gejagten jedoch zunimmt. In Abb. 11 die schematische Darstellung von Bestandsfluktuationen in einem einfachen System Jäger-Gejagte. Die Kurve der zahlenmäßig geringeren „Räuber"-Population (R) verläuft ähnlich wie die der Beutetier-Population (B), allerdings mit zeitlich verzögerten Schwankungen. Die relativen Kurven der „Räuber"- (R) und Beutetier- (B) Populationen schwanken

---

19 **DDT** (Dichlodiphenyltrichlorethan) = Kontakt- und Fraßgift gegen sog. „Schad"-Insekten.

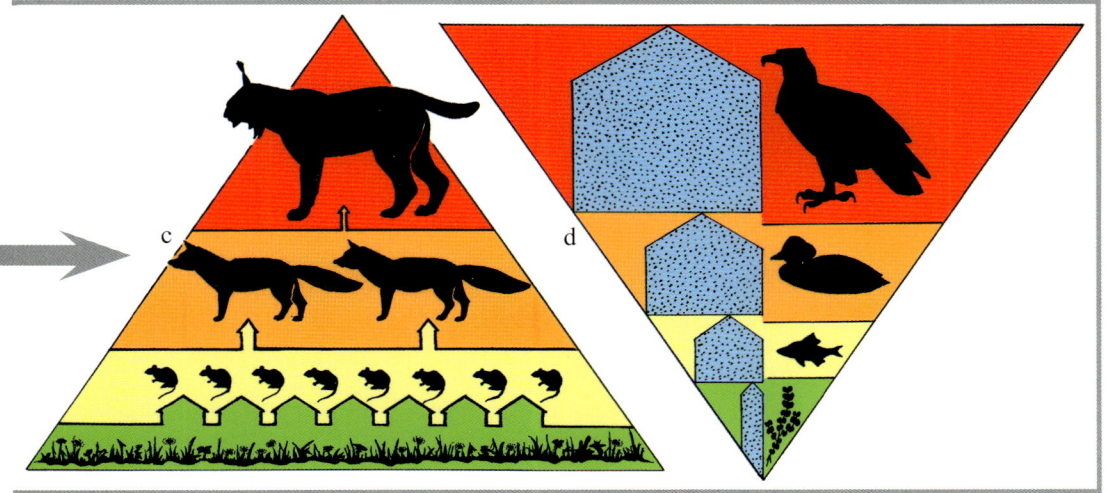

c. Pyramide der Biomasse und des Energieflusses: Sie weisen eine **geringere** Biomasse und **geringere** Menge an gebundener Energie auf.

d. Verkehrte Pyramide der Pestiziden-Anreicherung: Sie speichern in ihrem Organismus das **Vielfache** an Pestiziden und sind damit um ein **Vielfaches** mehr gefährdet.

um einen konstanten Mittelwert wie auf Abb. 33 dargestellt. Diese VOLTERRA-Regeln konnten in zahlreichen Experimenten bestätigt werden (GAUSE 1935), z. B. auch mit dem Einzeller Tetrahymena pyriformis als Räuber und dem Bakterium Klebsiella aerogenes als Beute (VAN DEN ENDE 1973). Aber auch die synchron verlaufenden Populationskurven amerikanischer Luchse und Schneeschuhhasen, die anhand der Pelzeingänge an die Hudson Bay Company in einem Zeitabstand von 90 Jahren errechnet wurden (Abb. 33); oder die explosive Vermehrung der Maultierhirsche im Grand-Canyon-Reservat Arizonas nach Ausrottung der Pu-

mas, Luchse, Wölfe und Kojoten. Sie schien durch die Interpretation nach dem Volterra-Modell die regulative Funktion der Jäger zu bestätigen (MAC LULICH 1937). Heute wissen wir aber, dass die Sache nicht so einfach ist. Die zyklischen Bestandsschwankungen des Kanadischen Luchses und des Schneeschuhhasen standen zwar in enger Korrelation zueinander. Die etwa alle 10 Jahre erfolgten Zusammenbrüche der Beutetierbestände waren jedoch von der Nachstellung durch Luchse unabhängig, wohl aber hingen die Fluktuationen der Luchs-Population vom Beutetier-Angebot ab. Und das Regulativ der Beutetiere im Grand-Canyon-Reservat waren am allerwenigsten die Pumas, sondern vielmehr der **kumulative Effekt** von Kältewinter, Nahrungsmangel, Überparasitierung, Territorialität und schließlich Stress durch intraspezifische Intoleranz. Ein Zu-

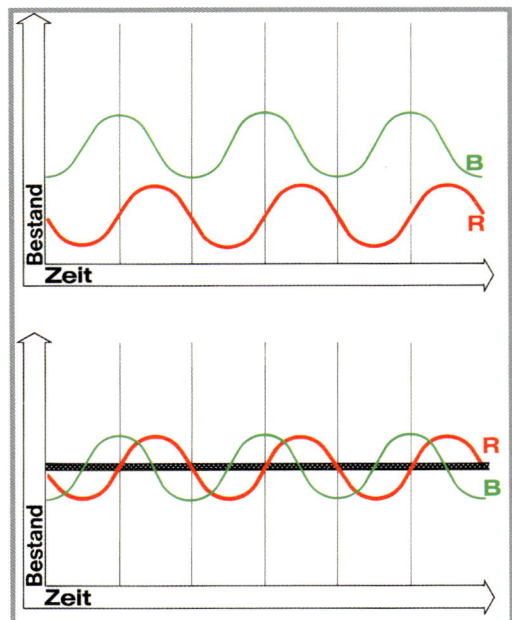

Abb. 32: Schematische Darstellung der Bestandesfluktuationen in einem **einfachen** System Jäger–Gejagte. Die Kurve der zahlenmäßig geringeren „Räuber"-Population (R) verläuft **ähnlich** wie die der Beutetier-Population (B), jedoch mit **zeitlich verzögerten** Schwankungen (oben). Die relativierten Kurven der „Räuber"- und Beutetier-Populationen schwanken um einen **konstanten** Mittelwert (unten). Wir bezeichnen diese einfachen mathematischen Modelle als die 1. und 2. VOLTERRA-Regel.

(Grafik: TAMBOUR/FESTETICS ©)

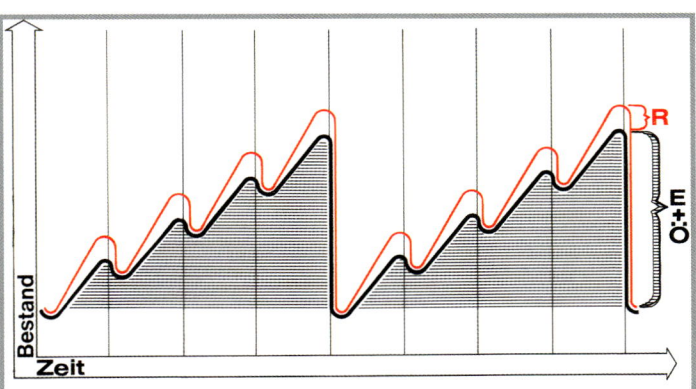

Abb. 34: Schematische Darstellung der langfristigen Zu- und Abnahme einer Beutetier-Population mit und ohne Einwirkung des Mortalitätsfaktors „Räuber" (R). Der Zusammenbruch des Bestandes wird durch die **kumulative** Wirkung von zyklischen Kältewintern, Nahrungsmangel und Überparasitierung als **ökologische** Faktoren (Ö) sowie Territorialität und Stress durch intraspezifische Intoleranz als **ethologische** Faktoren (E) ausgelöst. Das Regulativ durch „Raub"tiere beschränkt sich höchstens auf das Dämpfen extremer Spitzen der Beutetier-Bestandeskurve.

(Grafik: TAMBOUR/FESTETICS ©)

EURASIEN

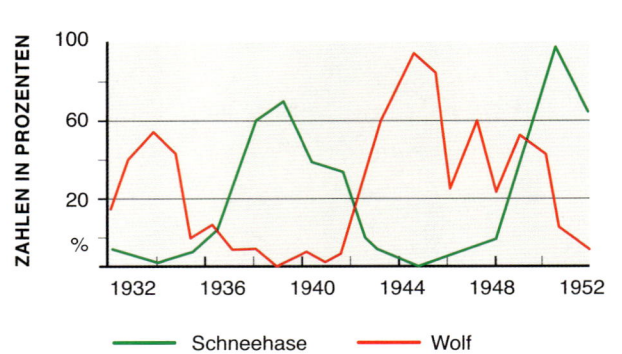

Schneehase — Wolf

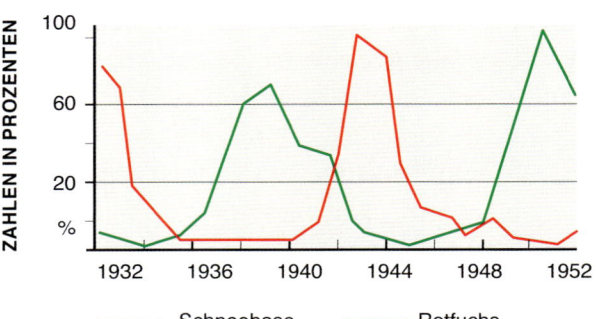

Schneehase — Rotfuchs

Abb. 33: Die **zyklischen** Populationsschwankungen des Kanadischen Luchses und des Schneeschuhhasen (unten) stehen in enger **Korrelation** zueinander. Die etwa alle 10 Jahre erwiesenen Zusammenbrüche der Beutetierbestände sind von der Nachstellung durch ihre Prädatoren unabhängig, wohl aber hängen die Fluktuationen der Luchspopulation vom Beutetier-Angebot ab und das besteht nicht allein aus Schneeschuhhasen (nach MacLulich, 1937). Die zyklischen Bestandesschwankungen des Eurasischen Schneehasen und seiner Prädatoren Luchs, Wolf und Fuchs (rechts) im europäischen Teil von Russland ergeben ein ähnliches Bild in abgeschwächter Form

(nach N. V. Timoféeff-Ressovsky aus Senglaub, 1982).

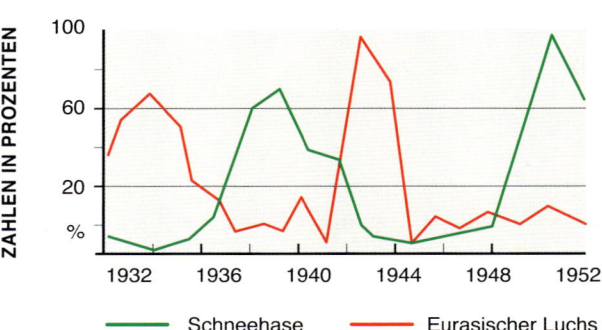

Schneehase — Eurasischer Luchs

NORDAMERIKA

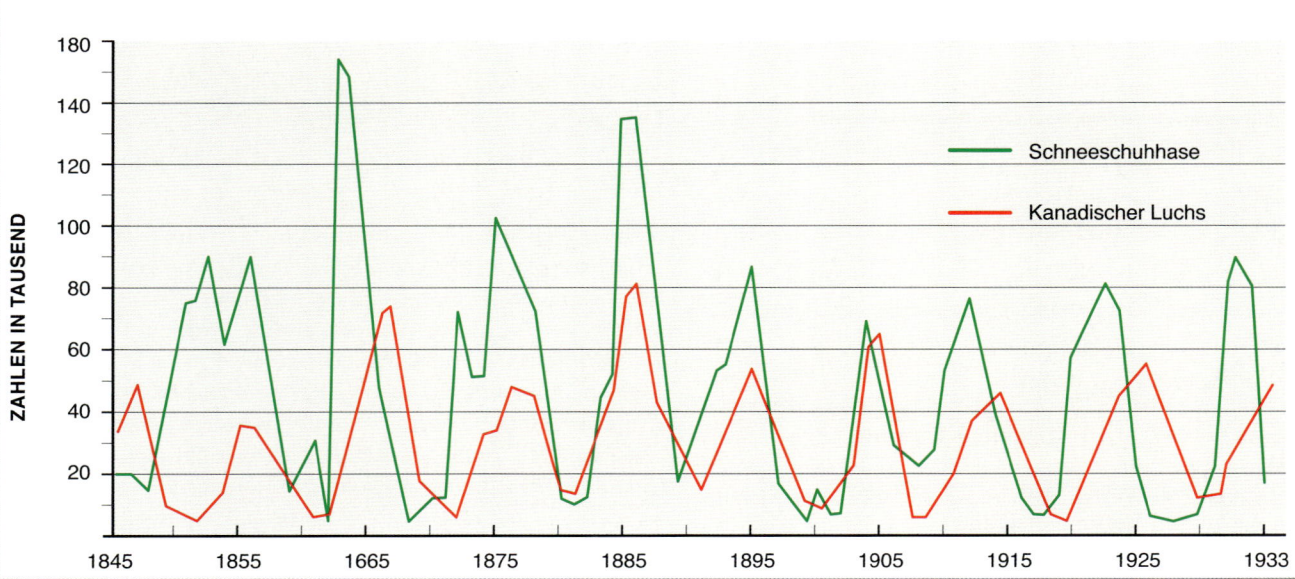

Schneeschuhhase — Kanadischer Luchs

sammenspiel mehrerer ökologischer und ethologischer Faktoren also. Beim Beispiel Grand Canyon blieb aber unerwähnt, dass die Ausrottung der Raubsäuger zeitlich mit dem Austriebsverbot von 20 000 Rindern und 200 000 Schafen – als Futterkonkurrenten der Maultierhirsche – zusammenfiel (HORNOCKER 1970; NELLIS, WETMOR & KEITH 1972). Und heute wissen wir schließlich auch, dass es in der Natur so einfache **Zweitpartner-Systeme**, wie die bereits genannten Mikroorganismen im Reagenzglas, nur selten gibt. An das deterministische[20] Modell von VOLTERRA erinnern nur die artenarmen, einfachen Ökosysteme der Arktis oder die unnatürlichen unserer landwirtschaftlichen Monokulturen. In Abb. 34 die schematische Darstellung der langfristigen Zu- und Abnahme einer Beutetier-Population mit und ohne Einwirkung des Faktors „Räuber" (R). Der Zusammenbruch des Bestandes wird, wie bereits erwähnt, durch die **kumulative Wirkung** von zyklischen Kältewintern, Nahrungsmangel und Überparasitierung als **ökologischen Faktoren** (Ö) sowie Territorialität und Stress durch intraspezifische Intoleranz als **ethologischen Faktoren** (E) ausgelöst. In den natürlichen Lebensgemeinschaften unserer gemäßigten Zonen haben wir es jedoch nicht mit Nahrungs**ketten**, sondern mit Nahrungs**systemen** zu tun, in denen ein ganzer Kausalfilz von Längs- und Querverbindungen für die Stabilität sorgt – soweit wir nicht diese ursprüngliche Biodiversität bereits zerstört haben.

In einem solchen intakten System ist die Zahl des Zusammentreffens von Jäger und Gejagten entscheidend. Die Wahrscheinlichkeit hierzu unterliegt der Spannung zweier, einander bipolar entgegengesetzten Strategien. Die Strategie des Jagdtieres zielt auf die Vergrößerung, die des Fluchttieres auf die Verminderung der Zahl der Begegnungen ab. Und die Zahl steigt an, wenn die Populationsdichte der Beutetiere zunimmt. Der Prädator vermag demzufolge eine bestimmte Zahl von Beutetieren in kürzerer Zeit oder in der Zeiteinheit mehr Individuen einer Art anzutreffen und anzugreifen. Ein solches, verhältnismäßig häufigeres Gejagt- und Gefressenwerden von Beutetieren, wenn diese an Dichte zunehmen, die Zahl der Beutegreifer aber gleich bleibt, bezeichnen wir mit ERRINGTON (1946) als **funktionelle Reaktion der Jagenden**. Daraus folgt die simple Tatsache, dass polyphage[21] Jäger, wie die meisten unserer insektivoren Singvögel, aber auch singvogeljagenden Greifvögel zum Beispiel, umso mehr Individu-

en einer bestimmten Beutepopulation erjagen werden, je stärker diese im Gesamtangebot vertreten sind. Diese **Umschalt-Reaktion**, daher die Tendenz, immer das häufigste Beuteobjekt zu bevorzugen (BEZZEL, OBST & WICKL 1976), ist einer der Gründe, weshalb Jagdtiere normalerweise nicht in der Lage sind, ihre Beutetiere auszurotten – ganz im Gegenteil zum jagenden Menschen! Auf der anderen Seite sind Prädatoren aber auch kaum in der Lage, den Bestand ihrer Opfer so effektvoll zu regulieren, wie dies bislang angenommen wurde. So hat zum Beispiel abundanzdynamisch[22] gesehen, allein die Zahl der von einer Kohlmeise erbeuteten Birkenspanner noch wenig Aussagewert. Entscheidend ist die Beziehung dieser Zahl zur tatsächlichen Dichte (CLARK 1964) und diese ist beuteseits zu Zeiten der Gradation überraschenderweise nicht von ausschlaggebender Bedeutung! So hat sich die klassische Theorie der biologischen „Schädlingsbekämpfung" durch Angebot von Nistkästchen und Futterhäuschen für die so genannten „nützlichen" Vögel, ganzheitlich und langfristig betrachtet, als Illusion erwiesen. Gleiches gilt für Greifvögel: denn auch z. B. Turmfalken sind kaum in der Lage, eine Feldmaus-Gradation wirklich zu steuern.

Hand in Hand mit der funktionellen Reaktion läuft die zweite, die **numerische Reaktion** der Jagenden. Wir verstehen darunter mit HOLLING (1966) das Anwachsen der Zahl der Jäger als Folgeerscheinung der starken Vermehrung ihrer Zielobjekte. Der Beutegreifer kann am Standort maximalen Nahrungsangebotes nicht nur länger leben; er kann auch mehr Nachkommen erzeugen. Die Gelege der Schleiereulen (FESTETICS 1968/a) zum Beispiel steigen von der Normalgröße 4 bis 5 Eier als Folgeerscheinung der Feldmaus-Gradation auf 8 bis 9 Eier und im Jahr nach dem Zusammenbruch kann die Eulenbrut ganz ausfallen. Der Einfluss der Jäger auf die Bestände der Gejagten ergibt sich somit aus der **Kombination** ihrer funktionellen und numerischen Reaktion. Regulieren tun aber normalerweise nicht die Jäger die Gejagten, sondern umgekehrt.

Nun müssen wir weiter differenzieren und fragen, **welche Individuen** sind unter gleichen Milieu-Verhältnissen **stärker gefährdet**, erjagt zu werden? Die Beantwortung dieser Frage wird zugleich auch klären, welchen Einfluss nun hauptsächlich Jäger auf ihre Beutetiere haben. PETZSCH (1956) fiel auf, dass ein Hermelin, das sich regelmäßig Leghorn-Küken holte, die **seltenen** weißen unter den **vielen** bunt gefärbten deutlich bevorzugte. PIELOWSKI (1961) bot einem Ha-

---

20 **Determinismus** = (von lat. determinare = abgrenzen) = Lehre von der kausalen Bestimmtheit allen Geschehens, auch des menschlichen Handelns durch Naturgesetze (Vorbestimmtheit).

21 **Polyphag** (von gr. poly = viel und phageín = fressen) = Allesfresser.

22 **Abundanzdynamik** (von lat. abundantia = Überfluss) = Veränderung der Bevölkerungsdichte einer Art im Verlaufe einer Generation (Oszillation) oder von Generation zu Generation (Fluktuation).

Abb. 35a

Abb. 35b   (Grafiken: A. FESTETICS ©)

Abb. 35: Individuen mit von der Norm des Schwarmes abweichender Färbung haben als Beuteziel für den Verfolger erhöhten Prominenzcharakter. Das kann ein **albinotisches** Individuum, aber auch der einzelne Vertreter einer **anderen Spezies** im artreinen Schwarm sein, wie zum Beispiel bei Limikolen.

bichtspaar in einem am Waldrand aufgestellten Taubenschlag einmal 18 schwarze und 3 weiße Tauben an, ein anderes Mal jedoch umgekehrt, nämlich 2 schwarze und 18 weiße. Die Habichte erwiesen sich als Raritäten-Sammler. Im ersten Fall erbeuteten sie bevorzugt die weiße, im zweiten aber konsequent die schwarze Minderheit. Das gezielte Erbeuten von albinotischen Individuen einer Wildtier-Population beruht schließlich auf derselben Auffälligkeit der **von der Norm abweichenden** Exemplare, auf das auch umgekehrt das sprichwörtliche „schwarze Schaf" unseres Sprachgebrauchs hindeutet (Abb. 35 u. 38). Das hervorstechende Merkmal muss jedoch nicht die Farbe sein. Befindet sich zum Beispiel unter 20 auffliegenden Feldsperlingen einer, dem eine Schwungfeder gebrochen ist und dessen Flügelschlag-Rhythmus deshalb von dem der 19 anderen kaum sichtbar abweicht, so wird dieses Individuum den dem Schwarm nachjagenden Sperber wie ein Magnet anziehen. Bei Geiern ist schließlich das positive Ansprechen auf **Zielobjekte mit Verhaltensdefekt** zur höchsten Perfektion entwickelt. Sie behalten das **hinkende Schaf** einer Herde wochenlang im Auge in Erwartung seines Verendens. Als der berühmte Weltreisende Charles William BEEBE (1941)

sich in Brasilien sein Bein brach und gezwungen war, im Gipsverband sich humpelnd fortzubewegen, passte er plötzlich ins Beuteschema eines Geiers, der sich täglich, wie BEEBE schreibt, treu auf seinem Hausdach niederließ. Er flog erst am Tag endgültig fort, an dem BEEBE den Gipsverband herunternahm. Das Erbeuten von 16 Wölfen hat MECH (1970) aus dem Hubschrauber beobachtet. Sie konnten aus einem Rudel von 131 Elchen erst nach mehreren Angriffen ihre Opfer holen, und die 6 solcherart geschlagenen Elche haben sich als von vornherein krank erwiesen. Die Wölfe selektierten diese durch Test-Angriffe aus der gesunden Herde heraus (Abb. 36 u. 37).

Diese und viele andere Beispiele berechtigen uns, als Regel gelten zu lassen, dass Individuen mit **Verhaltensdefekt** für ihre Verfolger **erhöhten Auslöse-Wert** haben, denn sie erleichtern erstens den Zielmechanismus, zweitens die Entscheidung und

Abb. 36: Natürliche Zuchtwahl durch Testangriffe. Das Wolfsrudel selektiert durch eine Vielzahl von Attacken, aber auch Scheinattacken das am wenigsten lebenstüchtige Individuum aus dem Elchrudel. Die im Bild direkt am Elch stehenden Wölfe sind alle hinter ihm und nur in der Lage, gemeinsam ein Beutetier, das größer ist als sie selbst, zu erbeuten.   (Luftbild aus MECH, 1966)

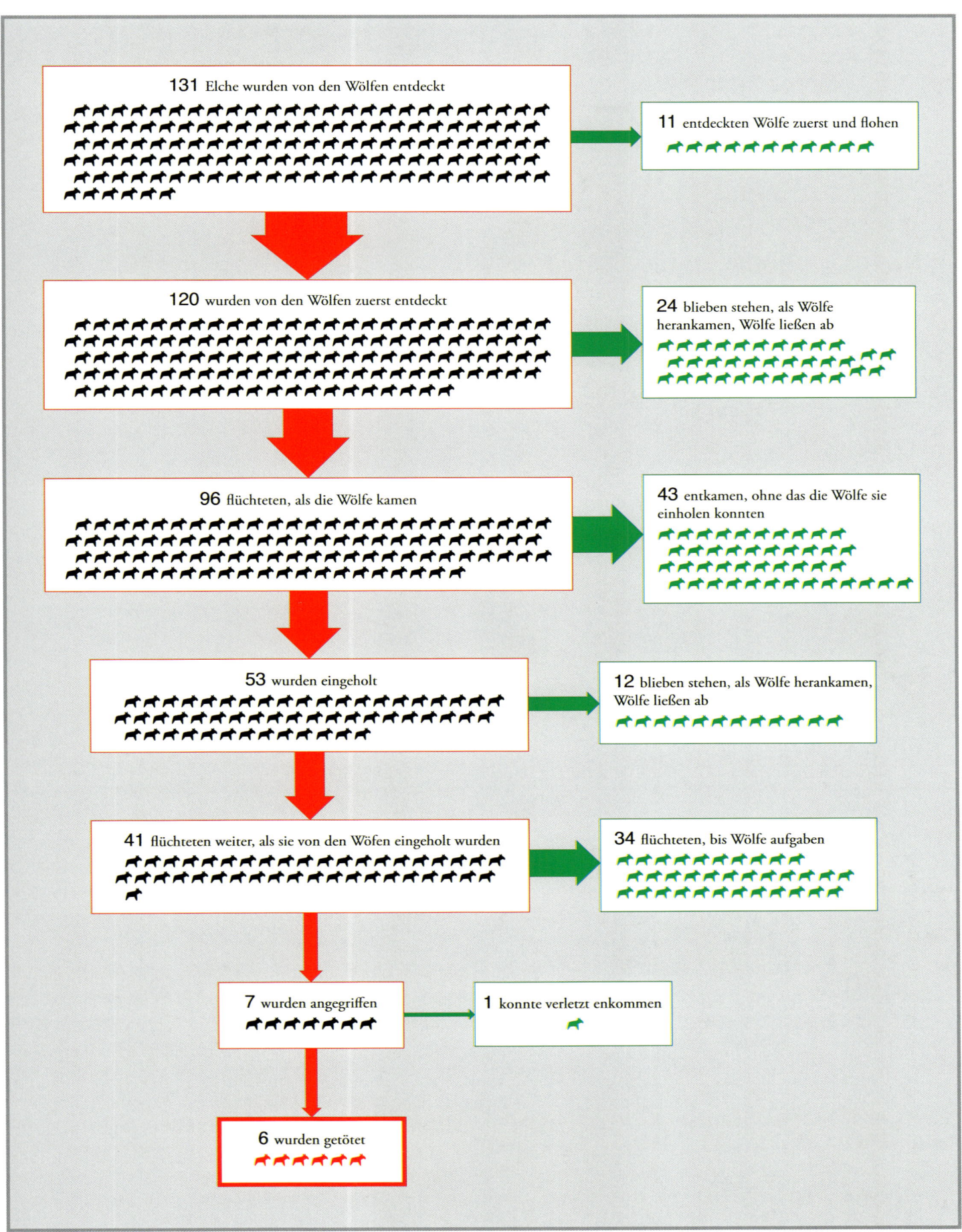

131 Elche wurden von den Wölfen entdeckt

11 entdeckten Wölfe zuerst und flohen

120 wurden von den Wölfen zuerst entdeckt

24 blieben stehen, als Wölfe herankamen, Wölfe ließen ab

96 flüchteten, als die Wölfe kamen

43 entkamen, ohne das die Wölfe sie einholen konnten

53 wurden eingeholt

12 blieben stehen, als Wölfe herankamen, Wölfe ließen ab

41 flüchteten weiter, als sie von den Wöfen eingeholt wurden

34 flüchteten, bis Wölfe aufgaben

7 wurden angegriffen

1 konnte verletzt enkommen

6 wurden getötet

Abb. 37: Die Tabelle zeigt den Verhaltensablauf einer aus mehreren Phasen bestehenden Elchjagd durch Wölfe. Von den 131 Elchen sind letztendlich 6 Individuen erbeutet worden. (Grafik: Tomm/Festetics, nach Daten von Mech 1970)

Abb. 38a

Abb. 38b

Abb. 38c   Abb. 38d

Abb. 38: Farbanomalien als Auslöser von Beutefanghandlungen. Die albinotische **Stockente** ist für uns als solche nur am Artmerkmal krumme Schwanzfeder („Locke") des Erpels erkennbar (Pfeil). Der Vogel wirkt auf den Prädator anziehender als seine normal gefärbten Artgenossen (Abb. 38a). Auch der weiße weibliche **Rothirsch** hat in der Regel geringere Überlebenschancen als die der Artnorm entsprechenden (Abb. 38b). Gleiches gilt für die albinotische **Amsel** (Abb. 38c-d) und **Kohlmeise** (Abb. 38e-f) in Vergleich zu ihren arttypisch gefärbten Artgenossen. Schließlich hat auch die junge **Rabenkrähe** mit farblosen Hungerstreifen erhöhten Auslösewert für Beutegreifer als ihre Artgenossen mit Normalfärbung (Abb. 38g-h).

Abb. 38e   Abb. 38f

Abb. 38g   Abb. 38h   (Fotos: A. FESTETICS ©)

94

drittens das individuelle Erkennen und somit die konsequente Verfolgung der Beute. Viertens aber sind Individuen mit Bewegungsstörung an sich leichter zu erbeuten. Denn das Begehren, das ein Jäger seinem Opfer gegenüber empfindet, scheint erstens in direktem Verhältnis zu der Energie zu stehen, die er durch das Verspeisen seines Opfers gewinnt (siehe Phase Nr. 7 und 8 in der Tabelle der Triebkomponenten), und zweitens im umgekehrten Verhältnis zu der Energie, die er selbst aufwenden muss, um das Opfer zu erbeuten und umzubringen. Wir bezeichnen dieses Phänomen mit ERRINGTON (1956) als das **Prinzip der maximalen Energie-Ersparnis**. Denn flieht zum Beispiel eine Taube besonders schnell vor einem Wanderfalken Abb. 43), so steigt automatisch der Begehrlichkeits-Index der zurückgebliebenen, weil körperschwachen Tauben, zumal die Energie, die der Falke aufwenden muss, um diese zu fangen, geringer ist als jene, die bei der Verfolgung der gesunden Taube freigemacht werden muss. Und nachdem die Appetenz des Falken zum Verfolgen der Taube mit deren Schwächegrad normalerweise proportional zunimmt, vermindert dieses Prinzip die Überlebenschancen kranker, ver-

Abb. 39: Das **Federspiel** des Falkners ist funktionell gesehen die **Attrappe** eines potentiellen Beutetieres mit **Bewegungsdefekt**, wie der Blinker etwa auf der Angelschnur beim Fischfang. Am Kupferstich von Johann Elias RIDINGER (um 1767) lockt der barocke Falkenmeister hoch zu Ross seinen dressierten Jagdfalken mithilfe eines solchen Kunstbalges zurück, an den zwei Vogelflügel und ein Fleischstück als Köder befestig sind (links). In seiner Fernsehserie „Wildtiere und wir" hat Antal FESTETICS dieses jagdhistorische Phänomen rekonstruiert (rechts).

(Archivbilder)

letzter oder übermäßig parasitierter Individuen und es trägt somit zur Aufrechterhaltung der **Uniformität** von Beutepopulationen bei. Nichtmenschliche Jäger haben keinen Ehrgeiz, sportliche Spitzenleistungen zu vollbringen. Sie kaufen gerne billig ein und ein bewegungsdefektes Beuteobjekt ist ein Sonderangebot, das die Kauflust erhöht. Hierzu wiederum nur zwei Beispiele: Von 492 Plötzen, die von Fischern mit Netzen gefangen worden sind, waren nur 6,5 % mit Cestoden übermäßig parasitiert, von jenen 135 dieser Fischchen aber, die von Kormoranen erbeutet worden sind, waren bereits 32 % durch den starken Parasitenbefall bewegungsbehindert (VAN DOBBEN 1952). Von insgesamt 162 Saatkrähen, die wir seinerzeit gemeinsam mit meinen Falknerkollegen durch abgerichtete Wanderfalken erbeuten ließen, waren 69 entweder krank oder sie hatten Mauserlücken im

Abb. 40a

Abb. 40b

Abb. 40c

Abb. 40d   (Fotos: A. FESTETICS ©)

Abb. 40: Das **Verleiten** ist ein Signalreiz mit erhöhter Beuteprominenz für Prädatoren: Der **Säbelschnäbler** versucht durch **Vortäuschen** von Flugunfähigkeit bzw. einer Verletzung die Aufmerksamkeit des potentiellen Beutegreifers auf sich zu lenken und damit von seiner Brut abzulenken. Er imitiert einen verletzten Vogel.

Abb. 41a

Abb. 41b

Abb. 41c

Abb. 41d

Abb. 41e

Abb. 41f

Abb. 41g

Abb. 41h   (Archivbilder)

Abb. 41: Der abgerichtete Sakerfalke startet zum Beuteflug von der Faust (Abb. a-b), wird aber mit dem Federspiel, das an einem Seil geschwungen wird, zurückgelockt (Abb. c-d). Der Kunstbalg wird hoch in die Luft geschleudert (Abb. e) und vom Falken im Flug „erbeutet". Bei der zweiten Übung (Abb. f-h). wird der frei fliegende Beizvogel ohne Federspiel, mit einem Fleischstück auf die Faust zurückgelockt.

Großgefieder. Ein durch DDT vergifteter Fisch oder Vogel taumelt freilich genauso wie ein verletzter. Und hier kann das Prinzip der Selektion von Verhaltenskrüppeln auf den Jäger selbst letale Folgen haben. Denn solche Individuen haben erhöhten Auslöser-Wert. Die Folgen habe ich bereits in der umgekehrten Pyramide der Pestiziden-Anreicherung verdeutlicht (Abb. 32).

Den wohl eindrucksvollsten Beweis für die unkoordinierte Bewegung als Signalreiz liefert uns schließlich das **Verleiten** bodenbrütender Vögel. Das Vortäuschen von Flugunfähigkeit bzw. Verletzung durch einen Säbelschnäbler zum Beispiel, um damit die Aufmerksamkeit des Fuchses von der Brut ab- und auf sich selbst zu lenken, setzt nämlich die instinktiv genaue Kenntnis der Reaktionen des Raubtieres voraus (Abb. 40).

Wir Menschen machen uns dieses Prinzip des Bewegungsdefektes als Lockmittel schon seit Urzeiten zunutze: das vom Falkner (FESTETICS 1959) rasch bewegte Federspiel, mit dem er seinen Beizvogel zurücklockt (Abb. 39 u. 41), oder der Blinker an der Angelschnur, der auf den Hecht wie ein taumelndes Fischchen wirkt, sind im Grunde genommen nichts anderes als Attrappen verhaltensdefekter Beuteobjekte. Das Phänomen ist aber nicht allein auf das System Jäger-Gejagte beschränkt, sondern wirkt auch intraspezifisch: Gluckhennen pflegen zum Beispiel ihre eigenen Küken, wenn diese häufig taumeln, genauso tot zu hacken wie die so genannten „Storchengerichte" ihre verletzten Artgenossen. Menschenkinder verspotten schließlich den humpelnden Kameraden, soweit ihnen dies die mühsam anerzogene Ethik nicht verbietet.

Für den **populationsdynamischen Aspekt** im sogenannten „Räuber-Beute-Verhältnis" kommt diesem Verhaltensphänomen besondere Bedeutung zu. Danach folgen die extrem jungen und die extrem alten Altersklassen der Beutepopulation auf der Speisekarte des Predators. Ein Wolfsrudel wird sich auf die a) Kranken, b) Kälber und c) senilen Individuen des Rothirsch-Bestandes konzentrieren, zumal diese drei Gruppen den niedrigsten Produktionswert haben, und die Jagenden werden dadurch zur größtmöglichen Proteinmenge bei kleinstmöglicher Beeinträchtigung des Wachstums der ausgebeuteten Population gelangen. In Abb. 42 die Unterkiefer der von unseren in den Ostalpen ausgewilderten Luchsen erbeuteten Rehe. Bevorzugt

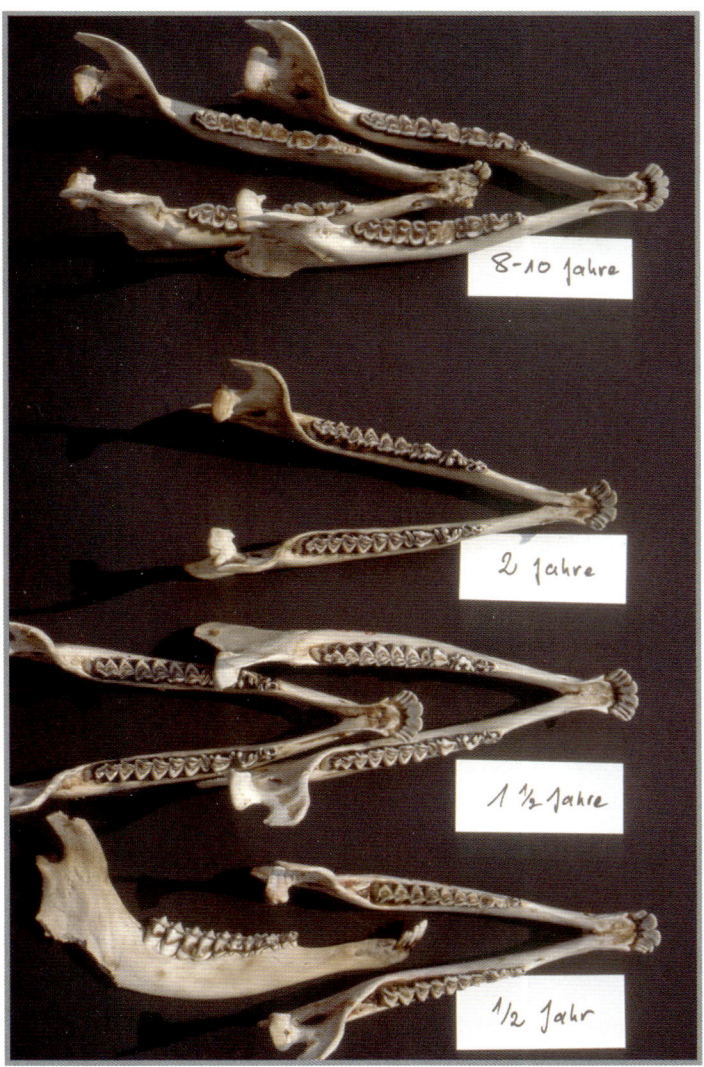

Abb. 42: Das Zahnbild der Rehe eignet sich zur Altersschätzung. Im Bild die Unterkiefer von **Rehen**, die von **Luchsen** nach ihrer Auswilderung in den steirischen Alpen erbeutet worden sind. Schon diese wenigen Beispiele zeigen die Bevorzugung ganz junger und ganz alter Beuteindividuen durch den Prädator.

(Foto: A. FESTETICS ©)

wurden bereits junge oder alte Individuen (FESTETICS 1998). In jenen Revieren Nordenglands, in denen die Füchse vom Menschen nicht bejagt werden, konsumieren diese aus dem Rehbestand im Durchschnitt jeweils ein Rehkitz der Zwillingsgeburten (SCHÄFER 1973). Als Norm kann hier also ein Junges gelten. Das zweite Kitz hat Reservefunktion bzw. steht in der Regel als Futterbasis für den Fuchsbestand auf dem Programm. Dass wir bei uns vielerorts das Fünf- bis Sechsfache an „Bambis" haben als wünschenswert, liegt allerdings weniger am Ausfall des natürlichen „Räuber"drucks, sondern viel mehr an jenen „Hege"maßnahmen, die jede natürliche Fluktuation und die Summe der natürlichen „negativen" Umwelteinflüsse auszuschalten bemüht sind. Außerdem ist der Anteil der von Predatoren Erbeuteten in einer Population normalerweise in ihrem mittleren Dichtebereich am höchsten. Kein Luchs wäre in der Lage, einen übermäßig dichten Rehbestand effektvoll zu regulieren, aber auch keiner brächte es normalerweise zustande, eine besonders spärlich gesäte Population auszurotten.

Fluchttiere wie z. B. Feldhase, Rebhuhn, Ringeltaube oder Rothirsch **brauchen** allerdings ihre nichtmenschlichen Verfolger, um Sinnesschärfe, Reaktionsvermögen und körperliche Fitness, die diese Lebensform als Ergebnis einer durch Jahrmillionen erfolgten **Ko-Evolution** im Verhältnis Jäger-Gejagte auszeichnet, ständig zu trainieren und letztlich erhalten zu können. Ein System, das auf den stationären Zustand der **Unvollkommenheit** zweier Strategien beruht, wenn zum Beispiel von den fünf Attackeflügen des Sakerfalken auf Ziesel (Abb. 44) unter Umständen nur einer erfolgreich ist. Oder wenn der Luchs fünfmal seine Beute verfehlt, bis er ein Reh erwischt (Abb. 46). Es kommt dabei jedoch nicht auf diese eine erfolgreiche, sondern vielmehr auf die fünf erfolglosen Jagden an, denn sie sind es, die eine negative Rückkoppelung ermöglichen und somit das Verhältnis Jäger-Gejagte zu einem eingespielten, **homöostatischen**[23] **System** in Form eines biologisch positiven „Gleichgewichts des Schreckens" werden lassen. Und darüber hinaus zu einem der **fundamentalsten Systeme** der Biologie, denn es liefert erstens die Mehrzahl der wichtigsten Kanäle des Energieflusses durch die Ökosysteme, und es macht zweitens weitere Evolutionen möglich. (Abb. 43-46)

---

23 **Homöostase** (von gr. Gleichstand) = Fähigkeit eines Systems, sich selbst durch negative Rückkopplung in einem stabilen Zustand zu halten.

Abb. 43a

Abb. 43d

Abb. 43b

Abb. 43e

Abb. 43c

(Fotos: A. FESTETICS ©)

Abb. 43: Der **Wanderfalke** stürzt im steilen Winkel wie ein pfeilschnelles Geschoss auf die fliegende **Haustaube** (Abb. 43a-c). Am Schwengel des Ziehbrunnens ist der Greifvogel mit seiner Beute vor Störungen besser geschützt als auf dem Boden (Abb. 43d). Beim Flugtransport der gerupften Taube wird der Kropfinhalt des Körnerfressers sichtbar (Pfeil auf Abb. 43e).

Abb. 44a

Abb. 44b

Abb. 44c

Abb. 44d

Abb. 44: Der **Sakerfalke** ist beim Beutefang vielseitiger. Er jagt auch auf Nage- tiere, wie **Ziesel** in der Puszta zum Beispiel (Abb. 44a-e), aber auch auf Boden- brüter wie den **Triel** (Abb. 44j-l). Beim Verlassen seiner unterirdischen Wohn- röhre äugt und rückt das „**Fluchttier**" Ziesel aus Vorsicht in drei Stufen ins Freie: Zuerst nur mit dem Kopf, danach in Hockestellung und schließlich senk- recht aufgerichtet, nach potentiellen Prädatoren Ausschau haltend (Abb. 44f- i). Ziesel **und** Triel können, durch ihre seitlich sitzenden Augen bedingt (siehe Pfeile), auch nach hinten blicken, ohne dabei den Kopf drehen zu müssen.

(Fotos: A. FESTETICS ©)

Abb. 44e

Abb. 44f

Abb. 44g

Abb. 44h

Abb. 44i

Abb. 44j

Abb. 44k

Abb. 44l

Abb. 45a

Abb. 45b

Abb. 45c

Abb. 45d

Abb. 45e

Abb. 45f

Abb. 45g

Abb. 45h

Abb. 45i

Abb. 45: Der **Kaiseradler** gehört zu den größten, das **Hermelin** zu den kleinsten **Ziesel-„Jägern"**. Der mächtige Greifvogel kreist beim Suchflug oft stundenlang (Abb. a-b). Beim Angriffsflug verliert er rasch an Höhe (Abb. 45c-d), um in der Endphase des Beutefluges niedrig über den Boden gleitend das Ziesel aufzugreifen (Abb. 45e-i).

Das **Hermelin** lebt oft in verlassenen Zieselbauten, taucht plötzlich auf und packt blitzschnell das kaum wesentlich kleinere Nagetier, um es durch Nackenbiss zu töten und danach in ein Versteck zu schleppen (Abb. 45j-m).

Abb. 45j

Abb. 45k

Abb. 45l

Abb. 45m

(Fotos: A. FESTETICS ©)

100

Abb. 46a

Abb. 46b

Abb. 46c

Abb. 46d

Abb. 46e

Abb. 46f

Abb. 46: Bei Prädatoren ist der **Fehlschlag** beim Beutefang oft häufiger als der Jagderfolg. Auf Abb. 46a und 46b fixiert der **Luchs** sein Zielobjekt, das **Reh**, wägt aufgrund persönlicher Erfahrungen seine Erfolgschancen ab, „berechnet" intuitiv die Entfernung zum Sprungziel und geht in Position zum Angriff. Vor dem Sprung „federt" der Luchs auf den Hinterbeinen, wie ein Athlet vor dem Start-schuss (Abb. 46c), aber das Reh hat ihn bereits vorzeitig bemerkt und erstarrt regungslos für den Bruchteil einer Sekunde (Abb. 46d). Den bis **3 m langen Beutesprung** des Luchses zeigt Abb. 46e weltweit erstmals in seiner ganzen Dynamik und Eleganz. Er ist jedoch erfolglos, denn das Reh stürmt davon, bevor der Luchs ihn erbeuten könnte. Dieser reagiert frustriert mit „Übersprungs-Gähnen" (Abb. 46f) auf seinen eigenen Misserfolg.

Abb. 47a

Abb. 47b

Abb. 47c

(Fotos: A. FESTETICS ©)

Abb. 47d

Abb. 47: Trugbilder über Beutegreifer: **Seeadler** erbeuten gerne von Jägern angeschossene Graugänse (Abb. 47a), **Wölfe** machen sich oft an bereits tote Rehe heran (Abb. 47b), **Steinadler** können an Tollwut verendeten Füchsen (Abb. 47c) und **Füchse** an überfahrenen Feldhasen (Abb. 47d) ertappt werden und schon heißt es, „Raubwild" muss mit Waffe und Falle „kurzgehalten" werden – im Interesse der Artenvielfalt! Bei nicht wenigen Politikern zieht dieses pseudoökologisch-demagogische Argument heute noch.

Sind **wir Menschen** in der Lage, dieses System zu imitieren? Bisher waren wir es jedenfalls kaum. Denn Vogelschutz und Wildhege, wie in der Vergangenheit praktiziert, fußten auf einem falschen Denkmodell über die Funktion jagender Tiere. Dieses unterstellt, dass jede Tierart von deren so genannten „Feinden" in ihrem Bestand permanent begrenzt wird (Abb. 47b). Daraus haben wir unsere angebliche Pflicht abgeleitet, wir müssten alles in der Natur regulieren. In der Folge bauten wir systematisch **Feindbilder** auf (Abb. 47): vom „bösen" Wolf und Wiesel, Fischadler und Fischotter, Habicht und Hermelin, zur Legitimation jener Raubzeug-Vernichtungszüge, die (unter dem Begriff der jagdlichen „Hege") mehr als ein Jahrhundert lang im qualvollen Tod von unzähligen durch Schlageisen und Giftköder gemarterten Mitgeschöpfen ihren Ausdruck fanden (Abb. 48). Bis in jüngster Zeit galt als „Jagdschutz"-Modell (BEHNKE 1978) die These „Raubwild" muss **bejagt** und „Raubzeug" muss **bekämpft**

werden, um „Friedwild" in großen Mengen als lebende Zielscheiben der Jagdpassion heranhegen zu können. Mit dem waidmännischen Wort Bejagen ist „Kurzhaltung", mit dem kriegerischen Begriff Bekämpfen ist Ausrottung gemeint (Abb. 49). Diese pseudoevolutive Vorstellung unserer Reglerrolle in der Wildnis lebt aber noch in jagdwissenschaftlichen Modellen weiter, wie in der von BRÜLL (1977) entworfenen Doppelpyramide (Abb. 50). Seine These lautet: „An die Stelle der Spitzenregulatoren Bär, Wolf, Luchs, Adler und Uhu tritt in der Zivilisationslandschaft unserer Zeit der Jäger. Er reguliert den Wildbestand und erhält damit weitgehend die natürlichen Beziehungen innerhalb unserer frei lebenden Tierwelt sowie ein Gleichgewicht zwischen dieser und der Vegetation." Dieses BRÜLL'sche Modell verwechselt erstens Niederhaltung mit Auslese; zweitens unterstellt es, der Mensch könne nicht nur das gesamte Beutespektrum, sondern auch das natürliche Jagdverhalten fünf so verschiedener Lebewesen

Abb. 48a

Abb. 48b

Abb. 48c

Abb. 48d

Abb. 48e

Abb. 48f

Abb. 48: Paramilitärische Kriegsführung gegen Mitgeschöpfe, die zu Konkurrenten und somit zu Feindbildern erklärt worden sind: Feuer frei auf **Seeadler** und **Sperber** (oben links), Tod dem **Fischotter** (oben rechts), mit Gift und Eisen gegen **Füchse** und **Krähen** (mitte links) und Förster J. Ernst mit seinem **tausendsten Fuchs** im tierquälerischen Schlageisen (mitte rechts), aber auch zahlreiche Luchse bei uns und **Leoparden** in Afrika mussten in Fallen mit zerquetschten Pranken schreckliche Qualen erleiden, wie Illustrationen und Inserate in der Jagdliteratur zeigen (aus Köhler 1902, Vogler 1895, Schischka 1907 und v. Spiess 1922).

Abb. 50: „Ersatzwolf im Lodenmantel" als ideologische Rechtfertigung des Waidwerks. Gäbe es diesen selbsternannten „Regulator" nicht, würden „Gleichgewichte" aus den Fugen geraten, Ökosysteme „zusammenbrechen" und „Schadwild"-Bestände zum Himmel wachsen – das ist die falsche, irreführende Botschaft der BRÜLLschen Doppelpyramide.

wie Uhu, Adler, Luchs, Wolf und Bär, also auch zweier Mischkostfresser, imitieren. Drittens täuscht es eine nicht-existente Simplizität trophischer Systeme mit sogenannten „Spitzenregulatoren" vor, und viertens will es die Funktion der Raubtiere in der quantitativen Regulation verstanden wissen. Wenn man allerdings durch eine Pyramide das Prinzip des Regulativs richtig zum Ausdruck bringen wollte, so müsste man sie einfach um 180° drehen, also auf den Kopf stellen, zumal, wie bereits ausgeführt, nicht die Räuber ihre Beute zu regulieren pflegen, sondern wenn schon, dann umgekehrt!

Wir haben die „bösen" Raubtiere gebietsweise ausgerottet (FESTETICS 1998) und die „sanften" Pflanzenfresser zu Geschöpfen werden lassen, die viel gefährlicher sind. Denn es waren Ziegen, die die Wälder des Mediterrans vernichtet haben, und Kaninchen, die für den ganzen Kontinent Australien zur biblischen Plage wurden. Es sei aber hier auch auf die Belastungen hingewiesen, die durch „Hege" überhöhte Rotwildbestände gebietsweise für den mitteleuropäischen Wald bedeuten. Haben wir nun endlich die wirkliche, die biologische Funktion von Raubtieren erkannt, so wäre es an der Zeit, über eine neue Nomenklatur nachzudenken. Denn wenn unter „Raub" (im Brockhaus-Lexikon) „eine strafbare, in rechtswidriger Zu-

eignungsabsicht erfolgte Wegnahme fremder Sachen unter Anwendung von Gewalt" verstanden wird, dann müsste das Raubtier folgerichtig als Gewaltverbrecher und das „Räuber-Beute-Verhältnis" als ein rechtswidriges Verhältnis klassifiziert werden. Deshalb war ich darauf bedacht, stattdessen vom **„System Jäger-Gejagte"** zu sprechen. Denn nicht wir Menschen, sondern die sog. Raubtiere sind es, die als obligatorische Jäger das **evolutive Recht** auf Beutemachen naturgegeben für sich in Anspruch nehmen dürfen.

Dieser Tatbestand leitet zum dritten und letzten Punkt, dem **Menschen als Jäger** über. Die omnivore Lebensform des Homo sapiens steht nicht allein anhand seiner Speisekarte und seines Verdauungsapparates der Ratte und dem Schwein näher als den Profis unter den Verfolgern, wie Luchs oder Wanderfalke. Und sicher waren auch unsere altsteinzeitlichen Ahnen, allen populären Raubaffen-Theorien (ARDREY 1969) zum Trotz, bloß fakultativ Jagende und zumindest im weiblichen Geschlecht reine Sammler. Und wenn schließlich so hochspezialisierte Jäger wie Wildkatzen keinen einheitlichen Jagdtrieb zu haben scheinen, warum sollten dann ausgerechnet wir auf das Jagen genetisch vorprogrammiert sein? Wäre dies so, so hätten eigentlich jene 99 % der Bevölkerung, die nicht auf die Jagd gehen, schon längst psychische

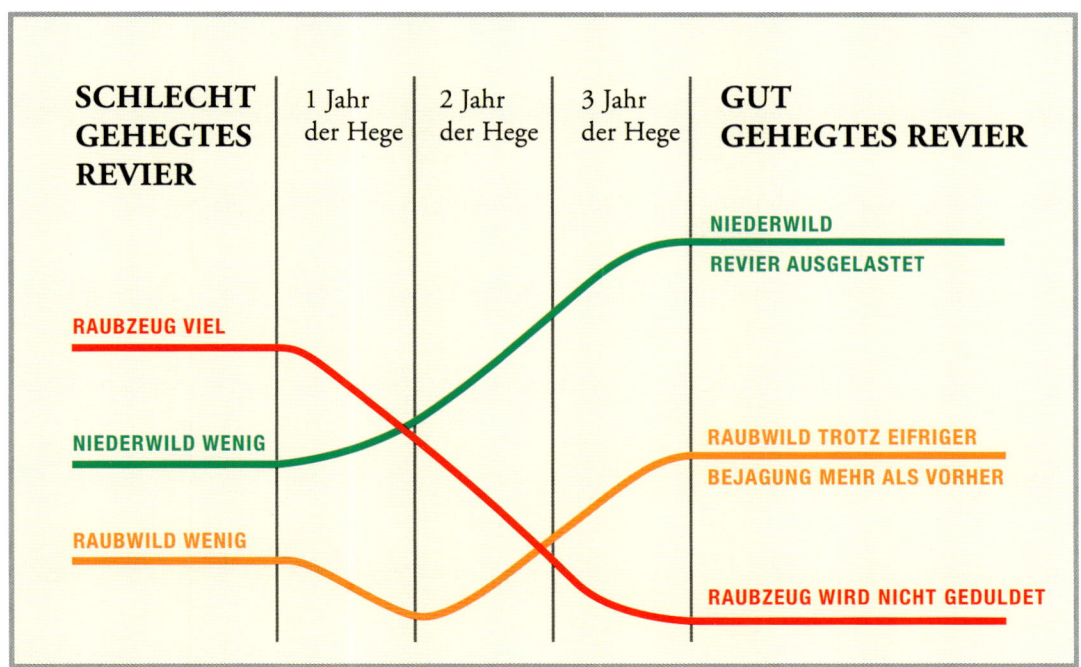

Abb. 49: Die Natur als Spielwiese der jagdlichen „Hege" mit programmatischer Gefühlsstatistik. Es gibt Politiker, die immer noch glauben, es sei „Naturschutz", was BEHNKE (1978) mit diesem Modell gemeint hat.

Störungen davontragen müssen. Unser Waidwerken ist mit dem, was ein Luchs tut, wenn er jagt, nicht zu vergleichen, denn uns ist sein Gesicht und sein Gehör, sein Gebiss und seine Krallen, seine Sprungleistung und sein Jagdverhalten nicht vererbt worden. Der nackte Primat Homo Sapiens hätte einst ohne Zuhilfenahme der besseren Augen seines Jagdfalken und der besseren Nase seines Jagdhundes niemals Beute aufspüren können und kann, zumindest was den Hund betrifft, auf solche Sinnes-Prothesen auch heute nicht ganz verzichten (Abb. 51 und 52). Und zum Töten hat er Werkzeuge gebraucht, auf die weder eine Kohlmeise angewiesen ist, wenn sie auf Blattläuse jagt, noch ein Löwe, wenn er den Büffel tötet. Was wir tun, ist etwas **spezifisch Menschliches**, denn unser Jagen ist eine ichbezogene Handlung, die nicht nur Hilfsmittel, wie z. B. eine Waffe, sondern auch ein reflexives Bewusstsein voraussetzt. Wir planen und berechnen im Voraus im Bewusstsein unserer Freiheit, und tragen deshalb auch die volle Verantwortung für unsere Taten. Gegen das in Jagdbüchern als Rechtfertigungsargument immer wieder betonte Triebkonzept des Menschen spricht aber auch die Tatsache, dass selbst bei urtümlichen, sogenannten Jäger-Sammler-Völkern das Jagen nicht instinktiv, sondern mit größ-

ter Wahrscheinlichkeit kulturell vorprogrammiert zu sein scheint. Das schließt jedoch nicht aus, dass im Laufe der Menschengeschichte möglicherweise erst das Jagen hohe Selektionsprämien auf erfinderischen Geist aussetzte bzw. Strafen auf das Versagen, wenn es galt, mit der neuen Technik verknüpfte Probleme zu lösen. Die Zeitspanne aber, in der sich Homo sapiens zum Jäger wandelte, war vermutlich zu kurz, sein Intelligenzniveau wohl schon damals zu hoch (SCHMIDTBAUER 1972), um eine Evolution jenes genetisch fixierten Programms zu erlauben, das etwa bei einer Wildkatze oder einem Habicht das Jagdverhalten festlegt. Was allerdings nur wir Menschen haben, ist **das Wissen um den Tod**, denn es gibt keine biologische Repräsentanz des Sterbens, nur eine kulturelle. Kein Tier „will" töten, außer Homo sapiens. Das Wissen um dieses Privileg ist mit der ungeheuerlichen **Verantwortung** um das Schicksal aller unserer Mitgeschöpfe verbunden. Denn wir sind als einzige Art in der Lage, nicht nur den Tod des Individuums, sondern auch das Aussterben einer ganzen Art, ja vermutlich sogar aller Lebewesen dieser Erde zu bewirken. Einschließlich unser selbst. Hoffentlich kommt es aber nicht so weit. Es liegt ausschließlich **an uns**!

REITPFERD=
lokomotorische Prothese

BEIZFALKE=
predatorische Prothese

JAGDHUND=
olfaktorische Prothese

Biologische Krücken des jagenden Menschen

Abb. 51

(Grafik: Tambour/Festetics ©)

HIRSCHRUF=
akustische Prothese

SCHUSSWAFFE=
predatorische Prothese

FERNGLAS=
optische Prothese

Technische Krücken des jagenden Menschen

Abb. 52   (Grafik: Tambour/Festetics ©)

Abb. 51 und 52: Die **Prothesen** des Waidwerks. Zum Beutemachen des Menschen waren früher Reitpferd, Jagdhund und Beizfalke als Hilfsmittel nötig (links). Heute sind es Fernglas, Hirschruf und Schusswaffe, auf die wir angewiesen sind, um erfolgreich jagen zu können (rechts).

Literatur

ARDREY, R. (1969): Adam kam aus Afrika. Auf der Suche nach unseren Vorfahren. (Verlag Fritz Molden, Wien).

BEEBE, Ch. W. (1941): 923 Meter unter dem Meeresspiegel. (Brockhaus-Verlag, Leipzig).

BEHNKE, H. (Neubearb. 1978) von: RAESFELD, F. von: Die Hege. (Paul Parey, Hamburg).

BEZZEL, E., J. OBST und K. H. WICKL (1976): Zur Ernährung und Nahrungswahl des Uhus (*Bubo bubo*). – In: J. f. Orn., **117**: 210–238.

BLEST, A. D. (1957): The function of eyespot patterns in the Lepidoptera. – In: Behaviour, **11**: 209–256.

BÖKER, H. (1935): Einführung in die vergleichende biologische Anatomie der Wirbeltiere. (G. Fischer, Jena).

BRÜLL, H. (1977): Landschaft und Jagdrevier. – In: Thun-Hohenstein, Ed.: Wild und Jagd, (Hoffmann und Campe, Hamburg), S. 32–40.

CLARK, L. R. (1964): Predation by birds in relation to the population density of Cardiaspina albitextura (*Psyllidae*). – In: Austral. J. Zool., **12**: 349–361.

COTT, H. B. (1940): Adaptive coloration in animals. (Methuen and co., London).

CURIO, E. (1976) The Ethology of Predation. – In: Zoophysio. and Ecol. Vol. 7, (Springer, Berlin-Heidelberg-New York), S. 250.

DARWIN, Ch. (1859): The origin of species. Murray, London. Zitierte deutsche Ausgabe: Die Entstehung der Arten durch natürliche Zuchtwahl. (Reclam-Verlag, Stuttgart).

ELTON, C. S. (1949): Population interspersion: an essay on animal community pattern. – In: J. Ecol., **37**: 1–23.

ERRINGTON, P. L. (1946): Predation and vertebrate populations. – In: Quart. Rev. Biol., **21**: 144–177 und 221–245.

ERRINGTON, P. L. (1956): Factors limiting higher vertebrate populations. – In: Science, **124**: 304–307.

FESTETICS, A. (1959): Die Falknerei als Mittel zur biologischen Schädlingsbekämpfung. – In: Der Falkner, **9**: 2–4, Wien.

FESTETICS, A. (1968a): Zweiphasenaktivität bei der Schleiereule. – In: Z. f. Tierpsychologie., **25**: 359–665.

FESTETICS, A. (1968b): Grundriss der vergleichenden Verhaltenslehre. – In: Wiener Tierärztliche Monatsschrift, **55**: 553–561.

FESTETICS, A. (1978): Raubtier-Manifest. – In: FESTETICS, A. (Ed.): Der Luchs in Europa – Verbreitung, Wiedereinbürgerung, Räuber-Beute-Beziehung. Themen der Zeit Nr. 3, (Kilda-Verlag, Greven), p. 346-350.

FESTETICS, A. (1998): Die Wiederansiedlung des Luchses – Erfahrungen aus den Ostalpen für den Harz. Beitr. Naturk. Niedersachsen **51**: p. 131-148

FESTETICS, A., F.-C. von BERG, M. SOMMERLATTE (1978): Die Wiedereinbürgerung des Luchses in Österreich – Ein Forschungs- und Artenschutzprojekt. – In: Festetics, A. (Ed.): Der Luchs in Europa – Verbreitung, Wiedereinbürgerung, Räuber-Beute-Beziehung. Themen der Zeit Nr. 3, (Kilda-Verlag, Greven), p. 268-296

GADOW, H. (1891–1893): Vögel. – In: Bronn's Klassen und Ordnungen des Thier-Reichs, (Verlag Winter, Leipzig), Bd. 6, Abt. 4.

GAUSE, G. F. (1935): Studies on the struggle for existence in mixed populations. – In: Zoo. Journ., **14**: 243–270, Moskau.

HAJEK, K. (1954): Weidmannsheil! (Artia, Prag).

HOLLING, C. S. (1966): The functional respose of invertebrate predators to prey density. – In: Memoirs Entomol. Sec. Canada, **48**: 3–86.

HORNOCKER, M. G. (1970): An analysis of mountain lion predation upon mule deer and elk in the Idaho Primitive Area. – In: Wildlife Monogr., **21**: 1–39.

JOHNSON, G. L. (1901): Contributions to the comparative anatomy of the mammalian eye, chiefly baged on ophtalmoscopic examination. – In: Philosoph. Trans. Royal Soc., Ser. B. 194: 1–82, London.

LEYHAUSEN, P. (1965): Über die Funktion der Relativen Stimmungshierarchie. (Dargestellt am Beispiel der phylogenetischen und ontogenetischen Entwicklung des Beutefangs von Raubtieren.) – In: Z. f. Tierpsychol., **22**: 412–194.

LORENZ, K. (1954): Psychologie und Stammesgeschichte. – In: Heberer, G., Ed.: Evolution der Organismen, 2.Aufl., (G. Fischer, Stuttgart), S. 131–172.

MAC LULICH, D. A. (1937): Fluctuations in the numbers of the varying hare (*Lepus americanus*). – In: Univ. Of Toronto Studies, Biol. Ser. Nr. **43**: 1–136.

MARLER, P., W. J. HAMILTON (1972): Tierisches Verhalten. (Akademie-Verlag, Berlin/DDR).

MECH, L. D. (1966): The wolves of Isle Royale. Fauna of the National Parks U.S., Auna Ser. 7, S. 1–210.

MECH, L. D. (1970): The wolf. The ecology and behavior of an endangered species. New York.

NELIS, C. H., S. P. WETMORE, L. B. KEITH (1972): Lynx-Prey interactions in Central Alberta. – In: J. Wildlife Mangement, **36**: 320–329.

PETERSON, R. T. (1965): Die Vögel. (TIME-LIFE-Intern., Amsterdam)

PETZSCH, H. (1956): Hermelin (*Mustela erminea* L.) als Nahrungsspezialist für Weiße Leghorn-Küken. – In: Zool. Garten, N.F. **21**: 307–308.

PIELOWSKI, Z. (1961): Über den Unifikationseinfluß der selektiven Nahrungswahl des Habichts (*Accipiter gentilis* L.) auf Haustauben. – In: Ekologia Polska, ser. A., **9**: 183–192.

REMANE, A. (1943): Die Bedeutung der Lebensform-typen für die Ökologie. – In: Biol. Generalis, **17**: 164–182.

SENGLAUB, K. (1982): Sie sind Veränderlich. Einführrung in die Fortpflanzungs- und Evolutionsbiologie der Tiere. (Urania-Verlag, Leipzig)

SCHÄFER, E. (1973): Hegen und Ansprechen von Rehwild. (BLV-Verlag, München).

SCHISCHKA, H. (1907): Mit Gift und Eisen gegen das Raubzeug. (Verlag Huber und Lahne, Wien).

SCHMIDTBAUER, W. (1972): Jäger und Sammler. (Selecta-Verlag, München).

SPIESS, A. R. von (1922): Der Luchs. – In: ALBERTI, D.C. et al. Ed.: Die Hohe Jagd, 5. Aufl., (Paul Parey, Berlin), S. 646–661.

THIELCKE, G. (1970): Vogelstimmen. (Springer-Verlag, Berlin-Heidelberg-New York).

TODT, D. (1972): Das Leben. Werden und Vergehen. (C. Bertelsmann, Gütersloh).

VAN DOBBEN, W. H. (1952): The food of the Cormorant in the Netherlands. – In: Ardea, **40**: 1–63).

VOGLER, H. (1895): Die Otter-Jagd mit Hunden. (Verlag A. Braunwarth, Ravensburg).

VOLTERRA, V. (1926): Variazione e fluttuazioni del numero d'individui in specie animali conviventi. – In: Atti Accad. Naz. Lincei. Mimoire (6), **2**: 31–113.

WALLS, G. L. (1942): The vertebrate eye and its adaptive radiation. (Cranbook Inst. Of Sci., Blommfield Hills, Michigan).

WICKLER, W. (1968): Mimikry. Nachahmung und Täuschung in der Natur. (Kindler-Verlag, München).

ZEUNER, F. E. (1967): Geschichte der Haustiere. (BLV-Verlag, München).

FESTETICS, A. (2010): „Leben ist Überleben." – In: Antal-Festetics-Festschrift: *Was ist Leben? Entstehung, Erforschung, Erhaltung*, Verlag J. Neumann-Neudamm, Melsungen, S. 67-109

Leben braucht Raum

Prof. Dr. Michael Succow

(Institut für Botanik und Naturschutz der Universität Greifswald)

Am Anfang der menschlichen Entwicklungsgeschichte war die Erde mit einer heute unvorstellbaren Lebensfülle ausgestattet und, darin eingebunden, ein „armer" Mensch. Der Mensch machte sich die Natur untertan. Er hat dieses Werk fast abgeschlossen, mit scheinbar überwältigendem Erfolg. Er wurde dabei reich und die Natur verarmte. Es drängt sich die Frage auf: Reicher Mensch – arme Natur? Geht das? Sind wir nicht an einem Paradigmenwechsel angelangt, der da heißt: Arme Natur – armer Mensch – vielleicht sogar Ende Mensch? Während der Zeit meines Lebens verdoppelte sich die Menschheit, der Energieverbrauch verdreifachte, der Süßwasserverbrauch vervierfachte sich. Immer mehr, immer größere, von vielfältigem Leben durchwobene Ökosysteme verloren ihre Mannigfaltig- und Funktionstüchtigkeit. Unsere lebenserfüllte Erde altert vorzeitig, nicht mehr natürlich, sie altert durch uns Menschen mit rasantem Tempo. Die Haut dieser Erde, Boden- und Vegetationsdecke, schrumpfen, die Wunden werden immer größer, vermögen immer weniger zu heilen. Tag für Tag verliert unsere Erde ein Stück ihrer Schönheit, ein Stück ihrer Ursprünglichkeit und Vielfalt. Tag für Tag aber auch ein Stück ihrer Nutzbarkeit für uns Menschen. In immer größeren Teilen unserer Erde finden wir heute eine erschöpfte Natur und damit zwangsläufig auch eine erschöpfte Wirtschaft, und damit eng verbunden eine erschöpfte, ratlose und hoffnungslose Menschheit. Die größten ökologischen und damit letztendlich auch sozialen Katastrophen werden derzeit in Südostasien praktiziert. Indonesien entwässert riesige Moorökosysteme für den Anbau von Ölpalmen, z. T. aber auch Aloe für unsere Kosmetikindustrie. Diese ausgetrockneten Moore brennen nach 5–10 Jahren, die Ökosysteme sind irreversibel zerstört. Bereits die aktuellen Klimabelastungen nehmen eine Größenordnung bei der CO_2-Freisetzung ein wie der gesamte Kraftverkehr Westeuropas oder wie 250 % des jährlichen CO_2-Ausstoßes in Deutschland.

Die Natur in ihrer fortwährenden Evolution hat der menschlichen Zivilisation ein bestimmtes Zeitfenster gegeben. Wir tun derzeit alles, dieses Zeitfenster vorzeitig zuschlagen zu lassen. Natur lässt sich nicht überlisten. Wir sollten alles daran setzen, ihre Strategien aufmerksam zu studieren, sie zu den unseren zu machen, nicht weiter Krieg führen gegen sie. Die aktuellen Sorgen resultieren aus der Überforderung des Naturhaushaltes, dem Verlust der Funktionstüchtigkeit von Ökosystemen in immer ausgedehnteren Räumen, in immer größeren Dimensionen auf dieser, unserer Erde. Unsere technischen Fortschritte mögen noch so beeindruckend sein, sie sind aber verschwindend klein, erscheinen geradezu hilflos, wenn wir bedenken, in welch rasantem Maße wichtige Regulative dieser Erde im letzten Jahrhundert zerstört, verändert, aus dem Gleichgewicht gebracht wurden. Ich denke dabei an den vom Menschen ausgelösten Klimawandel, an die weitgehende Zerstörung (infolge Entwässerung) einer der wichtigsten Stoffsenken – der Moore – oder an den Verlust der Funktionstüchtigkeit fast all unserer Auen und Anlandungsküsten. Noch viel verheerender wirkt sich das Absterben des großen Festlegungs- und Reinigungssystems Korallenriff in den tropischen Meeren aus oder die Zerstörung von fast der Hälfte der Mangroven, dieser wichtigen Senken-Systeme an den Küsten tropischer Meere, oder auch die fortwährende Vernichtung der großen Regenbildner und Kühlsysteme dieser Erde, der tropischen Regenwälder. Gleiches gilt für die fast vollständige Umwandlung der Steppen mit ihren Schwarzerden als Kohlenstoffsenken, in der Erosion und Humuszehrung preisgegebene Ackerkulturen. Die menschliche Zivilisation benötigt für ihren Fortbestand:

- keine weitere Klimaerwärmung,
- keinen weiteren Meeresspiegelanstieg,
- keine weitere Verschiebung der Vegetationsgrenzen,
- kein weiteres Auftauen der Dauerfrostböden,
- kein weiteres Abschmelzen der Polkappen und Gletscher,
- kein weiteres Versalzen einst nutzbarer Landschaften in den ariden Zonen,
- kein weiteres Abschwemmen fruchtbaren Bodens in den Berggebieten,
- keinen weiteren Verlust des gespeicherten Humus in den Schwarzerden durch unsachgemäßen Ackerbau.

Schon kleine Umweltveränderungen werden zur Bedrohung und können sich auf das politische Gefüge, die Lebensfähigkeit einzelner Staaten verheerend auswirken. Der Kampf um die Naturressourcen Süßwasser, Wald, fruchtbarer Boden ist entbrannt. Immer neue Fragen zur Zukunftssicherung der menschlichen Gesellschaft tun sich auf. Standen vor 50 Jahren noch die Friedenssicherung, die Ernährungs- und Gesundheitssicherung im Mittelpunkt unserer Sorgen, so treten in den letzten zwei Jahrzehnten Fragen der Arbeitsplatzsicherung, der Energiesicherung, des Biodiversitätserhaltes, der Sicherung des Süßwasservorrates hinzu, ohne dass die ersteren Themenfelder gelöst werden konnten! Und seit kaum mehr als 10 Jahren kommt nun ein neues Phänomen rasant auf uns zu, der anthropogen bedingte Klimawandel. Wir Menschen haben zu lange gegen die Natur gekämpft, benutzten sie wie einen Steinbruch, haben uns über sie erhoben, wollten sie beherrschen. Nun, da die Schäden unüberschaubar und die Verluste unwiederbringlich sind, ergreift uns Unbehagen, auch Mitleid, vor allem aber Sorge, Sorge um unsere eigene Zukunft. Und Zweifel. Wer ist wirklich der Stärkere, der Sieger? Wohin steuert das Projekt Mensch? Ein Projekt mit ungewissem Ausgang? Wie weit darf sich der Mensch von der Natur entfernen, ihre Tragekapazität überfordern?

■ Handlungsbedarf

Unabdingbar gilt es, alle großen Naturlandschaften dieser unserer Erde zu erhalten, die noch nicht vom Menschen genutzt bzw. verändert wurden. Es sind dies nicht mehr als 20 % aller Landflächen, es sind dies die letzten Überlebensräume einer unendlich großen Zahl von Tier- und Pflanzenarten wie auch letzte Rückzugsräume indigener Völker. Diese Naturlandschaften sind „ohne uns" „für uns" so wichtig. Es sind sich ständig selbst optimierende globale Stabilisierungsräume der Biosphäre. Hier brauchen wir nicht zu reparieren, die Natur kennt keine Abfälle, Recycling gehört zu ihren Grundprinzipien. Die Natur konnte sich dank der ihr innewohnenden Evolution immer wieder an neue Umweltbedingungen anpassen, Lebensfülle entfalten, ihren Haushalt optimieren. Sie braucht dafür aber Zeit und Raum. Geben wir der Natur um unserer selbst willen Zeit und Raum. Welt-Naturerbegebiete der UNESCO[1], Nationalparke in höchsten IUCN-Katego-

rien[2] sind geeignete Instrumente, haben sich für den Schutz von Ökosystemen international bewährt. Der anthropogene Verschmutzungsgrad unserer Biosphäre zwingt hier zu raschem Handeln. Zudem müssen wir mit den Naturräumen, die wir nutzen, haushalten, also mit unseren „kultivierten" Landschaften. Ihre natürliche Tragekapazität darf nicht überschritten werden. Hier gilt es, eine dauerhaft umweltgerechte, ökologisch orientierte Landnutzung zu entwickeln und umzusetzen. Die begonnene Agrar- und Waldwende zeigt uns richtige Wege, aber auch eine „Wasserwende" ist vonnöten: Die Stabilisierung des Landschaftswasserhaushaltes, ein ökologisch vernünftiger Umgang mit unseren Flüssen und ihren Auen ist längst überfällig.

In diesem neuen Jahrhundert, gar Jahrtausend der Menschheitsgeschichte müssen wir unabdingbar begreifen: Wir dürfen uns nicht länger als Herrscher aufspielen, als Ausbeuter und Zerstörer handeln. Wir müssen Frieden schließen mit der Natur, die wir auch als Schöpfung begreifen sollten, wir müssen mit ihr in Eintracht leben, ihre Ressourcen nicht verschwenden. Wir müssen uns endlich im ökologisch gebauten Haus Erde als Teil empfinden. Es ist ein Gebot der Stunde, der durch uns Menschen ausgelösten Veränderung des globalen Naturhaushaltes und der Zerstörung der Lebensfülle entgegenzuwirken! Das zwingt, dem Erhalt der Funktionstüchtigkeit der Ökosysteme, die auch in Zukunft unsere Lebensgrundlage bilden, bei allen Formen der Naturnutzung höchste Priorität einzuräumen. Es besteht zweifellos eine wachsende Sehnsucht nach unberührter, unreglementierter Natur, letztendlich auch nach einem Miteinander von Zivilisation und Wildnis. Wildnis, aus sich selbst heraus existierend, braucht den Menschen nicht – aber der Mensch der technisierten Welt braucht Wildnis, auch als Maß und um seiner Demut willen. Aufgegebene Kulturlandschaft wird als Entwicklungsraum neuer Wildnis zunehmend akzeptiert. Worum geht es heute: Demut und Dankbarkeit zu empfinden, dass wir Teil des Wunders Natur, Teil der Schöpfung sind, die uns täglich trägt und täglich neu beschenkt. In diesem Sinne hat jeder mitzuwirken, dass dieses Wunder Natur für uns Menschen fortwährt. Denn die Verletzlichkeit der Natur – wir beginnen es allmählich zu begreifen – wird uns Menschen zur Schicksalsfrage!

---

1 **UNESCO** = „United Nations Educational Scientific and Cultural Organization" ist eine rechtlich eigenständige Sonderorganisation für Bildung, Wissenschaft, Kultur und Kommunikation der Vereinten Nationen mit Sitz in Paris. Sie hat 193 Mitgliedstaaten.

2 **IUCN** = „International Union for Conservation of Nature and Natural Resources". Die Weltnaturschutzunion hat sich zum Ziel gesetzt, Menschen für den Arten- und Biotopschutz zu sensibilisieren, um eine möglichst nachhaltige und schonende Nutzung der Ressourcen zu erreichen. Sie ist Herausgeberin der „Roten Liste gefährdeter Arten" und der Kategorisierung von Schutzgebieten.

Es ist noch nicht zu spät, ein Engagement lohnt, Erfolge unserer Arbeit zum Schutz der Natur, national wie international, geben Kraft und Zuversicht. Wirkungsvolle Arbeit ist nur bei ökologischer und sozialer Kompetenz möglich. Ethisch-moralische Normen wie auch christlich-kulturelle Motivation spielen dabei eine wichtige Rolle. Der Schutz der Natur ist kein Luxus, sondern eine der bedeutendsten Sozialleistungen für den Fortbestand der menschlichen Gesellschaft.

■ Wofür trägt Mitteleuropa Verantwortung?

Bezüglich des Grades der Zerstörung der natürlichen Vegetationsdecke nimmt Europa eine Spitzenposition unter allen Erdteilen ein. Über 75 % der natürlichen Pflanzendecke sind hier stark verändert, in Teilen zur Unkenntlichkeit abgewandelt worden. Aus einem Kontinent mit vorherrschenden Wäldern wurde eine überwiegend dicht besiedelte Offenlandschaft. Die verbliebenen Waldstandorte wurden weitestgehend zu künstlich gestalteten Forsten. Die Frage, für welche Lebensgemeinschaften und damit Biodiversität wir in Mitteleuropa eine besondere Verantwortung tragen, ist somit leicht zu beantworten: Priorität gilt den Lebensräumen, die sich hier im Laufe der Nacheiszeit unter den gegebenen klimatischen und standörtlichen Verhältnissen natürlich, d. h. spontan entwickelten, die also aus globaler Sicht hier ihren „Stammplatz" haben. In diesen Lebensräumen haben sich Lebensgemeinschaften und Ökosysteme entfaltet, die es anderswo auf der Erde so nicht wieder gibt. Das winterkalte Mitteleuropa gehört der Zone der großblättrigen, Laub abwerfenden Wälder an. Die Rotbuche bildete die vorherrschende Waldvegetation. Wirkliche Urwälder – noch niemals genutzt – gibt es schon lange nicht mehr! In diese einstigen Waldlandschaften eingebettet sind Fließgewässer mit ihren Auen sowie Seen und Moore. Die Seen haben den Schwerpunkt ihres Auftretens in den Jungmoränenlandschaften, also im Alpenvorland und im südlichen Ostseeraum. Gleiches gilt für die Moore, die außerdem aber noch einen zweiten Verbreitungsschwerpunkt im stärker atlantisch geprägten südlichen Nordseeraum haben bzw. hatten. Ebenso haben das Wattenmeer an der Nordseeküste und die Boddenverlandungsküsten der südlichen Ostsee einzigartigen Charakter. Für diese Räume trägt Deutschland in besonderem Maße Verantwortung. Von all diesen Lebensräumen sind jedoch nur noch kleine Reste naturnah erhalten und stehen als Naturwaldreservate, Naturschutzgebiete oder Nationalparke unter mehr oder weniger strengem Schutz, d. h. sind der wirtschaftlichen Ausbeutung entzogen.

Beispielsweise können von den Moor-Naturräumen in Deutschland weniger als 1,5 % noch zu den wachsenden, also Torf speichernden Mooren gezählt werden. Alle anderen Flächen sind entwässert worden, sie tragen eine hochgradig abgewandelte Vegetation mit einer entsprechend veränderten Tierwelt. Aber auch innerhalb der noch wachsenden Moore hat sich ein Wandel vollzogen. Fast generell handelt es sich heute um nährstoffreiche bzw. nährstoffüberlastete Standorte, während ursprünglich nährstoffarme Bedingungen mit einer hoch spezialisierten Pflanzen- und Tierwelt vorherrschten. Im Biosphärenreservat Schorfheide-Chorin wurde nachgewiesen, dass unter den 228 Seen des Großschutzgebietes einst mit großem Abstand (> 80 %) nährstoffarm-kalkreiche Klarwasserseen vorherrschten. Heute sind derartige Seen fast verschwunden (nur noch 4 %). 32 % der Seen sind mäßig, 64 % stark geschädigt, d. h. eutrophiert. Es herrschen hocheutrophe und polytrophe Seen vor. Der damit verbundene Verlust an Mannigfaltigkeit allein bei den Organismen ist bisher noch niemals bilanziert worden. Auch beim Erhalt naturnaher Küstenökosysteme an Nord- und Ostsee müssen wir unsere Ohnmacht eingestehen. Wie wenig Wattenmeer ist tatsächlich ohne jede menschliche Beeinträchtigung geblieben, wie wenig davon noch wirklich ungestört, ohne jegliche Inanspruchnahme durch den Menschen! Wie viel von der Boddenküste des südlichen Ostseeraumes ist noch naturnah, zeigt seine primären Lebensgemeinschaften? Unsere Küsten und Strände sind in besonderem Maße anthropogen überformt, reglementiert, genormt. Wie schwer ist es gerade hier, ein Stück sich selbst zu überlassen. Keine anderen Nationalparke in Deutschland sind so vielen Anfeindungen ausgesetzt wie die Küsten-Nationalparke. Und was ist aus unseren großen Flüssen geworden? Hochgradig technisierte Wasserstraßen. Die natürlichen Überflutungsräume wurden ihnen genommen, die Mündungsräume bis zur Unkenntlichkeit umgestaltet. Und wie stark verändert ist das Adernetz unserer kleineren Fließgewässer und Bäche!

■ Prioritäten setzen

Nutzungslandschaft wird es immer geben und sie wird sich fortlaufend verändern, entsprechend dem Stand der Produktivkräfte und menschlichen Bedürfnisse. Der Mensch wird ihre Produktivität im Zuge seines wissenschaftlich-technischen Fortschritts in seinem Sinne immer weiter maximieren, ihre Ökosysteme werden immer einfacher strukturiert und damit ihrer Natürlichkeit beraubt, sie werden zu immer stärker „menschengemachten" Räumen umgestaltet. Kultivierte Landschaften auf einem bestimmten Niveau der Nutzungsintensität in Ausschnitten zu „konservieren" ist sicher eine Kulturaufgabe, darf aber nicht Schwerpunkt des Naturschutzes sein. Denn in „kultivierten" Landschaften wird es immer ein Handeln gegen die Natur geben müssen, die es anders machen würde. Der Schwerpunkt des Mitteleinsatzes zum Schutz der Natur und damit zum Schutz der Biodiversität liegt in Mitteleuropa gegenwärtig allerdings nicht beim Erhalt bzw. der Mehrung der so genannten „Stammlebensräume", sondern der Lebensräume, die sich im Zuge der Landnutzung entwickelt haben. Mit hohem ideellem und materiellem Einsatz wird versucht, im „Kampf gegen die Natur" z. B. Halb-Kulturformationen zu erhalten, denn ohne unser Zutun, ohne Pflege, würde der Wald zurückkehren. So wichtig und richtig diese Arbeiten auch sind, sollte aber bedacht werden, dass es sich hierbei nicht um autochthone Lebensräume, also Lebensräume mit ihrem primären Artenbestand handelt. Viele der Arten, die wir hier schützen, sind zugewandert. Der Schwerpunkt ihrer Lebensbindung liegt außerhalb Mitteleuropas. Meist sind diese Arten in ihren primären Lebensräumen nicht gefährdet, sie gehören dort zur „Stammausstattung" der Landschaften. Sie haben zweifellos zur Erhöhung unserer Biodiversität beigetragen. Die globale Biodiversität ist dadurch nicht erhöht worden! Auch zukünftig wird der Fortbestand der „sekundären", der zugewanderten biologischen Vielfalt insbesondere aus der Phase der extensiven Landnutzung ein wichtiges Feld des Naturschutzes sein. Die Prioritäten liegen jedoch eindeutig bei Erhalt und Sicherung der noch verbliebenen primären Natur bzw. in Räumen, die wir der Eigendynamik der Natur zurückgeben, so genannten Naturentwicklungsräumen.

■ Wildnis wagen – auch in Mitteleuropa

Natur ihrer Eigendynamik zu überlassen, sie nicht stofflich (materiell) zu nutzen, sie als Nationalparke oder gar Welterbe der Menschheit auszuweisen, damit tat man sich bislang in Mitteleuropa schwer. Allenfalls überließ man dies den Entwicklungsländern. Die Dominanz der Produktionslandschaften und ein wachsendes ökologisches Bewusstsein sowie die Reizüberflutung in städtischen, von der Technik beherrschten menschlichen Lebensräumen haben bei immer größeren Teilen der Bevölkerung die Sehnsucht nach Stille, nach Einsamkeit, Erleben von nicht dem Herrschaftswillen des Menschen unterworfener Natur geweckt. Damit ist letztendlich das Wildniskonzept, d. h. Naturräume der Natur wieder zurückzugeben („Natur Natur sein lassen") auch in Mitteleuropa als interessante und realistische Naturschutzstrategie zum Bestandteil einer zukunftsorientierten Umweltpolitik geworden. Nicht mehr benötigte militärische Übungsplätze, frei werdende Bergbaufolgelandschaften, Grenzsicherungsräume und Staatsjagdgebiete aus dem Erbe der DDR wurden und werden auch in nächster Zeit, zumindest teilweise, als Nationales Naturerbe im Sinne des Wildniskonzeptes der Natur zurückgegeben. Die Wertschöpfung für die menschliche Gesellschaft erfolgt hier aus immateriellen Leistungen wie Naturerlebnis, Naturerfahrung, Wohlfahrt, Gesundheit, Spiritualität. Und zukünftig wird die In-Wert-Setzung ökologischer Leistungen ebenfalls eine Wertschöpfung ergeben, über deren Größenordnung wir heute nur spekulieren können. Der Flächenanteil derartiger Naturentwicklungsräume dürfte gegenwärtig in Deutschland weniger als 2 % ausmachen. Mittelfristig könnten es aber durchaus auch 5 % werden und bei weiterem Rückzug der Landnutzung aus der Fläche (aus den so genannten Problemgebieten des ländlichen Raumes) ist durchaus auch ein Flächenanteil von bis zu 10 % vorstellbar. „Deutschland renaturiert" – so wurde jedenfalls die Prognose für Deutschland in einem Flächenszenario für 2020 dargestellt. Dabei ist es durchaus realistisch, dass derartige Naturentwicklungsräume mit einer naturbetonten touristischen Nutzung auch durch private Stiftungen getragen werden. Die Heinz Sielmann Stiftung gibt dafür erste Beispiele, so in der Döberitzer Heide, einem ehemaligen Truppenübungsgelände.

■ Zeitgemäßer Naturschutz – Ein Fazit

Eine der großen Herausforderungen unserer Zeit ist es, einerseits die wachsenden Bedürfnisse einer wachsenden Menschheit zu befriedigen und andererseits die Funktionstüchtigkeit der Ökosysteme, den Naturhaushalt, langfristig zu sichern. Die Stabilität der Biosphäre unserer Erde wird entscheidend durch die Funktionstüchtigkeit der bislang (noch) nicht genutzten, noch nicht abgewandelten Ökosysteme gewährleistet. Hier wird unablässig CO_2 festgelegt. Grundwasser hoher Qualität gebildet bzw. sie fungieren als Kühlsysteme, Regenbildner, Biodiversitätszentren … Hier brauchen wir nicht zu reparieren. Unter dieser Prämisse ist Naturschutz als Schutz zur Sicherung der globalen Leistungen von Ökosystemen kein Luxus. So verstanden, gibt es keinen Grund, den Naturschutz, die Sicherung des Naturhaushaltes, die Sicherung unserer Lebensgrundlagen als Konfliktfeld in unserer Gesellschaft zu kultivieren! Wir brauchen beides: Tragfähig dauerhaft umweltgerechte Formen der Landschaftsnutzung, die nur bei stabilen sozialen Strukturen im ländlichen Raum möglich sind und zum andern Schutzgebiete, d. h. großflächige Räume in völliger Eigendynamik der Natur. Der überwiegende Teil unserer Naturschutzgebiete befindet sich derzeit aber in Pflegenutzung zum Erhalt bestimmter historischer (oft den Standort degradierender) Nutzungsformen oder in wirtschaftlicher Nutzung, die im Vergleich zu ungeschützten Räumen lediglich etwas naturverträglicher ist. (Das gilt für fast alle Waldschutzgebiete Deutschlands.) Das vorrangige Ziel des staatlichen (und auch privaten) Naturschutzes muss es daher sein, so genannten Naturentwicklungsgebieten (neuer Wildnis) mehr Raum zu geben. Die jetzt gegebene Möglichkeit zur Schaffung eines nationalen Naturerbes bietet damit erstmals eine angemessene Basis. Ein Naturschutz auf 100 % der Fläche, wie in der Vergangenheit vielfältig gefordert, wird es im obigen Sinn nicht geben können. Ein Schlüssel für einen vernünftigen Umgang mit dem Naturkapital wäre, die im Ergebnis zunehmender anthropogener Beeinträchtigung/Zerstörung immer knapper werdenden ökologischen Leistungen von Ökosystemen zu honorieren, d. h. sie in unser Preissystem einzubeziehen. So bekämen „ungenutzte", d. h. durch den Menschen nicht wirtschaftlich ausgebeutete Lebensräume endlich einen Wert. Weil dies derzeit (noch) nicht der Fall ist, brauchen wir, von der Gesellschaft akzeptiert, staatlich ausgewiesene großräumige Schutzgebiete, d. h. Ökosysteme, in denen bewusst auf jede materielle menschliche Nutzung verzichtet wird. Wir haben letztendlich zu begreifen, dass der Schutz der Natur nicht allein um der Natur willen, sondern in unserem ureigensten Interesse zu geschehen hat. In einer anthropogen bedingt sich stark verändernden Umwelt (Klimawandel) werden Fragen des Erhalts des Kapitalstocks Natur als Basis der Zukunftssicherung unserer Gesellschaft immer bedeutsamer! Versuchen wir, einen Umgang mit Natur in zweckfreier Betrachtung in unser Denken und Handeln zu verankern. Üben wir uns im Erhalten und Haushalten, gewähren wir der Natur Raum, geben wir ihr Zeit – um unserer eigenen Zukunft willen.

Lassen Sie mich zum Schluss den Naturschützer, Pazifisten und Schriftsteller Reimar GILSENBACH (1925–2001) zitieren. Er fasst die Probleme unserer Zeit in drei Sätzen zusammen, die uns Vermächtnis und Auftrag zugleich sind:

♦ Lassen wir die Natur unverändert, können wir nicht existieren,
♦ zerstören wir sie, gehen wir zugrunde.
♦ Der schmale, sich verengende Gratweg zwischen Verändern und Zerstören wird auf Dauer nur einer Gesellschaft gelingen, die nach ökologischen Prinzipien handelt und deren Ethik sich im Bewusstsein, ein Teil der Natur zu sein, empfindet.

SUCCOW, M. (2010): „Leben braucht Raum" – In: Antal-Festetics-Festschrift: *Was ist Leben? Entstehung, Erforschung, Erhaltung*, Verlag J. Neumann-Neudamm, Melsungen, S. 111-115

Gefährdetes Leben

Dr. Claude Martin

(Generaldirektor des World Wide Fund for Nature, CH-Gland)

1961 wurde im schweizerischen Gland der **World Wildlife Fund** (WWF) gegründet. Die unabhängige Naturschutzorganisation, inzwischen umbenannt in World Wide Fund for Nature, setzt sich für den Schutz bedrohter Pflanzen- und Tierarten sowie Naturlandschaften ein und kämpft für die Bewahrung der biologischen Vielfalt und die nachhaltige Nutzung der natürlichen Ressourcen der Erde. Weltweit werden Projekte und Aktionen zum Erreichen dieser Ziele durchgeführt und die Bilanz ist mehr als positiv, denn der WWF gilt als erfolgreichste Naturschutzorganisation. An seinem Beispiel soll nachfolgend gezeigt werden, ob Leben zu retten, zu erhalten ist und, wenn ja, wie. Es gibt große Probleme zu bewältigen, aber auch zahlreiche Lösungsansätze und eine begründete Hoffnung, dass Leben, trotz aller Schwierigkeiten, in einer immer noch wunderschönen, lebenswerten Erde erhalten bleibt. Aber wir haben nur eine Erde.

1. Ein Stück Geschichte des Umweltschutzes

Mit seinen 50 Jahren hat der WWF International ein respektables Alter erreicht. Im Vergleich zur Entwicklungsgeschichte unseres Planeten ist die Lebensdauer des WWF jedoch so verschwindend gering, dass man in diesem kurzen Zeitraum eigentlich kaum signifikante Veränderungen in der Biosphäre der Erde wahrnehmen dürfte. Die Realität sieht leider anders aus:

Innerhalb von nur 35 Jahren stieg die Weltbevölkerung um 70 % an, während andere Säugetierpopulationen um durchschnittlich 30 % abgenommen haben (Quelle: WWF „Living Planet Index"). Gemäß des *„International Union for Conservation of Nature"* (IUCN[1]) sind heutzutage ein Drittel aller Amphibien, ein Viertel aller Säugetiere und ein Achtel aller Vogelarten vom Aussterben bedroht. Im Verlauf dieser Zeitspanne schrumpfte der tropische Regenwald durchschnittlich um 1 % pro Jahr, der Wasserverbrauch verdoppelte sich und beutete hierdurch viele Süßwasser-Ökosysteme aus, die Bestände vieler Meeresfische sind durch Überfischung zusammengebrochen.

Der Grund für die dramatischen Veränderungen der Biosphäre liegt im raschen Anstieg des „ökologischen Fußabdrucks"[2] des Menschen, der sich in diesem Zeitraum verdoppelt hat. Das heißt, dass die Menschheit ungefähr doppelt so viel natürliche Ressourcen und Energie verbraucht wie vor 35 Jahren.

Der „WWF Living Planet Report", der alle zwei Jahre veröffentlicht wird und zu den international bedeutendsten Studien über den allgemeinen Zustand der Erde gehört, zeigt, dass die Menschen in der westlichen Welt die Ressourcen auf wenig nachhaltige Art und Weise verbrauchen. Der „Ökologische Fußabdruck" eines Nord-Amerikaners ist nicht nur doppelt so groß wie der eines Europäers, sondern sogar siebenmal größer als bei einem durchschnittlichen Asiaten oder Afrikaner. Selbst China, das oftmals für alle Übel des schnellen Bevölkerungswachstum verantwortlich gemacht wird und möglicherweise in wenigen Jahrzehnten die größte Wirtschaftsmacht der Welt sein wird, hatte im Jahr 2003 einen „Pro-Kopf-Fußabdruck" unter dem Weltdurchschnitt und lag sechsmal niedriger als bei einem durchschnittlichen Amerikaner! Wir sollten sehr misstrauisch werden, wenn führende Politiker China als Sündenbock für ihr eigenes, wenig nachhaltiges Verhalten missbrauchen.

Die Aufgabe und Herausforderung einer nachhaltigen Entwicklung ist keine geringere als diese: Wie kann die **gesamte** Menschheit, und nicht nur ein Teil von ihr, umsichtig mit der Kapazität der Erde leben? Was brauchen wir, um unser individuelles, gesellschaftliches, staatliches und internationales Verhalten zu verändern,

---

1 **IUCN** = Die Weltnaturschutzunion „International Union for Conservation of Nature and Natural Resources" hat sich zum Ziel gesetzt, die Menschen für den Arten- und Naturschutz zu sensibilisieren, um eine möglichst nachhaltige und schonende Nutzung der Ressourcen zu erreichen. Sie ist Herausgeberin der „Roten Liste gefährdeter Arten" und der Kategorisierung von Schutzgebieten.

2 **Ökologischer Fußabdruck** = die Fläche auf der Erde, die benötigt wird, um den Lebensstandard und -stil eines Menschen (bei Weiterführung der heutigen Produktionsbedingungen) dauerhaft zu ermöglichen. Eingeschlossen sind hierbei auch Flächen, die zur Erzeugung und Produktion von Nahrung und oder zur Bereitstellung von Energie, aber auch zum Abbau des erzeugten Mülls oder zum Binden von CO_2 notwendig sind, welches durch menschliche Aktivitäten freigesetzt wird.

mit dem Ziel, unsere Bedürfnisse von heute zu befriedigen, ohne zukünftigen Generationen die Möglichkeit zu nehmen, dies später ebenfalls zu tun?

Während einige fortschrittliche Regierungen einen guten Führungsstil zeigen, sich weiterhin für Umweltreformen einsetzen und bestrebt sind, Schritt zu halten mit den neuen Anforderungen gegenüber der globalen Gesellschaft, bewerten NGOs[3] (nichtstaatliche Organisationen), den WWF eingeschlossen, das Handeln der Regierungen oftmals als langsam, unzulänglich und nicht selten undurchsichtig.

Ein typisches Beispiel für die Lethargie der Regierungen zu globalen Umweltfragen sind die Maßnahmen gegen den bedrohlichen Klimawandel.

Obwohl die ersten Verhandlungen für die Klimarahmenkonvention UNFCCC[4] im Jahre 1990 starteten, dauerte es 15 Jahre bis zu seiner Umsetzung durch das Kyoto-Protokoll[5]. In der Zwischenzeit stieg der Verbrauch von Öl, Kohle und Gas um fast 30 % an. Der übermäßige Verbrauch fossiler Brennstoffe bringt nun die gesamte Menschheit durch Klimaveränderungen und Risiken in Gefahr, die jeden Aspekt des Lebens auf der Erde betreffen.

2. Warum können Regierungen die Probleme nicht lösen?

In den letzten Jahren sind die Regierungen verschiedener Länder zahlreiche Verpflichtungen eingegangen, um sicherzustellen, dass die wachsende globale Wirtschaft den Bedarf für nachhaltige Entwicklung berücksichtigt, jedoch üben die Marktkräfte in einer zunehmend globalisierten Welt weiteren Druck auf die natürlichen Ressourcen aus.

Die Abholzungen in den Tropen schreiten in hohem Tempo voran, Fischereien kollabieren und die Süßwasser-Ökosysteme leiden unter zunehmender Schädigung durch den exzessiven Verbrauch von Wasser für die Landwirtschaft, aber auch durch Verschmutzung.

Beim Weltgipfeltreffen 2002 in Johannesburg zum Thema „nachhaltige Entwicklung" einigten sich die dortigen Regierungsvertreter auf einen Plan, der zum Ziel hat, den Verlust der Biodiversität bis zum Jahr 2010 aufzuhalten. Im Jahr 2004 einigten sich die Regierungen auf eine Reihe von nationalen und regionalen Zielen zur Schaffung von Schutzgebieten zum Erhalt der weltweiten Biodiversität. Allerdings war eine der enttäuschendsten Erfahrungen im Bereich des internationalen Natur- und Umweltschutzes der letzten 30 Jahre, dass sowohl nationale Gesetzgebungen als auch internationale Staatsverträge die zunehmende Umweltzerstörung nicht stoppen konnten.

Trotz aller nennenswerten Bemühungen geben Regierungen und internationale Einrichtungen immer noch viel zu häufig kurzzeitigen wirtschaftlichen Vorteilen und hohen Militärausgaben Vorrang gegenüber einer umfassenden Abschätzung der Konsequenzen für die Umwelt und den Langzeit-Auswirkungen auf ihre Bevölkerung. Dies geschieht ungeachtet der Tatsache, dass natürliche Ökosysteme einen hohen wirtschaftlichen Wert haben können. Schätzungen haben ergeben, dass der Wert aller Korallenriffe allein über 30 Milliarden Dollar pro Jahr beträgt, v. a. durch Tourismus, Fischerei und natürlichen Küstenschutz. Ebenso schätzt der WWF, dass die Feuchtgebiete weltweit einen jährlichen Gegenwert von 70 Milliarden Dollar haben, z. B. als Überflutungskontrolle.

Bis jetzt haben kurzfristige wirtschaftliche oder politische Ziele immer noch Vorrang gegenüber nachhaltigen Entwicklungen und langfristiger Notwendigkeit, um natürliche Ressourcen zu sichern. Während die Liberalisierung des weltweiten Handels nach einem Anstieg wirtschaftlicher Aktivitäten strebt, hat dies den Druck auf die Ressourcen der Erde erhöht, und zwar oft in Regionen, die sich weit entfernt vom Endnutzer befinden. Entgegen den oftmals selbsternannten Zielen der Handels-Liberalisierung hat dies zum Anstieg des Ungleichgewichts zwischen arm und reich beigetragen, u. a., weil der voranschreitende Verlust der Biodiversität einen überproportional negativen Effekt auf die arme Landbevölkerung hat, da die natürlichen Ressourcen oftmals ihr einziges Kapital darstellen.

---

3 **NGO** = „Non-Governmental Organisations" (nicht-staatliche Organisationen) sollen das Gewicht der Zivilgesellschaft auf globaler Ebene erhöhen und Themen wie Umweltschutz, soziale Gerechtigkeit und Menschenrechte zur Sprache bringen. Sie müssen unabhängig sein, einen Hauptsitz und einen festen Mitarbeiterstab vorweisen können. Beispiele für NGOs: WWF, NABU, BUND, Rotes Kreuz.

4 **UNFCCC** = „United Nations Framework Convention on Climate Change" ist eine Klimarahmenkonvention der Vereinten Nationen. Sie wurde 1992 auf dem Weltgipfel in Rio de Janeiro von über 150 Ländern ratifiziert und ihr Ziel ist, die Stabilisierung der Treibhausgaskonzentrationen auf einem Niveau zu erreichen, auf dem eine gefährliche, vom Menschen verursachte Störung des Klimasystems verhindert wird.

5 **Kyoto-Protokoll** = Abkommen der 3. Vertragsstaatenkonferenz über die Klimarahmenkonvention 1997 in Kyoto, Japan. Es beinhaltet vor allem die Verpflichtung zur absoluten Reduktion von Treibhausgasemissionen.

3. Die tiefgreifenden Gefahren des Klimawandels

Mit der bevorstehenden Bedrohung durch den gefährlichen Klimawandel wird immer klarer, dass die Erhaltung der Artenvielfalt auf der Erde eine der wichtigsten und größten Aufgaben der Menschheit darstellt. Die Lösung des Problems wird weitgehend davon abhängen, inwieweit Regierungen und internationale Institutionen in der Lage sind, die globale Wirtschaft zu regeln und zu reformieren.

Studien, die vom Weltklimarat IPCC[6] zusammengestellt wurden (Gewinner des Friedensnobelpreises im Jahr 2007 zusammen mit Al Gore), belegen eine Verdopplung der CO_2-Konzentration gegenüber der vorindustriellen Phase, was zu einer Erwärmung der Erdtemperatur von 1,4–5,8 °C führen dürfte, wenn der Mensch die Treibhausgas-Emissionen nicht massiv reduziert.

Gemäß des IPCC sind weitaus dramatischere Veränderungen wahrscheinlich, falls sich die Erde um mehr als 2 °C gegenüber dem historischen Durchschnitt erwärmt. Mit dem gegenwärtigen Trend beim Verbrauch fossiler Brennstoffe geschieht dies wahrscheinlich bereits um die Mitte des 21. Jahrhunderts. Die fortschreitende Erderwärmung wird zu einer Massenvernichtung von Arten führen, dem nahezu völligen Verschwinden von Korallenriffen sowie einer starken Zunahme an Waldbränden selbst in den feuchten Tropen.

Brände, die durch die Klimaerwärmung verursacht werden, können Wälder in eine Netto-CO_2-Emissionsquelle verwandeln, anstatt eine Senke für CO_2 darzustellen, ein Wendepunkt, der auf gefährliche Weise dazu beitragen könnte, die globale Erwärmung nicht mehr aufhalten zu können.

Niemals in der Geschichte der Menschheit hat unser Planet solch dramatische Veränderungen durchlaufen wie zurzeit; wir haben ein gefährliches, unkontrollierbares Experiment von globalen Dimensionen ausgelöst. Die Auswirkungen des Klimawandels werden zu einer ansteigenden Bedrohung menschlichen Lebens führen, vor allem in den ärmeren Bevölkerungsschichten, die hauptsächlich in tropischen und subtropischen Ländern leben.

Beispiele für direkte Auswirkungen auf die Menschheit sind zunehmender Hitze-Stress, Verluste durch Fluten und Stürme (aktuelle Schätzungen liegen bei 150 000 Toten pro Jahr), Flüchtlingsströme aus ländlichen Regionen sowie soziale Umbrüche. Als indirekte Auswirkungen werden Veränderungen in der Häufigkeit und Verbreitung von Krankheitsüberträgern (z. B. Moskitos) ebenso diskutiert wie Verschlechterungen der Wasser- und Luftqualität sowie der Nahrungsverfügbarkeit und -qualität.

Mit dem derzeitigen Stand des Wissens ist es nicht möglich, vorherzusagen, ob der Schwellenwert von 2 °C mit einer genauen CO_2-Konzentration übereinstimmt. Wir können uns jedoch an den aktuellen Forschungsergebnissen zu Vorhersagen und Schätzungen orientieren. Diese zeigen, dass es eine fünfzigprozentige Wahrscheinlichkeit gibt, dass Treibhausgas-Konzentrationen von z. B. 450 ppm zu einer Erhöhung der langfristigen Durchschnittstemperatur um 2 °C führen werden. Viele Studien von WWF und anderen zeigen, dass globale Emissionen reduziert werden könnten, um den weltweiten Temperaturanstieg unter 2 °C zu halten. Allerdings müsste sich der globale Energieverbrauch erheblich verringern, um dies zu erreichen. Das derzeitige System der Nutzung fossiler Brennstoffe müsste sich vollständig in ein effizientes Energiesystem umwandeln, teilweise basierend auf neuen Technologien mit deutlich geringerer CO_2-Emission.

4. Bilanz und Ausblick

Die 1980er Jahre wurden von einem gewissen Enthusiasmus für mehr und stärkere Regulierung geprägt. Es gab eindeutige Erfolge zu verzeichnen, z. B. bei der Reduzierung der Luft- und Wasserverschmutzung. Zu Beginn der 1990er Jahre wurden jedoch die Grenzen dieses Ansatzes offenkundig. Umwelt-Staatsverträge und Gesetzgebungen erwiesen sich als unwirksam gegen die Umweltbelastungen, die aus dem ansteigenden Verbrauch von Ressourcen und Energie resultierten. Es wurde deutlich, dass globale Umweltprobleme nicht ausschließlich durch einen regulatorischen Ansatz und einer Anzahl an Projekten vor Ort gelöst werden konnten.

Während der Zeit um die Rio-Konferenz[7] begannen einige NGOs, besonders der WWF, einen anderen Weg ins Auge zu fassen; einen Weg, der das Potenzi-

---

6 **IPCC** = „Intergovernmental Panel on Climate Change" ist ein zwischenstaatlicher Ausschuss für Klimaänderungen, auch „Weltklimarat" genannt. Seine Aufgaben sind die Risiken der globalen Erwärmung zu beurteilen und Strategien zu ihrer Vermeidung zu erarbeiten.

7 **Rio-Konferenz** = siehe UNFCCC

al hatte, sich die Kräfte des Marktes zugunsten einer nachhaltigen Entwicklung zunutze zu machen.

Der WWF hatte im Vorfeld die Fühler nach den Konsumenten ausgestreckt und plante nun ihre Kaufkraft zu nutzen. So kam es zu zahlreichen öffentlichkeitswirksamen Aktionen der Produzenten selbst, die versuchten, kritische Konsumenten von sozialen und umweltverträglichen Standards bei der Herstellung ihrer Produkte zu überzeugen.

Eine Gruppe von NGOs, angeführt vom WWF sowie einigen Produzenten und Händlern, hatten das Ziel ein Marktinstrument zu schaffen, dass eine nachhaltige Waldbewirtschaft sichert. So entstand 1993 das „Forest Stewardship Council" (FSC)[8], welches heutzutage den effektivsten Zertifizierungsmechanismus für nachhaltige Waldbewirtschaft auf der ganzen Welt darstellt. 1997 folgte nach diesem Vorbild aus der Partnerschaft zwischen WWF und Unilever das „Marine Stewardship Council" (MSC), welches für den Verbraucher Produkte aus nachhaltiger Meeresfischerei kennzeichnet.

Es ist wichtig, weiterhin Wege zu finden, um den Markt einzubinden und den Konsumenten die Entscheidung zugunsten umweltfreundlicher Produkte zu ermöglichen. Es müssen zudem gezielt Partnerschaften mit den fortschrittlichsten Wirtschaftsun-

ternehmen angestrebt und in allen Bereichen, auch bei den Finanzinstituten, dafür gesorgt werden, dass Standards für den Umweltschutz entstehen, die letztlich zur Norm im jeweiligen Wirtschaftssektor werden. Eine funktionierende Partnerschaft für nachhaltige Entwicklung ist zwischen oftmals sehr ungleichen Partnern eine große Herausforderung, die bislang nur wenige NGOs und Unternehmen erfolgreich zustande gebracht haben. Die Zusammenarbeit des WWF mit der Zementindustrie und die Partnerschaft mit dem weltgrößten Zementhersteller Lafarge, der sich als erstes Unternehmen in diesem Sektor zu einer massiven CO_2-Reduktion verpflichtet hat, ist ein gelungenes Beispiel hierfür.

Man darf sich fragen, ob die Umweltbewegungen, im Besonderen der WWF, wirklich Wesentliches an der Naturzerstörung und Verschlechterung der globalen Umweltsituation verbessern konnten. Umgekehrt kann man aber auch die Frage stellen, wie viel schlechter die heutige Situation wäre ohne die enormen Bemühungen des WWF und anderer privater Organisationen. In Zusammenarbeit mit vielen Partnern strebt der WWF die langfristige Harmonie zwischen Mensch und Natur an und hat sich seit seiner Gründung für den Schutz von Tier- und Pflanzenarten sowie von Ökosystemen und ökologischen Prozessen durch weltweite Aktivitäten und als nationaler und internationaler Fürsprecher eingesetzt. Er hat durch internationale Kampagnen politische Arbeit geleistet, um Lösungen für Umweltprobleme aufzuzeigen und kann große Erfolge vorweisen.

Der WWF betrachtet seinen Auftrag, die Natur zu erhalten, nicht als technische, sondern als gesellschaftliche Herausforderung.

---

8 **FSC-Zertifikat** = Der 1993 in Toronto gegründete Rat „Forest Stewardship Council" mit seinem Zertifikat soll die umweltgerechte und sozial verträgliche Bewirtschaftung von Wäldern garantieren. Der Verbraucher erkennt entsprechende Holzprodukte am FSC-Logo, einem internationalen und verbindlichen Label. Über 68 Millionen Hektar Wald in allen Teilen der Erde sind bereits zertifiziert worden und es kommen ständig neue Flächen hinzu.

MARTIN, C. (2010): „Gefährdetes Leben" – In: Antal-Festetics-Festschrift: *Was ist Leben? Entstehung, Erforschung, Erhaltung*, Verlag J. Neumann-Neudamm, Melsungen, S. 117-120

Gefährden wir uns selbst?

Prof. Dr. Irenäus Eibl-Eibesfeldt

(Forschungsstelle Humanethologie der Max-Planck-Gesellschaft, Andechs-Erling)

Haben wir Menschen eine Zukunft? Der Zoologe Hubert MARKL charakterisierte uns als einen „Volltreffer der Evolution". Offen ist allerdings, ob wir es bleiben. Aber dass wir bisher Erfolg hatten, lässt sich nicht leugnen. Wir leben heute in Millionengesellschaften mit einer technischen Zivilisation, die uns ungeheure Macht in die Hände gibt. Fragt sich nur, ob wir damit auch vernünftig umzugehen lernen. Es bereitet uns keine Schwierigkeiten, Sonden zu den entferntesten Planeten unseres Sonnensystems zu schicken, wie eben erst zum Saturnmond Titan. Wir bauen allerdings die Raketen auch zu ganz anderen Zwecken. Wir schätzen das Automobil, das uns als künstliches Fortbewegungsorgan so große Freiheiten eröffnet, aber leiden darunter, dass wir es zugleich als Imponierorgan mit der zusätzlichen Funktion der Selbstdarstellung belasten. In Anklang an die Vierspänner, Achtspänner etc. wird unser Status dabei in archaischer Adelsmimikry in Pferdestärken gemessen und so rennen wir uns mit „Pferdestärken auf vier Rädern" übertrumpfend zu Tode. Die arbeitsteilige Millionengesellschaft ermöglichte uns Höchstleistungen in Wissenschaft und Kunst sowie einen hohen Lebensstandard in den Ländern, die sie schufen. Aber Armut regiert in vielen Teilen der Welt. Die Überschreitung der ökologischen Tragekapazität, Ressourcenerschöpfung und vom Menschen verursachte Klimaveränderungen haben Notmigrationen, Bürgerkriege und zwischenethnische Konflikte zur Folge. Ob wir uns weiterhin als Volltreffer der Evolution betrachten dürfen, wird davon abhängen, ob wir bereit sind, aus Erfahrungen zu lernen, bevor diese katastrophale Ausmaße erreichen. Leider lernen wir bisher zumeist aus Katastrophen, und dies auch nur zu einem gewissen Grade.

♦ Worauf begründet sich unser Erfolg?
♦ Was zeichnet uns vor anderen Säugern aus?
♦ Was begründet unsere Sonderstellung?
♦ Wo liegen unsere Schwächen?

■ Die Sonderstellung des Menschen

Unseren Erfolg verdanken wir einer Reihe von Merkmalen, die uns als Art auszeichnen, zunächst einmal unserer Vielseitigkeit. Wir sind als Generalisten nicht einseitig auf eine bestimmte Lebensweise spezialisiert. Konrad LORENZ (1) illustrierte dies an einem fingierten sportlichen Wettkampf. Das geforderte Programm lautet: Sprint über 100 m, Eintauchen per Kopfsprung in einen Teich, Heraufholen von drei Gegenständen aus 4 m Tiefe, 100 m Brustschwimmen ans andere Ufer, dort ein Seil ergreifen, einige Meter hochklettern und einen Fußmarsch von 10 km anschließen. Kein anderes Säugetier kann alle diese Leistungen vollbringen, die eine durchschnittlich trainierte, junge Person mühelos bewältigt. Eine Gazelle mag schneller laufen, ein Seelöwe besser schwimmen, aber sie können nur dies wirklich gut. Wer einmal in Zeitlupe verfolgte, was ein Skiprofi im Abfahrtslauf oder ein professioneller Tennisspieler leistet, der kann nur staunen, wie perfekt beim Menschen Sinnesleistungen und Motorik zusammenspielen. Gelegentlich hört man, dass wir Mängelwesen seien, weil wir weder Pelz noch Klauen und Zähne vorweisen können, um uns zu verteidigen. Wir brauchen Kleidung, um nicht zu erfrieren, und Waffen, um uns gegen Raubfeinde zu verteidigen. Aber auch ein Vogel braucht sein Nest und eine Spinne ihr Netz – künstliche Organe, wie Hans HASS (2) treffend bemerkte. Wir schaffen uns solche unentwegt neu und profitieren davon, dass wir sie ablegen können, wenn wir sie nicht brauchen. Ein Maulwurf ist mit seiner Grabschaufel unlösbar verbunden. Über die Vielzahl unserer Werkzeuge werden wir zu Spezialisten für vielseitige Spezialisierung. Durch die entgegengesetzte Stellung des Daumens zu den übrigen Fingern sind unsere Hände z. B. zum Präzisionsgriff in der Lage. Unser Gehirn kann nicht nur eine Vielzahl von Erfahrungen speichern, sondern versteht sie auch intelligent zu nutzen.

Als Erbe unserer baumkletternden Tierahnen dominieren der Gesichts- und Tastsinn. Das spiegelt sich selbst in den Worten wieder, die wir für unsere höchsten geistigen Leistungen verwenden. Wir erfassen, begreifen, stellen uns etwas anschaulich vor, gewinnen Einsicht, durchschauen Zusammenhänge und sehen gelegentlich auch klar. Wir sind ferner programmiert, Regelmäßigkeiten zu erwarten und halten nach solchen Ausschau. Mit der Wortsprache verfügen wir über ein Instrumentarium der Kommunikation, das nur uns Menschen gegeben ist. Es gestattet uns, über Dinge zu reden, die nicht anwesend sind. Wir können sie beschreiben, ihren Nutzen erklären, Verhaltensweisen tradieren, ohne etwas vormachen zu müssen, und wir können uns über Zukunft und Vergangenheit unterhalten und sie uns damit, wie es die Sprache so schön ausdrückt, „vergegenwärtigen". Da wir uns die Folgen unseres Handelns auch über längere Zeiträume vorstellen können, wären wir in der Lage, ein generationenübergreifendes Überlebensethos mit dem Ziel zu entwickeln, das Lebensglück künftiger Generationen zu sichern. Wir sind Kulturwesen von Natur. Das Zusammentreffen dieser hier nur skizzenhaft vorgestellten Besonderheiten ermöglichte es uns Menschen „Kultur" als ein neues und viel schnelleres Mittel der Anpassung an sich ändernde Lebensbedingungen zu entwickeln. Dabei änderten wir Menschen unsere Umwelt in einem Maße, wie keine andere Art zuvor. Stammesgeschichtlich allerdings sind wir auf die gegenwärtigen Lebensbedingungen der technisch-zivilisierten Millionengesellschaften nicht optimal vorbereitet, da unsere Vorfahren über die längste Zeit der Menschheitsgeschichte vom Jagen und Sammeln lebten. Aus dieser Wildbeuterzeit stammen neben unserer körperlich-physiologischen Ausstattung insbesondere unsere sozial-emotionalen Anpassungen, die auch heute noch unser Gruppenleben bestimmen.

■ Archaische Verhaltensdispositionen

Altes Erbe ist sicher unsere Emotionalität, die wir als Gefühlsregungen der Liebe, Verärgerung, Angst, Ekel und dergleichen erleben, und zwar, wie man wohl annehmen darf, in aller Welt in der gleichen Weise. Was Menschen erleben, wenn sie weinen und klagen, wissen wir allerdings genau genommen nicht einmal von Unseresgleichen. Wir dürfen aber von uns auf andere schließen. Wie man Gefühle empfinden soll, könnte man außerdem niemandem beibringen, es gibt dafür keine didaktischen Anleitungen. Man kann nur lehren, wen man lieben darf und wen nicht. Fest steht, dass sich die Ausdrucksbewegungen, die eine Gefühlslage begleiten, z. B. beim Lachen oder Weinen, durch alle Kulturen hindurch gleichen. Selbst taub und blind geborene Kinder zeigen viele der für uns Menschen typischen Ausdrucksbewegungen wie Lachen, Weinen, Lächeln und Ärgermiene, obgleich ihnen durch ihre Behinderung die Möglichkeit fehlte, diese von Vorbil-

dern zu lernen (3, 4, 5). In den als Universalien vorliegenden mimischen Ausdrucksbewegungen verfügen wir über ein hilfreiches, uns angeborenes Kommunikationsmittel, nützlich, um Sprachbarrieren zu überbrücken, die zwischen verschiedenen Gruppen existieren. Als Modell für die altsteinzeitliche Lebensweise können die Jäger- und Sammlervölker dienen, von denen einige, wie die Buschleute der südafrikanischen Kalahari, bis in die jüngste Vergangenheit mit der traditionellen Technologie als Jäger und Sammler lebten. Sie bildeten kleine Sippenverbände aus mehreren Drei-Generationen-Familien. Die Mitglieder dieser Lokalgruppen umfassten selten mehr als 150 Personen und kannten einander. Zwischen den Gruppenmitgliedern herrschte eine quasi familiäre Vertrauensbeziehung. Zwar gab es durchaus Konflikte, z. B. wenn sich jemand beim Teilen benachteiligt fühlte oder durch Rivalitäten um soziale Beziehungen, die in Handgreiflichkeiten ausarten konnten. Meist allerdings entschieden ritualisierte Formen des Konfliktmanagements einen Streit. Mord zwischen Gruppenmitgliedern war tabuisiert. Die Lokalgruppen grenzten sich gegen andere ab. Sie konnten aber mit ihresgleichen Schutz- und Trutzbündnisse eingehen, waren aber durchaus bereit, ihre Subsistenzbasis – in der Regel ein Territorium – zu verteidigen und notfalls auch Land zu annektieren, wenn sie die Chance dazu günstig einschätzten. Kriege begleiten uns durch die Geschichte bis in die Gegenwart.

■ Die prosoziale kollektive Aggression

„Sie sind anderer Art", nennt Goya eines seiner Bilder, das die Grausamkeiten der Franzosen gegenüber der spanischen Zivilbevölkerung anprangert. In sich selbst verstärkender Rückkoppelung eskaliert die Gruppenaggression häufig in infernalischer Weise von Vergeltung zu Vergeltung. Was macht sie so gefährlich? Was treibt uns an? Das „Wir" fällt, evolutionistisch betrachtet, bei Säugern mit der Evolution der familialen Brutpflege zusammen. Ausgangspunkt war bei den Säugern die Mutterfamilie. Mit der Ausbildung der Brutpflege entwickelten sich fürsorgliche Motivationen und Verhaltensweisen (Stillen, Füttern, soziale Körperpflege) sowie die Fähigkeit von Mutter und Kind, individualisierte Bindungen einzugehen und diese gegen alles, was sie gefährden könnte, oft bis zur Selbstaufopferung, zu verteidigen. Es handelt sich im Reich der Säugetiere um die erste Manifestation der Liebe, definiert als individualisierte Bindung und zugleich eines „wir und die anderen", denn das Mutter-Kind-Band ist exklusiv. Die Mütter weisen fremde Jungtiere ab. Die Beziehung zwischen Jungen und ihren Müttern ist durch ein Urvertrauen charakterisiert. Das gilt auch für uns Menschen. Ein Urmisstrauen kennzeichnet dagegen das Verhalten gegenüber Fremden. Es äußert sich beim acht Monate alten Kind als kindliche Fremdenscheu. Sie verbindet sich allerdings mit der Bereitschaft, freundliche Beziehungen herzustellen, vorausgesetzt, der oder die Fremde verhält sich in den freundlichen Annäherungsbemühungen zurückhaltend. Im Normalfall pendelt das Kind zwischen Verhaltensweisen freundlicher Zuwendung zum Besucher und scheuer Suche nach Geborgenheit bei der Mutter. Verhält sich die Mutter der fremden Person gegenüber freundlich, dann fasst das Kind ebenfalls Vertrauen. „Familiarisation" tritt ein, wie die Engländer so treffend sagen, und das Kind akzeptiert den Besucher als zur Familie gehörend. Diese kindliche Xenophobie finden wir in weltweiter Verbreitung. Wenn ein Kind so persönliche Beziehungen zu anderen Personen seiner nächsten Umgebung herstellt, fasst es Vertrauen zu Mitmenschen und wächst so in die Gemeinschaft hinein.

Bei den traditionalen Völkern der Jäger und Sammler zählt die Lokalgruppe selten über hundert Personen, die alle einander kennen. Ein quasi-familiales Ethos hält solche Gruppen zusammen, deren Mitglieder zahlreiche Verwandtschaftsbande verknüpfen, was eine enge genetische Verwandtschaft bedingt. Die Gruppen grenzen sich bereits auf dieser Kulturstufe von anderen Gruppen ab. Sie verteidigen sich und ihre Reviere und damit ihre Ressourcen, kennen aber auch kulturelle Konventionen der Allianzbildung, die ein nachbarliches Auskommen möglich machen. Innerhalb einer solchen individualisierten Lokalgruppe herrschen freundliche Beziehungen vor. Rivalitäten zwischen Gruppenmitgliedern unterliegen Regeln, die eine Eskalation in Totschlag und Mord verhindern. Auf der Ebene der Zwischengruppenkonkurrenz kommt es allerdings bereits in den traditionalen altsteinzeitlichen Kleingesellschaften zu kriegerischen Auseinandersetzungen, die mit großer Rücksichtslosigkeit oft bis zur Vertreibung oder Vernichtung des Gegners ausgetragen werden. Die Konkurrenz wird damit auch auf Gruppenebene ausgetragen und dieser Gruppenselektion verdanken wir die Vielfalt der Völker und Kulturen (6). Da es für die kriegerische Konkurrenz auf Gruppenebene vorteilhaft ist, wenn eine Lokalgruppe mehr junge Männer für Angriff und Verteidigung ihrer Ressourcen einsetzen kann, wurden kulturelle Sozialtechniken der

Führung ausgelesen, die es erlaubten, immer größere Verbände als Solidargemeinschaften zusammenzuhalten, zuletzt auch die heutigen Millionengesellschaften. Sie knüpfen stets an unsere, mit starken Gefühlsregungen besetzten familialen Dispositionen an.

Die Eipo, ein neusteinzeitliches Volk von Gartenbauern, im westlichen Bergland von Neuguinea, leben in einer Tälergemeinschaft von etwa 800 Personen. Sie führen ihre Abstammung auf einen Kulturbringer zurück, der durch das Einfügen der Felsen in den morastigen Boden ihr Gebiet bewohnbar machte und mit einem Grabstock die Kulturpflanzen pflanzte, von denen sie heute leben. Wird ein neues sakrales Männerhaus gebaut, dann tragen die Männer in einer Zeremonie einen überdimensionalen alten Grabstock, der angeblich von besagtem Kulturbringer stammt, feierlich in das neue Männerhaus hinein. Anschließend pflanzen sie die sakralen Cordylinen (Schopfpalmen), die man auch als territoriale Markierung zum Schutz der Felder und Wege nützt. Dazu tanzt ein Mann mit einem Schössling an das Haus heran und ein anderer bringt ebenfalls tanzend einen Stein. Beide singen dabei die gekürzte Geschichte des Kulturbringers und bekräftigen damit das Bewusstsein um die gemeinsame Abstammung (7). Im Jahresverlauf werden zu den verschiedensten Anlässen Feste gefeiert, sowohl für die Lokalgruppe als auch, um Bindungen zu Nachbargruppen herzustellen oder zu festigen, mit denen man Handel treibt. Gäste werden dazu reichlich bewirtet. Bei Todesfällen trauert man gemeinsam und bekundet damit Anteilnahme. Zu den bindenden Ritualen der Eipo gehört auch die Initiation, bei der mehrere Jahrgänge von Jünglingen aus dem ganzen Tal an einem Ort zusammenkommen. Sie werden über die mythischen Kulturbringer unterrichtet, von denen sie abstammen, und angewiesen, sich nach der gemeinsamen Initiation als Brüder zu betrachten. Sie lernen in dieser Zeit auch Entbehrungen und Schrecken zu ertragen, kurz, sich als Männer zu bewähren, was als gemeinsames Erlebnis bindet (7, 8).

Nach im Prinzip gleichem Muster wird bis zum heutigen Tag in den anonymen Großgesellschaften der technisch-zivilisierten Welt über Erziehung ein „Wir" aufgebaut und an das uns angeborene, affektiv besetzte familiale Ethos gebunden. Väterliche und mütterliche Gottheiten, Mythen, die von einer gemeinsamen Herkunft berichten und Verwandtschaftsbezeichnungen, mit denen man auch nicht näher Blutsverwandte anspricht, bekräftigen das Gemeinschaftsgefühl. Wir sprechen von unseren Brüdern und Schwestern und unser Begriff „Nation" weist auf die durch Geburt gemeinsame Abstammung hin, ebenso der Begriff „Vaterland". Nach diesem Prinzip werden auch alle größeren menschlichen Gemeinschaften affektiv an das familiale Ethos angebunden und von anderen Gemeinschaften abgegrenzt. Allerdings verdünnt sich in den Millionengesellschaften der Gemeinsinn und symbolische Zeichen gewinnen zunehmend an Bedeutung für den Gruppenzusammenhalt. Landeswappen mit Adlern, Löwen, Bären und dergleichen wehrhaften Tieren dienen der wehrhaften Selbstdarstellung auf Wappen und in Skulpturen, Landesfarben auf Fahnen als Folgezeichen der speziellen Identifizierung, so das silber-blaue Rautenmuster der Wittelsbacher für Bayern oder das Rot-Weiß-Rot Österreichs. Die affektive Verbundenheit mit diesen Zeichen ist groß. Über längere Zeit war es Mode, dass man in Bayern Freunden einen Quadratmeter Tuch mit bayerischem Rautenmuster als Angebinde schenkte. Von großer Bedeutung sind auch die zahlreichen Denkmäler, in denen sich ein Land über seine Künstler, Denker, Erfinder und Krieger vorstellt, um das Ansehen der Gruppe zu bekräftigen (9).

Starke Signalwirkung geht von religiösen Symbolen wie Kreuz und Halbmond aus. In besonderer Weise bindet das vertraute Liedgut. Staatsgäste und bei Olympiaden die Sportler eines Landes begrüßt man mit der Landeshymne. Hören wir bei feierlichen Anlässen die uns vertrauten Gesänge und Klänge und erblicken wir die Fahnen und andere quasi-sakrale Symbole unserer Gemeinschaft, dann erfasst uns oft eine besondere Stimmung. Wir fühlen den Schauer der Ergriffenheit, als hätte etwas über uns Stehendes von uns Besitz ergriffen, daraus kann sich leidenschaftliche Begeisterung entwickeln, die auch als Enthusiasmus bezeichnet wird, abgeleitet vom griechischen éntheos – gottbegeistert. Begeisterung steckt an. Der Schauer, der uns überläuft, ist allerdings nicht göttlich. Er wird durch die Kontraktion der Muskeln der Haaraufrichter vor allem an der Außenseite der Oberarme, der Schultern und des Rückens verursacht. Wir sträuben gewissermaßen einen nicht mehr vorhandenen Pelz, so wie es unsere bepelzten nahen Verwandten, die Menschenaffen, noch heute tun, wenn sie sich bedroht fühlen, um so ihren Körperumriss zu vergrößern. Bei uns erzeugt diese Reaktion nur eine Gänsehaut. Aber sie zeigt ebenso wie die gespannte, leicht vorgeneigte Körperhaltung und der entschlossene, in die Ferne gerichtete Blick Angriffsbereitschaft an. Sie kann sich, von Staatsmännern angestachelt, bis zur blinden Bereitschaft aufschaukeln, sich im Kampf zu opfern.

Konrad Lorenz zitierte in diesem Zusammenhang gerne das russische Sprichwort: „Wenn die Fahne flattert, ist der Verstand in der Trompete."

Wie die Familienverteidigung, von der sich die kollektive Gruppenverteidigung stammesgeschichtlich herleitet, handelt es sich auch bei ihr um eine prosoziale Form der Aggression. Sie folgt dem familialen Ethos, das volle Einsatzbereitschaft für die größere Familie – das Volk – fordert. Und wie die Nachkommens- und Familienverteidigung kennt auch die kollektive Aggression wenig Tötungshemmungen. Über Indoktrination spricht man dem Feind vielfach das wahre Menschsein ab und verschließt sich damit zumindest in der Kampfsituation den Appellen sich Unterwerfender an das Mitgefühl. Die Angreifer befinden sich oft in einer Art Rauschzustand, der auf verstärkte Endorphinausschüttung hinweist. Endorphin betäubt Schmerzen bei Verwundung und dämpft die Gefühlsregungen der Angst, wie auch die positiven zwischenmenschlichen Regungen dem Feinde gegenüber. Die türkischen Janitscharen nahmen vor einem Angriff Opium zu sich. Europäische Truppen betäubten in der gleichen Situation ihre Gefühle mit Alkohol. Angst und Wut, Flucht und Angriffsbereitschaft überlagern einander in individuell unterschiedlicher Stärke. Die Bereitschaft zur Flucht wird dabei durch die Angst vor dem Feigheitsvorwurf und der damit verbundenen Ächtung oder Todesstrafe in eine Flucht nach vorne im Kampf um das eigene Leben gegen den Feind umgepolt. Viele erleben aber den Kampf auch positiv als Einsatz für die eigene Gemeinschaft – als Familienverteidigung und das macht sie auch so unerbittlich und gefährlich. Dem kollektiven Kampf im Krieg liegt sicher eine Mischmotivation zugrunde, die es im Einzelnen noch zu erforschen gilt. Testosteron motiviert auch bei anderen Formen des individuellen Wettstreites das Dominanzstreben, wie man ja auch von Sportlern weiß. Jeder Erfolg wird überdies durch Testosteron-Ausschüttung ins Blut belohnt.

Dem Leser wird schon aufgefallen sein, dass ich das Phänomen „Kollektive Aggression" aus der Sicht des Mannes und damit auch aus eigener Erfahrung bespreche. Frauen verteidigen ihre Kinder und sie kennen die Rache. Aber welcher Anteil von ihnen auch die kollektive Begeisterung zum Angriff kennt, ist noch eine offene, zu untersuchende Frage. Die stürmischen Beifallskundgebungen von Frauen im Kriege sind sicher ein Bekenntnis zur Gemeinschaft, die es zu verteidigen gilt, und spornen wohl die in den Krieg ziehenden Männer an, auch wenn der Abschied schwerfällt.

Sie dürften aber kaum den Wunsch ausdrücken, selbst an Sturmangriffen teilzunehmen. Da Krieger sich für ihre Gemeinschaft einsetzen, sind sie wohl auch prosozial motiviert. Sie handeln aus Liebe zum Vaterland und dafür ist ihnen bisweilen alles recht. Aber wir handeln nicht ohne Skrupel. Es gibt viele Indizien dafür, dass unsere Gefühle dem Feind gegenüber doch nicht ausschließlich feindlich sind. Eine Vermutung, die bereits Sigmund FREUD (1913) aussprach. Er führt als Indiz die Beobachtung von Anthropologen an, der zufolge erfolgreiche Krieger verschiedener Naturvölker, die einen Feind töten, zwar an Ansehen gewinnen, zunächst aber als unrein gelten.

Erfolgreiche Yanomami-Krieger müssen sich zur Sühne mit Nesseln einreiben, fasten, kurz, Purifikationsrituale erdulden, um wieder als rein zu gelten. Der Mensch vermag sich zwar einzureden, dass Feinde keine wirklichen Menschen sind, aber er kann nicht verhindern, im Feind dennoch Mitmenschliches wahrzunehmen und darauf mitmenschlich zu reagieren. Ein Bekannter von mir hatte sich im Zweiten Weltkrieg an der Ostfront darauf spezialisiert, russische Wachtposten zu überraschen und mit vorgehaltener Pistole zum Verhör mitzunehmen. Einmal überraschte er einen jungen Russen, der gerade ein Brot verzehrte. In seinem Schock bot dieser ihm beschwichtigend das Brot an. Mein Freund nahm es, verabschiedete sich und ließ den Russen auf seinem Posten. Er war übrigens psychologisch nicht mehr in der Lage, russische Wachtposten zu entführen. Beispiele dieser Art gibt es viele und von allen Fronten (11). Bekannt sind aus dem Ersten Weltkrieg die von der militärischen Führung keineswegs gut geheißenen Waffenstillstände zwischen den gegnerischen Schützengräben zu Weihnachten. Man schoss nicht aufeinander, sondern verließ die Schützengräben, tauschte Zigaretten, erzählte einander von seinen Angehörigen, drückte gelegentlich wohl auch den Wunsch nach einer friedlichen Zukunft aus, die man noch erleben wollte. Die Militärs sahen darin eine Demoralisation der Truppe. Sie tauschten die Besatzungen der Schützengräben aus, die dann wieder aufeinander schossen, da sie sich nicht kannten. Fraternationsverbote wurden erlassen im Ersten wie im Zweiten Weltkrieg. Die Notwendigkeit dazu belegt, dass dem Menschen nicht nur eine kriegerische, sondern auch eine friedliche Natur innewohnt, auf die sich die Hoffnung begründet, auch den Weg zu einer dauernden Pazifizierung der Menschheit zu finden, auch wenn dazu noch manch dornige Wegstrecke zu überwinden ist.

■ Schritte zur Weltgemeinschaft

„Si vis pacem para bellum" zierte als Leitspruch in großen Lettern das Kriegsministerium in Wien: „Wenn du den Frieden willst – rüste zum Krieg!" Da ist sicher was dran, wird mancher sagen. Wer gut gerüstet ist, den wird man so leicht nicht angreifen. Die Schattenseite allerdings: Es resultiert ein Rüstungswettlauf, der die Ressourcen der Welt und das Vermögen der Völker erschöpft – und der immer gefährlichere und heimtückischere Waffen produziert, die schließlich außer Kontrolle zu geraten drohen. Nach dem Zweiten Weltkrieg garantierte die Atombombe den Frieden unter den verfeindeten Großmächten. Es war ein kalter Krieg, in dem die westlichen Mächte des Ostblocks – voran die UdSSR unter der Führung Russlands, auch Zeit fanden, sich zu besinnen und Europa sich aus der Asche erheben und wiederfinden konnte, in einem Prozess, aus dem wir lernen können. Es zeigte sich nämlich, dass die Europäer sich ihres Europäerseins durchaus bewusst waren und solange man ihre nationale Identität achtete, durchaus bereit waren, sich auf europäischer Ebene wirtschaftlich und im kulturellen Austausch zu vereinen. Die Vereinigung vollzog sich in Schritten, die zur Gegenwartsgeschichte gehören und daher hier nicht rekapituliert werden müssen. Sie sind den meisten Lesern aus der Presse vertraut. Aus dem Zusammenschluss zur Montanunion wuchs die Europäische Wirtschaftsgemeinschaft (EWG) 1953, die zunächst die Bundesrepublik Deutschland, Italien, Frankreich und die Beneluxstaaten Niederlande, Belgien und Luxemburg umfasste. Sie erweiterte sich und wuchs durch den Beitritt Dänemarks, Großbritanniens und Irlands (1953), Griechenlands (1981), Spaniens und Portugals (1986) sowie Finnlands, Österreichs und Schwedens (1995) zu einer beachtlichen wirtschaftlichen und zunehmend auch im Verbund mit den Vereinigten Staaten von Amerika im Rahmen der NATO militärischen Macht heran. 1992 vollzog sich mit dem Vertrag von Maastricht die schrittweise Bildung der Europäischen Union, der sich nach dem Fall des Eisernen Vorhangs und der Wiedervereinigung bald auch Staaten des ehemaligen Ostblocks anschlossen, was Russland, das sich voll zu Europa bekannte, in geradezu symbolhafter Weise durch die Rückbenennung Leningrads in St. Petersburg dokumentierte. Auch in den folgenden Jahren sparte Russland nicht mit Zeichen des guten Willens, sicher getragen vom Wunsch nach freundlicher Kooperation zu beiderseitigem Vorteil. Russland irritierte es allerdings, als die

NATO auf Betreiben der USA hin Raketenbasen in Polen einzurichten beschloss.

Es ist an der Zeit, sich von längst überholten Feindbildern zu lösen. Nichts Geringeres als Europas Zukunft steht auf dem Spiel. Russland ist ein natürlicher wie kultureller Partner Europas. Und die Staaten der Europäischen Union im Verbund mit Russland wären in der Lage, sich in Krisenzeiten vor Hegemonieansprüchen anderer Mächte zu schützen. Die Vereinigten Staaten von Amerika sollten rechtzeitig erkennen, dass die Europäische Union im Verband mit Russland auch für sie die beste zusätzliche Absicherung des europäischen Bevölkerungsanteils Amerikas ist, das durch die differentielle Fortpflanzung seiner nicht-europäischen Bevölkerung in nicht allzu ferner Zukunft in Bedrängnis kommen könnte. Die Europäische Union sollte wachsam bleiben und sich nicht gegen Russland instrumentalisieren lassen. Es weist manches auf Bemühungen hin, einen Keil zwischen das Vereinte Europa und Russland zu treiben.

■ Ebenen der Identifikation – ihr potenzieller Beitrag zum Weltfrieden

Dass Europa so schnell zueinander fand, mag zunächst überraschen. Europa verbindet viel Positives durch eine Geschichte, die von einem reichen kulturellen Austausch in Wissenschaft, Kunst und Handel geprägt ist, der durch innereuropäische Wanderungen zu kulturellen und verwandtschaftlichen Vernetzungen führte. Die Beziehungen zwischen den Ländern waren durch eine gewisse Ambivalenz gekennzeichnet. So sprachen wir von einer Hassliebe, die uns mit den Franzosen verband. Nun, da keiner den anderen im vereinten Europa fürchten muss, überwiegen die freundschaftlichen Gefühle. Im Rahmen einer zunehmend ideologisierten Globalisierung entwickeln sich gegenwärtig allerdings zunehmend Tendenzen, die nationalen Hoheitsrechte einzuschränken und selbst gegen den Widerstand der Bevölkerung an eine europäische Regierung zu übertragen. Diese möchte sich nicht unbedingt einer Regierung in Brüssel und einem Parlament in Straßburg zur Gänze ausliefern. Zumal die Ministerriege in Brüssel, von Lobbyisten belagert, die lokalen Interessen der nationalen Provinz gar nicht effektiv vertreten kann. Europa wächst zusammen und dass es weiter so bleibt, ist wohl aller Wunsch. Der kann sich allerdings nur erfüllen, wenn die Verantwortlichen in den politischen Führungsriegen auch verantwortlich handeln. Dazu gehört,

dass sie an der ursprünglichen Konzeption eines Europa der Vaterländer (Charles DE GAULLE) festhalten, denn dafür stimmte die Mehrzahl.

Man kann das familiale Ethos, wie wir schon ausführten, in Schritten von der Basis her erweitern. Dabei ist es unverzichtbar, die jeweils basaleren Ebenen der Identifikation zu erhalten. Die Eingebundenheit in die Familie bekräftigt das Urvertrauen des Menschen, das weiter in der lokalen Kleingruppe der Dorfgemeinschaft und des Sippen- und Familienverbandes verstärkt wird. Über Erziehung kann dieses familiale Ethos des Beistandes auf beliebig große Gruppen wie Nationen übertragen werden. Wir Europäer sind in Familie, Sippe, Lokalgruppe („Heimat"), Staat, Kulturnation und Europa eingebunden. Über 1500 Jahre hat Latein als Sprache der Kirche, der Wissenschaft, des Rechts und als Umgangssprache der Gebildeten ein einigendes Band über ganz Europa geflochten. Und jede Kirche legt Zeugnis davon ab, wie eindrucksvoll das Neue Testament als Kulturschöpfung der Juden die Kultur Gesamteuropas bestimmt. Die Denkmäler der inneren Stadt Wiens präsentieren auf überschaubarem Raum diese verschiedenen Identifikationsebenen der Wiener, wie in den Denkmälern des Wienerwaldmalers Ferdinand Georg WALDMÜLLER und des Grafen Rüdiger VON STARHEMBERG, der Wien gegen die Türken verteidigte. Zwischen dem Kunsthistorischen und Naturhistorischen Museum thront wie eine Mutter Österreichs die Kaiserin Maria Theresia. Im symbolischen Denkmalhaushalt spiegelt sich ferner der geistige Austausch in einem gesamtdeutschen Verständnis: BEETHOVEN, GOETHE, MOZART, GRILLPARZER und SCHILLER. Das Parlament schließlich ist einem griechischen Tempel nachempfunden. Die rechte Auffahrtsrampe schmücken vier Skulpturen bedeutender Römer, die linke vier griechische Denker der Antike. Sie erinnern an das geistige Band, das den Kulturkreis Europas von Süd nach Nord und von den Weiten Russlands bis an den Atlantik vereint.

Wird man sich schließlich einmal dessen bewusst, was wir alles an kulturellem Erbe der Vielzahl der außereuropäischen Völker verdanken, dann wächst die Bereitschaft zur freundschaftlichen Anerkennung aller Völker. Hat man in anderen Kulturen Freunde, dann verblassen die üblichen negativen Vorurteile: „Kein Mensch kann ein Volk hassen, von dem er mehrere Einzelmenschen zu Freunden hat. Wenige Stichproben dieser Art genügen auch, um ein gebührendes Misstrauen gegen jene Vorurteile zu erwecken, die ‚dem' Deutschen, Russen oder Engländer typische Nationaleigenschaften – in erster Linie natürlich hassenswerte – anzudichten pflegen" (12, S. 401). Um diese Bereitschaft zur Identifikation mit anderen zu nutzen, ist eine gute Unterrichtung in Geschichte mit all ihren positiven Seiten wie auch Schrecklichkeiten wichtig. Bleibt noch das Problem der Abreaktion der triebhaften Komponente, die unseren Drang nach kollektiver Auseinandersetzung speist. Wir suchen ja, wenn aggressiv motiviert, in einem Verhalten, das Ethologen als Appetenzverhalten bezeichnen (abgeleitet vom Wort Appetit) nach Möglichkeiten der Abreaktion. Hier kommt uns entgegen, dass wir die Aggression durchaus im gemeinsamen Kampf um die Probleme, die sich der Weltgemeinschaft stellen, instrumental einsetzen können. Wir verbeißen uns bekanntlich in Aufgaben, attackieren Probleme, bewältigen sie, machen uns die Natur untertan. Schon die Terminologie weist auf die aggressive Komponente hin, die uns dabei bewegt. Darüber hinaus haben wir die Möglichkeit, das kollektive Aggressionsbedürfnis auf harmlose Weise in sportlichen Wettkampfspielen wie Fußball auszuleben. Die Katharsis erlebt dabei auch das mitgehende Publikum, gelegentlich sogar im Übermaß. Aber die Olympiaden zeigen, dass man durch Erziehung und Einblendung bindender und beschwichtigender Rituale das Miteinander durchaus in ein mittlerweile weltweites Fest umgestalten kann. Der Wettstreit wurde zum vereinigenden Spiel. Ein Weltfrieden setzt allerdings voraus, dass wir unsere Bevölkerungszahl reduzieren, denn wir haben längst die ökologische Tragekapazität der Erde überschritten. Wir wollen darauf noch im folgenden Kapitel eingehen.

■ Die Gier und das Kurzzeitdenken

Für pflanzliche und tierische Organismen galt über die längste Zeit ihres stammesgeschichtlichen Werdeganges und bis heute, wer im Jetzt das Rennen macht, ist Sieger. Das gilt auch für uns und belastet uns mit einem Kurzzeitdenken, das Planungen für die weitere Zukunft erschwert. Für diesen Wettlauf im Jetzt sind wir mit stammesgeschichtlichen Anpassungen in Körperbau, Wahrnehmung und Verhalten ausgestattet. Unter anderem auch hormonphysiologisch. Bei der Aktivierung der triebhaften Bereitschaft zum Kampf um Reviere, Geschlechtspartner, soziale Positionen und andere knappe Ressourcen, spielt das männliche Geschlechtshormon Testosteron eine wichtige Rolle. Erfolg im Wettstreit wird überdies durch Testosteronausschüt-

tung in die Blutbahn bekräftigt. Gewinnen Tennisspieler ein Match, dann steigt ihr Bluttestosteronspiegel innerhalb von 24 Stunden signifikant an, verlieren sie, dann sinkt er deutlich ab. Das gleiche Phänomen beobachtet man auch bei Erfolg in anderen Bereichen. Bestehen Medizinstudenten eine Prüfung mit Erfolg, dann steigt ihr Bluttestosteronspiegel ebenfalls an, er sinkt dagegen ab, wenn der Kandidat durchfällt. Dieser Hormonreflex belohnt also jeden Erfolg, über ihn wird das Selbstwertgefühl und weiteres Dominanzstreben bekräftigt. Diese positive Rückkopplung führt allerdings auch dazu, dass unser Streben nach Macht und Ansehen von Erfolg zu Erfolg angeheizt wird, es neigt daher zur Eskalation, und kann sogar zur Sucht werden, da mit der stärkeren körperlichen und psychischen Belastung auch Endorphine freigesetzt werden, ähnlich wie beim Jogging.

■ Soziale Marktwirtschaft und Globalisierung

Arbeitsteilung gab es ursprünglich nur zwischen den Geschlechtern. Mit der Entwicklung der beruflichen Arbeitsteilung im produktiven Gewerbe, dem Handel und den Dienstleistungen erblühten die Zivilisationen mit ihren kulturellen Hochleistungen. Am Anfang standen wohl Geschenkpartnerschaften, wie wir sie bei den altsteinzeitlichen Buschleuten (San) bis in die jüngste Gegenwart noch studieren konnten. Polly WIESNER (13) entdeckte, dass die !Kung-Buschleute der Zentralen Kalahari mit Geschenkpartnern, die über ein größeres Gebiet verstreut leben, regelmäßig Geschenke austauschen. Dabei geben und empfangen sie selbst gefertigte Schmuckbänder aus durchbohrten und rund geschliffenen Straußeneischalen oder bunten, zu Mustern verarbeiteten Glasperlen, die sie von den Bantu oder anderen Besuchern gegen Felle, Honig und anderes mehr eintauschten. Der Geschenketausch zwischen den Buschleuten entsprach allerdings keinem dem Handel entsprechenden Leistungsaustausch, sondern diente der Bestätigung eines freundschaftlichen Kontraktes. Die Geschenkpartner verpflichten sich, einander in Notzeiten beizustehen. Bleibt einmal in einem Gebiet der Regen aus, dann findet man mit seiner Familie bei seinem Geschenkpartner als Gast für einige Monate in seinem Gebiet Aufnahme und kann dort jagen und sammeln. Jede Person hat im Durchschnitt 18 Geschenkpartner und verfügt damit über eine gute Sozialversicherung auf altsteinzeitlich.

Auch wir versichern uns noch durch den Austausch von Weihnachtspostkarten und im Geschenketausch der Freundschaft und festigen so unser soziales Beziehungsnetz. Aus solchem Geschenketausch entwickelte sich der Handel. Es liegt ja auf der Hand: Hat der Tauschpartner etwas, was sein Partner braucht, aber nicht selbst in seinem Gebiet erwerben kann, dann kann man ihm das schenken. Und da Geben und Nehmen in der Regel der Reziprozität (Gegen-, Wechselseitigkeit) gehorchen – selbst kleine Kinder befolgen diese Regel (14, 15, dort weitere Literatur) – bemüht man sich auch seinerseits, in entsprechender Weise mit Produkten zu vergelten. Den Eipo in West-Neuguinea fehlen in ihrem Gebiet die Steinbrüche, die ein für die Herstellung von Steinbeilklingen brauchbares Material liefern. Sie sind in Geschenkpartnerschaft mit einem Dorf verbunden, von dem sie Steinbeilrohlinge gegen Netze eintauschen, die sie selbst erzeugen. Dabei bemüht sich jeder, seinen Partner zufriedenzustellen. Große Feste, zu denen sich die Partner gegenseitig einladen, bekräftigen die Beziehung. Der Handel ist durchaus freundschaftlich motiviert. Das galt durchaus bis vor kurzem auch noch bei uns. Handel festigt Freundschaft und der Abbruch der Handelsbeziehungen kommt einer Aufkündigung der Freundschaft gleich. Wo sich Handel und arbeitsteilige Produktion in einem fairen Austausch entwickelten, erblüht ein gewisser Wohlstand. Die Versuchung allerdings, den Partner zu übervorteilen, wiederholte sich in der Geschichte, bis z. B. Aufstände der Bauern oder Arbeiter folgten, was im Laufe der Jahrhunderte und insbesondere unter dem Einfluss der Revolution in Frankreich zur Sozialgesetzgebung führte und schließlich zur sozialen Marktwirtschaft.

Der Mensch ist, wie wir schon bemerkten, durchaus ein Wesen, das risikobereit ist, aber es handelt sich um Risiken, die wir als altsteinzeitliche Jäger und Sammler erlebten, die sich mit wilden Tieren, Feinden, den Unbillen der Witterung und Strapazen des Alltagslebens auseinandersetzen mussten. Dafür entwickelten sie sogar eine besondere „Appetenz", die uns heute noch bewegt, das Abenteuer in Hanggleiten, Tauchen, Abenteuerreisen, Bungeejumping, Autorennen, Extrembergsteigen und dergleichen mehr auszuleben. Nur für die Abhängigkeit von einem Brotgeber und die im Gefolge auch mögliche Arbeitslosigkeit entwickelten wir keinen Appetit. Gegenwärtig erleben wir eine Brutalisierung des Wettbewerbs zwischen Konzernen und Betrieben auf der internationalen ebenso wie auf der nationalen Ebene, der ein Rückfall auf ar-

chaische, vom Kurzzeitdenken beherrschte Wettstreitmuster bedeutet. Wir sind zwar wie die Reptilien auf den Wettlauf im Jetzt programmiert und entwickelten erst mit der Familialität prosoziale Verhaltensmuster als Gegenspieler der Aggression. Deren gegenwärtiger Abbau gefährdet jedoch so gut wie alles, was wir an Zivilisiertheit erreichten. Die Dogmatisierung der neoliberalen Vorstellung eines völlig freien Wettbewerbes gefährdet den inneren und äußeren Frieden. In einer kontrastbetonenden Absetzung von den überholten Theorien der zentralen Verwaltungswirtschaften wird die bewährte ökosoziale Marktwirtschaft zugunsten eines Kapitalismus aufgegeben, für den der Altbundeskanzler Helmut Schmidt die treffende Bezeichnung „Raubtierkapitalismus" prägte.

Die soziale Marktwirtschaft der Länder der Europäischen Union vor ihrer Erweiterung, die später um ökologische Aspekte erweitert wurde, war anfangs zukunftsorientiert. Sie trat für freien Wettbewerb in vielen Bereichen ein, schützte jedoch die eigene Wirtschaft vor ökologischem und sozialem Dumping. Den Ländern, die sich dies zur Leitlinie ihres Wirtschaftens erkoren und damit auf die Angleichung nach oben setzten, gelang dies so gut, dass sie trotz der fast völligen Verwüstung nach dem Zweiten Weltkrieg ein Wirtschaftswunder erlebten und schließlich im Leistungstausch der Vollbeschäftigung einen Markt mit hoher Kaufkraft schufen. Wir sollten nicht vergessen, dass es verschiedene Ebenen der Selektion gibt, die unser Schicksal bestimmen. Was tüchtige Einzelpersonen oder Familien durch ihre Entdeckungen, Erfindungen und ihren Fleiß in Produktion und Handel erwirtschafteten, fördert sicher auch in erster Linie deren weiteren Aufstieg und Eignung (Fitness). Das setzt aber in einer Gemeinschaft eine Regierung mit Ordnungskräften voraus, die für den inneren und äußeren Frieden sorgen. Wir erwähnten die Geschenkpartnerschaften der Wildbeuter und neusteinzeitlichen Pflanzer, die der sozialen Absicherung dienten. Aus solchen Partnerschaften entwickelte sich der Gütertausch auf der Basis fairer Reziprozität. In modernen Staaten sorgt die in diesen Reziprozitäten wurzelnde Verteilungsgerechtigkeit für den Ausgleich. Von den erwirtschafteten Gütern und Dienstleistungen, die einer erfüllt, erhält er ihrer Qualität entsprechende Entlohnung. Sie muss so beschaffen sein, dass Arbeitswillige in den niedrigsten Einkommensklassen noch so viel bekommen, dass sie bei Fleiß und Sparsamkeit Aufstiegschancen haben, und vor allem, dass sich ihren Kindern die Möglichkeit eröffnet, eine gute Ausbildung zu bekommen. Diese Sozialleistungen werden zunehmend geringer und viele liegen mit ihrer Entlohnung an der Armutsgrenze. Das gefährdet wiederum den Staat und alle seine Bewohner.

Im Rahmen der Globalisierung erfolgt eine Abkehr von der sozialen Marktwirtschaft. Ein Kapitalismus mit zunehmend dogmatischen Zügen fordert, dass alle Staaten der Welt, insbesondere das Vereinte Europa, die Grenzen für den freien Verkehr von Waren, Geld und Arbeitskräften öffnen und dass dazu die traditionellen Staaten Europas ihre Souveränität weitgehend aufgeben sollten. Die Entstaatlichung der Staaten der EU schreitet ohne Rücksichtnahme auf Grundgesetze hurtig voran. Der freie Markt soll alles regeln und man gibt vor, das würde den allgemeinen Wohlstand fördern. Die einseitige Aufkündigung des Leistungstausches durch „Freisetzung" von Arbeitskräften im Rahmen des schlanken Wirtschaftens und durch die Außenverlagerung der Produktion schwächt die Kaufkraft der Bürger des eigenen Landes, welche ausgeschlossen vom Leistungstausch, nur noch höchst begrenzt als Käufer auftreten können. Sie belasten überdies den Staat, dem ja die Soziallasten aufgebürdet werden. Das führt zu lawinenhaft anschwellenden Problemen, die letzten Endes den Staat, Europa und unsere Demokratie gefährden, denn Not infantilisiert. Die Menge sucht in der Not Zuflucht bei „starken" Führungspersönlichkeiten – das wussten geschickte Demagogen zu allen Zeiten zu nutzen. Die Unternehmen laufen dabei Gefahr, ihren sicheren Heimathafen und den für sie wichtigsten Markt zu verlieren, denn die Kaufkraft eines Marktes hängt von einem funktionierenden Leistungstausch ab. In der Bundesrepublik Deutschland wurden im Jahr 2004 rund 70 % der produktiven Wirtschaftsleistung abgesetzt, weitere 20 % in den Ländern der mittlerweile wirtschaftlich zusammengeschlossenen Europäischen Union und nur 10 % im außereuropäischen Markt (USA 2,9 %, der Rest geht nach Russland, China, Japan etc.). Daran hat sich grundsätzlich nichts geändert.

Mit der ökosozialen Marktwirtschaft erreichte Europa trotz der ungeheuren Zerstörungen und sozialen Belastungen nach dem 2. Weltkrieg im Westen Europas zunächst in den einzelnen Staaten, dann in der Europäischen Wirtschaftsgemeinschaft, einen hohen allgemeinen Wohlstand, der es auch Arbeitern ermöglicht einen Kleinwagen zu kaufen, ein Häuschen anzusparen und begabten Kindern ein Studium zu finanzieren. Dieser Erfolg basierte auf einem funktionierenden Leistungstausch, die elementa-

re Voraussetzung für eine funktionierende Wirtschaft. Man erwirbt für eine Dienstleistung über das Geld die Möglichkeit, Dienstleistungen anderer zu erwerben, seien es Waren, die erzeugt wurden, oder Dienstleistungen anderer Art. Arbeitgeber und Arbeitnehmer sind in diesem Sinne partnerschaftlich verbunden. Es heißt dabei oft: „Geht es der Industrie gut, dann geht es auch den Arbeitern gut." (13). Dies setzt allerdings eine faire Bezahlung voraus, die mehr als nur das Existenzminimum sichert. Man kann in diesem Sinne durchaus auch umgekehrt sagen, wenn es den Arbeitern gut geht, geht es auch der Industrie gut, denn dann steigt die Kaufkraft.

Das System funktionierte, da es grundsätzlich so etwas wie eine Ethik der Fairness und eine bürgerliche Verantwortlichkeit der größeren Gemeinschaft gegenüber gab. Höchst problematisch ist in diesem Zusammenhang, dass der Staat angeblich nicht seine eigene Wirtschaft schützen darf, so dass die Betriebe fast zur Außenverlagerung gezwungen sind. Außenverlagerung ist grundsätzlich eine Methode zur Eroberung anderer Märkte. Aber man muss wissen, dass es außerhalb der EU rücksichtsloser zugeht als im traditionellen Binnenmarkt. Mit der Außenverlagerung fördert man gewiss die wirtschaftliche Entwicklung des Gastlandes und mit einer gewissen Automatik wird in dem Leistungstausch mit der Anhebung des Wohlstandes die Forderung der Arbeitnehmer größer, so dass sich schließlich eine ähnlich hohe Kaufkraft entwickeln kann. Dann kann man, ohne soziales Dumping zu bewirken, die Grenzen öffnen und freien Handel betreiben. Wenn sich aber zwei Staaten mit unterschiedlichem Kaufkraftniveau wirtschaftlich vereinigen, dann gleicht sich natürlich die Kaufkraft aus und pendelt sich auf ein gemeinsames Niveau ein, wie der Wasserspiegel in verbundenen Gefäßen, wobei Kaufkraft vom höheren Niveau zunächst abfließt. Öffnet sich eine Marktwirtschaft jedoch der Welt, dann gefährdet sie ihren wichtigsten Markt, den Binnenmarkt, der zugleich ihren Konzernen Sicherheit im internationalen Wettbewerb bietet. Europa hatte mit der schrittweisen wirtschaftlichen Einigung großen Erfolg. Selbst die Armenregionen wie Finnland, Portugal, Irland und Griechenland holten schnell auf.

Zunehmend problematisch wird auch die großzügige Veräußerung von Staatseigentum auf dem internationalen Markt. Abgesehen davon, dass es strategisch empfindliche Bereiche wie Post, Telekommunikation oder den öffentlichen Verkehr und andere Serviceleistungen gibt, die bisher dem Staat oblagen und die auch in Krisensituationen wie z. B. im Krieg funktionieren müssen und eigentlich auch gegen Spionage abgeschottet sein sollten, sollte der Staat daran denken, dass er Sperrminoritäten behält, damit nicht andere uns nicht wohlgesinnte Mächte Schließungen durchführen und Arbeitskräfte entlassen werden. Vielfach sind die Verkäufe nicht rentabel. Erwähnt werden soll an dieser Stelle der Verkauf der Triebwagenwerke in Görlitz an Bombardier, die in Görlitz kurz nach dem Verkauf geschlossen wurden. Fazit: 25 % Arbeitslose. Wie rechnet sich so etwas für den Staat? Für diese und ähnliche Beispiele sollte man Kosten-Nutzen-Rechnungen von den Politikern anfordern, die für den Verkauf verantwortlich sind. Das Grundgesetz fordert ausdrücklich, die Interessen des eigenen Staates wahrzunehmen und es wurde nicht durch Brüssel aufgehoben. Vielmehr wäre Brüssel verpflichtet, den europäischen Markt zu schützen.

Grundsätzlich gibt es bei uns mehrere Ebenen der Konkurrenz: Die zwischen Individuen persönlich ausgetragenen Rivalitäten, die Rivalitäten zwischen Verbänden, Parteien und Betrieben innerhalb der Solidargemeinschaft eines Staates, die im Interesse des Zusammenhaltes der größeren Solidargemeinschaft Regeln untersteht, die das Faustrecht ablösen. Schließlich gibt es die Konkurrenz auf internationaler Ebene, für die wir uns in einer Art Weltgemeinschaft um Regelungen bemühen, die den Wettstreit zivilisieren. Aber davon sind wir noch weit entfernt. Die Währungsspekulation hat ganze Volkswirtschaften geschädigt und wenn ein Staat sich seines Sieges sicher glaubt, dann zieht er zur Sicherung begrenzter Ressourcen durchaus den kriegerischen Einsatz von Waffen und damit die Tötung von Menschen in Erwägung. International herrscht vielfach noch das Faustrecht. Das gilt es zu bedenken, bevor man vorschnell seine eigenen Industrien weltweit international zur Disposition stellt. Mittlerweile haben auch 45 % der mittelgroßen Betriebe ihre Produktion in den außereuropäischen Raum verlagert und wir betreiben vielfach nur noch die Endmontage für Export und Binnenmarkt. Aber die Empfehlung, Schutz für den eigenen Markt durch Erhaltung des Leistungstausches im Binnenmarkt zu gewährleisten, ist als Protektionismus verpönt. Man setzt auf Wachstum. Den wird man bei zunehmender „Freisetzung" der eigenen Arbeitskräfte nicht erreichen.

■ Europa als ökosoziale Friedensregion und Modell für die Welt

Man hört immer wieder, man könne gegen die Globalisierung nichts machen. Man kann sie immerhin zivilisieren und das ist im Interesse der Bürger der Staaten der Europäischen Union, die zunehmend sensibel auf die Anmaßungen Brüssels reagieren, die parlamentarisch in keiner Weise abgesichert sind. In diesem Zusammenhang darf auch daran erinnert werden, dass die EU von Anbeginn als Europa der Nationen konzipiert war und die Regierungen der Nationalstaaten durchaus das Recht haben, nach dem Grundgesetz zu handeln und so eigene Interessen wahrzunehmen. Dazu gehört der Schutz der europäischen Wirtschaftsgemeinschaft gegen soziales und ökologisches Dumping, die für die Welt so zu einem Modell einer ökosozialen Friedensregion werden könnte. Abgrenzung und Offenheit kennzeichnen dieses Leben. Das sehen wir in der Mutter-Kind-Bindung und in der familialen Abgrenzung. In beiden erfährt das Kind Sicherheit und legt das Urmisstrauen ab, das ihm angeboren ist, wie die Fremdenscheu der Säuglinge zeigt. Aber dank seiner prosozialen Veranlagung, die mit der Nachwuchsfürsorge in die Welt kam, und dank seiner Sprachfähigkeit hat der Mensch wie keine andere Art das Potenzial, sich in immer größeren Solidargemeinschaften freundschaftlich zu verbünden. Man fordert heute, wir sollten uns mit der gesamten Menschheit verbrüdern und alle Grenzen aufheben, denn Abgrenzung wäre ein feindlicher Akt. Es wäre ferner notwendig, die Identifikationen mit Volk und Nationen aufzugeben, ja für uns Europäer wird selbst die europäische Identifikationsebene als Eurozentrismus gegeißelt. Was übersehen wird, ist, dass die Identifikation mit der nächsthöheren Gemeinschaftsebene immer die vertrauensvolle Einbindung in der basaleren Identifikationsebene voraussetzt. Sie bekräftigt das Vertrauen und ist auch emotional besetzt. Jedes Gemeinwesen auf höherer Ebene beruft sich auf gemeinsame Abstammung, fingiert oder real. Im Wort „Nation" steckt die Berufung auf eine gemeinsame Abstammung und wir erweitern unsere Familie auch ideologisch, wenn wir heute Verbrüderung mit der Menschheit fordern. Die starke Neigung des Menschen, sich von anderen aus Furcht vor deren Dominanz und der damit verbundenen Gefährdung der eigenen ethnischen Identität, wenn nicht gar Existenz, abzusetzen, bringt es mit sich, dass in aller Welt Stereotypien über Nachbarn entwickelt wurden, die vielfach negativ sind. Um den Abbau solcher Vorurteile bemühen sich die Medi-

(4) EIBL-EIBESFELDT, I. (1971): Eine ethologische Interpretation des Palmfruchtfests der Waika (Venezuela) nach einigen Bemerkungen zur bindenden Funktion von Zwiegesprächen. Anthropos **66**: 767–778.

(5) EIBL-EIBESFELDT, I. (1973): The expressive Behaviour of the Deaf- and Blindborn. In: CRANACH, M. M. & I. VINE (eds.): Social Communication and Movement. (Academic Press, London), S. 163–194.

(6) EIBL-EIBESFELDT, I. (1982): Warfare, Man's Indoctrinability and Group Selection. Zeitschrift für Tierpsychologie **60**: 177–198.

(7) EIBL-EIBESFELDT, I. & V. HEESCHEN (1994): Eipo (West-Neuguinea, zentrales Hochland). Demonstration des rituellen Pflanzens einer Cordyline. Begleitpublikation zum Film der Enzyklopädia Cinematographica E 3037 von Irenäus Eibl-Eibesfeldt. Ethnologische Sonderserie **9**, S. 13–25.

(8) EIBL-EIBESFELDT, I., W. SCHIEFENHÖVEL & V. HEESCHEN (1989): Kommunikation bei den Eipo. Eine humanethologische Bestandsaufnahme. (Dietrich Reimer Verlag, Berlin).

(9) EIBL-EIBESFELDT, I. & C. SÜTTERLIN (2007): Weltsprache Kunst. Zur Natur- und Kunstgeschichte bildlicher Kommunikation. (Christian Brandstätter Verlag, Wien).

(10) EIBL-EIBESFELDT, I. (1970): Liebe und Hass. Zur Naturgeschichte elementarer Verhaltensweisen. (Piper Verlag, München).

(11) EIBL-EIBESFELDT, I. (1975): Krieg und Frieden aus der Sicht der Verhaltensforschung. (Piper Verlag, München).

(12) LORENZ, K. (1963): Das sogenannte Böse. (Borotha-Schoeler Verlag, Wien).

(13) WIESSNER, P. (1977): Hxaro: A Regional System of Reciprocity for Reducing Risk among the !Kung San. (PhD Diss. University of Michigan, Ann Arbor).

(14) MAUSS, M. (1969): Die Gabe. Form und Funktion des Austausches in verschiedenen Gesellschaften. (Suhrkamp Verlag, Frankfurt/M).

(15) EIBL-EIBESFELDT, I. (1984): Die Biologie des menschlichen Verhaltens. (Piper-Verlag, München).

(16) HASS, H. (1981): Vorteil des Menschen. Er kann sein Energon verändern. In: Das neue Erfolgs- und Karrierehandbuch. (Verlag für beste Unternehmensführung, Geretsried). S. 157–198.

(17) SAUZAY, B. (1986): Die rätselhaften Deutschen. (Bonn Aktuell Verlag, Stuttgart).

EIBL-EIBESFELDT, I. (2010): „Gefährden wir uns selbst?" – In: Antal-Festetics-Festschrift: *Was ist Leben? Entstehung, Erforschung, Erhaltung*, Verlag J. Neumann-Neudamm, Melsungen, S. 121-133

„In Göttingen wird gelehrt, **wie** sie denken sollten, und **nicht** ewig hin, **was** sie zu denken haben"

(*Georg-Christoph* LICHTENBERG, *1778*)

Leben erforschen und erhalten – Rückblick auf drei Jahrzehnte Wildbiologie inGöttingen

Prof. Dr. Antal Festetics
(Institut für Wildbiologie und Jagdkunde der Universität Göttingen)

„Leben erforschen und erhalten", das haben wir uns zur Aufgabe gemacht, als ich 1972 das Göttinger **Jagdkunde**-Institut übernommen und gemeinsam mit meinen Mitarbeitern durch die **Wildbiologie** erweitert habe. Der neue Institutsbriefkopf bekam auf allen unseren Schreiben aber auch einen Stempel aufgedrückt mit dem Wahlspruch: „**Natürlich Naturschutz** – retten, was noch zu retten ist!" Meine berufliche **Motivation** war damals und ist heute noch die gleiche wie die meiner Mitstreiter: wir sind Biologen aus **Neigung** und Naturschützer aus **Not**. Wir sind Biologen, weil uns die evolutive **Vielfalt** von Gestalten und Verhaltensweisen **begeistert**. Und wir müssen **notgedrungen** Naturschutz betreiben, weil eben diese Vielfalt weltweit **bedroht** ist. Bedroht durch eine **einzige** Spezies unter Millionen von Arten – durch **uns selbst**! Deshalb müssen wir in unsere wissenschaftlichen Betrachtungen neben unseren **Mitgeschöpfen** auch unsere **Mitmenschen** einbeziehen.

Im Mittelpunkt der Wildbiologie steht das **Mensch-Tier-Verhältnis**, mit seinen vielfältigen Erscheinungsformen.

Ein kurzer **Rückblick** auf drei Jahrzehnte ermöglicht in diesem Rahmen freilich nur ein paar Streiflichter einzublenden. Ich kann hier keineswegs alle Forschungsvorhaben und Ergebnisse unseres Institutes im Einzelnen vorstellen und beschränke mich deshalb auf die Vielfalt wildbiologischer **Arbeitsmethoden** sowie eine kleine Auswahl von Ereignissen aus den vergangenen drei Jahrzehnten, die unser Institut betreffen.

Die Gründung des weltweit **ersten** Institutes für Jagdkunde **1936** und bis in jüngster Zeit **einzigen** Lehrstuhls dieser Art hat Hermann GÖRING angeordnet, einer der größten Nazi-Verbrecher der Hitler-Diktatur. Der Reichsmarschall war unter anderem auch Reichs**forst**meister, Reichs**jäger**meister und Schirmherr der Internationalen Jagdausstellung **1937** in Berlin (Abb. 2). Dazu brauchte GÖRING ein Jagdkunde-Institut. Im Gründungsdekret, das seine Unterschrift trägt, heißt es wörtlich: „Um das deutsche Wild aufzuarten [...] und [...] um den triebhaften Neigungen des wehrhaften deutschen Mannes Folge zu leisten." 35 Jahre später, bei der Weltjagdausstellung **1971** in Budapest war das Institut noch einmal angetreten, um die Jagd zu rechtfertigen.

Was den **Paradigmenwechsel** an unserem Institut ab Anfang der siebziger Jahre betrifft, so ist dieser im Kontext mit dem **neuen Umweltbewusstsein** breiter Bevölkerungsschichten zu sehen. Niemals zuvor gab

GÖTTINGER WILDBIOLOGIE

Paradigmenwechsel im Mensch-Tier-Verhältnis 1972 – 2005

vom Schützen zum Schützer
Biologie vor Ballistik
Naturschutz statt „Jagdschutz"
artgerecht statt „waidgerecht"
Rote Listen vor Schusslisten
Artenschutz statt „Aufartung"
Beutegreifer statt „Raubzeug"
Biotopschutz statt „Revierhege"
Schutzprämien statt Schussprämien
Faunenbewertung statt „Trophäen"bewertung
Wiederansiedlung statt Faunenverfälschung
Biodiversität statt „bunte" Strecken

Abb. 1

Abb. 2   (Archivbild)

es in der **Mensch-Tier-Beziehung** einen solchen Wandel als damals in den siebziger Jahren. Bei uns bekam die Biologie Vorrang vor der Ballistik, die Rote Liste vor der Schussliste und die Faunenbewertung vor der Trophäenbewertung (Abb. 1). Ab 1972 begann schließlich der **Paradigmenwechsel** vom Natur**nützer** zum Natur**schützer**, als die Wildbiologie dazu gekommen war (Abb. 3).

70 Jahre Wildbiologie und Jagdkunde

1935-2005

1935 Beschluss über Gründung des Instituts für Jagdkunde an der Forstlichen Hochschule in Hannoversch-Münden (ab 1939: Forstliche Fakultät der Universität Göttingen)

1936 Aufnahme des Institutsbetriebs Leitung: Prof. Dr. Julius Oelkers

1937 Mitwirken des Instituts für Jagdkunde an der Internationalen Jagdausstellung in Berlin

1942 Einrichtung des gleichnamigen Lehrstuhls, Berufung von Prof. Dr. Friedrich Kröning zum Ordinarius
1947 Berufung von Prof. Fritz Nüßlein zum Ordinarius

1970 Umzug der Forstlichen Fakultät von Hannoversch-Münden nach Göttingen

1971 Mitwirkung des Instituts für Jagdkunde an der Weltjagdausstellung in Budapest

1972 Berufung von Prof. Dr. Antal Festetics zum Ordinarius. Erweiterung des Instituts in Wildbiologie und Jagdkunde. Paradigmenwechsel: vom Naturnützer zum Naturschützer

2005 Zusammenlegung des Instituts für Wildbiologie und Jagdkunde mit dem Institut für Forstzoologie und Waldschutz

Abb. 3

136

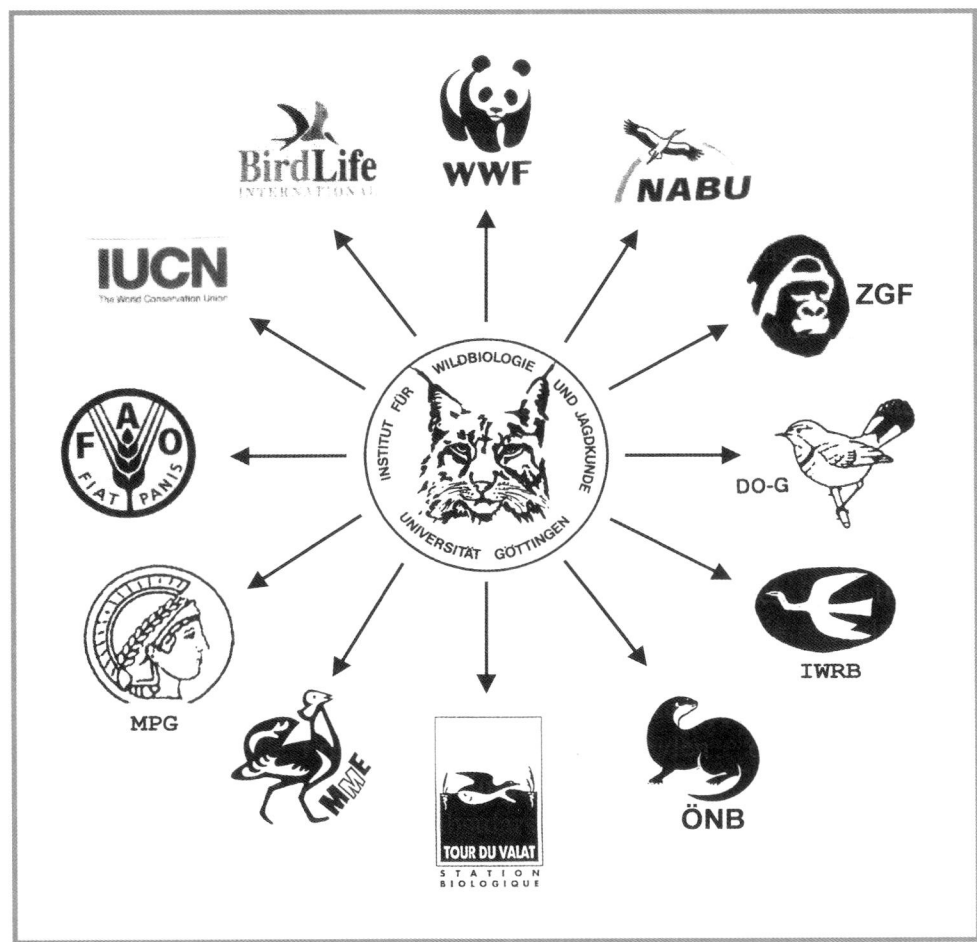

Abb. 4

und Instituten der **Max-Planck-Gesellschaft** danke ich der Verhaltensphysiologie, der Humanethologie und der Ornithologie in Süddeutschland für die gute Zusammenarbeit, schließlich aber auch der Biophysikalischen Chemie, unserem Nachbarinstitut in Göttingen. Die **FAO** unterstützte uns finanziell, die **IUCN** ideell und mit **BirdLife** schließlich fühlen wir uns ebenfalls partnerschaftlich verbunden.

Wir definierten unser neues Fach wie folgt:

Die Wildbiologie befasst sich mit Wirbeltieren aus dem Blickwinkel der Mensch-Tier-Beziehungen. Sie bedient sich Methoden der Ökologie, Ethologie, Morphologie, Populationsdynamik, Veterinärmedizin und anderen Disziplinen. Sie definiert sich somit **nicht** von der Methode, sondern **vom Objekt** her. Die **Nutzung**, **Steuerung** und **Erhaltung** von Wildtierbeständen – in dieser historischen Reihenfolge – sind die **drei** wesentlichsten **Aspekte** der Mensch-Tier-Beziehungen, von denen der jüngste notgedrungen der aktuell wichtigste für die Wildbiologie ist. Sie ist deshalb bemüht, wissenschaftliche Grundlagen für den Arten-, Biotop- und Prozessschutz zu erarbeiten, um Wildtiere als „Wild", im **Wildzustand** zu erhalten.

Es musste aber auch für das alte Fach **Jagdkunde** eine **neue** Definition formuliert werden, denn die bestehende bezog sich auf Forschungen **für** Jäger und nicht **über** Jäger. Das Ziel der alten Jagdkunde war große Strecken und starke Trophäen zu produzieren und zu rechtfertigen. Unsere neue Begriffsbestimmung lautete wie folgt: **Die Jagdkunde** untersucht den **jagenden Menschen**, die Ursachen und Folgen seines Tuns aus ökologischer, ökonomischer und psychologischer Sicht. Sie ist weder „für" noch „gegen" die Jagd, sondern **analysiert** und **bewertet** ihre vielfältigen Erscheinungsformen im Einzelnen.

Beispielhaft für unsere neuen in- und ausländischen **Partnerschaften** der Göttinger Wildbiologie waren folgende **12** Institutionen (Abb. 4), denen wir uns besonders verbunden fühlen: Ich danke dem **WWF-International** für vielfältige Hilfeleistungen und dem **NABU-Göttingen** für die gute Kooperation vor Ort. Der Zoologischen Gesellschaft Frankfurt/Main (**ZGF**) unter Professor GRZIMEK verdanken wir finanzielle Unterstützung, der Deutschen Ornithologischen-Gesellschaft (**DO-G**) wissenschaftliche Impulse und dem International Wildfowl Research Bureau (**IWRB**) wertvolle Anregungen zum Schutz der Wasservögel. Der Österreichische Naturschutzbund (**ÖNB**) unterstützte unser Luchsprojekt in den Alpen und wir durften wiederholt Gäste sein bei Dr. Lukas HOFFMANN an seiner Biologischen Station **Tour du Valat** in Südfrankreich. In den Puszta-Nationalparks war unser Partner die **MME** (hier mit ihrem Trapphahn-Emblem dargestellt), d. h. die Ungarische Gesellschaft für Vogelkunde und Naturschutz. Von den Forschungsstellen

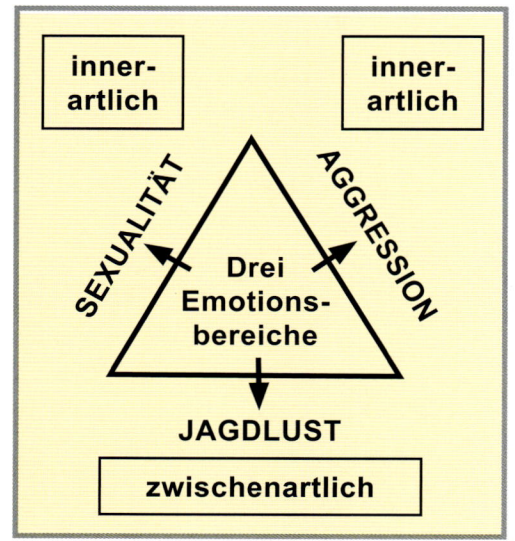

Abb. 5

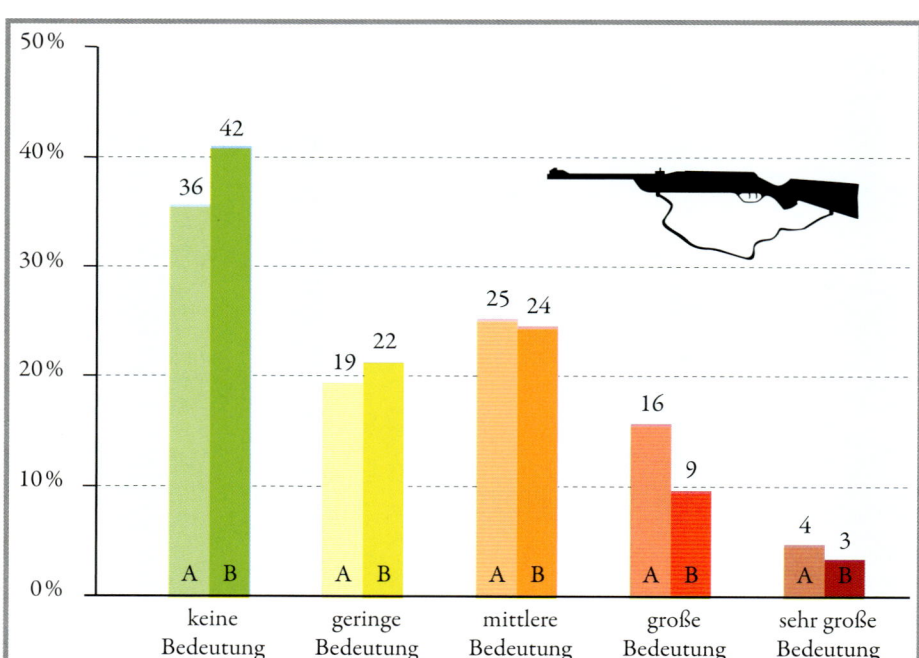

Abb. 6: „Ich verspürte/verspüre einen Beutetrieb" – Bedeutung dieses Motivs bei der Jagd: (A) = **früher** (d. h. zu Beginn der Forstamtsleitertätigkeit; (B) = **heute** (d. h. zum Zeitpunkt der Umfrage).

(Grafik: TOMM/EWERS ©)

Die **Motivationsanalyse** des Jagens als waidmännische Lusthandlung ist freilich ein heikles Thema. Von den drei besonders **emotions**beladenen Bereichen sozialer Interaktion des Menschen sind zwei, nämlich Sexualität und Aggression, im Wesentlichen **intra**spezifische Phänomene. Der dritte Bereich, das Jagen, und zwar nicht zur Stillung des Hungers wie einst, sondern als Freizeitvergnügen unserer Zeit, ist hingegen eine **inter**spezifische Handlung (Abb. 6).

Ein Beispiel für die neue Jagdkunde war die Motivationsanalyse westdeutscher Forstamtsleiter bezüglich Tötungslust und Tatverbrämung durch Brauchtumsrituale, die mein Diplomand Christoph EWERS durchgeführt hat (Abb. 5). Wir haben an unserem Institut Professor Kurt LINDNER und Dr. Sigrid SCHWENK Lehrbefugnisse für Jagdgeschichte erteilt und sie haben die Etymologie der deutschen **Waidmannssprache** untersucht. Viele Ausdrücke der alten Jagdpraxis leben in unserer heutigen Umgangssprache weiter, wie zum Beispiel die Redewendung „er ging mir durch die Lappen". Um beim Treiben das Wild zurückzuscheuchen, wurden bunte Stofflappen auf einer Schnur aufgereiht, was jedoch nicht immer wirksam war. Das Wild „ging durch die Lappen", wenn es in letzter Panik die Zäunung durchgebrochen hat (Abb. 7).

Abb. 7

(aus „Waidwerk der Welt", 1938)

Die Mehrzahl unserer Projekte war freilich **wildbiologischer** Natur. Die Karte zeigt (Abb. 8) zeigt ihre räumliche Verteilung zur Halbzeit, das heißt in den ersten 14 Jahren meines Rückblicks. Einige der Projekte werde ich vorstellen. Deutschland war damals zweigeteilt und wir hatten zwar Partnerschaften mit allen „Ostblockstaaten", nur mit der DDR durften wir nicht kooperieren. Der „Eiserne Vorhang" mitten durch Deutschland hat nicht nur Wildtierbestände, zum Beispiel die Population des Rothirsches im Harz (Abb. 9) zweigeteilt; er hat auch die deutsche Bevölkerung gewaltsam in „Wessis und Ossis" gespalten.

Abb. 8   (Grafik: TAMBOUR/FESTETICS ©)

Abb. 9   (Foto: A. FESTETICS ©)

Abb. 10

Ich will nun hier folgend einige Arbeitsweisen der Göttinger Wildbiologie Revue passieren lassen. Bei unseren Wildtieren haben wir **drei Methoden** der Verhaltensforschung angewandt: **Haut**kontakt, **Sicht**kontakt und **Funk**kontakt (Abb. 11). **Haut**kontakt bewirkt **Prägung** des handaufgezogenen Tierkindes auf die menschliche Ersatzmutter durch Streicheln, aber auch durch Anal- und Genitalmassage, um die Harn- und Kotabgabe in Gang zu setzen, wie das vor allem bei Rehkitzen und Hirschkälbern notwendig ist. Abb. 10 zeigt drei unserer Diplomandinnen als Elternkumpane ihrer handaufgezogenen Hirschkälber, mit Mufflon und Heidschnucke zum Vergleich.

Bei unseren Waschbären und Luchsen war es umgekehrt: diese haben mit ihren Pfoten und Zungen uns betastet oder beleckt, was noch zu sehen sein wird. Die **zweite** Methode, der **Sicht**kontakt, ist die klassische Art der Feldbeobachtung von Wildtieren. Feldhasen aus dem Tarnzelt, Seehunde aus dem Krabbenkutter oder Waldschnepfen am Waldrand bei der Flugbalz, um hier nur drei Beispiele aus unseren Feldforschungen zu nennen. Die **dritte** Methode, der **Funk**kontakt schließlich hat der Wildtierforschung ganz neue Möglichkeiten eröffnet. Mit Hilfe der Radiotelemetrie konnten wir das **Raum-Zeit-System** von Wildtieren im Wald rekonstruieren, die sich unserem **Sicht**kontakt entziehen.

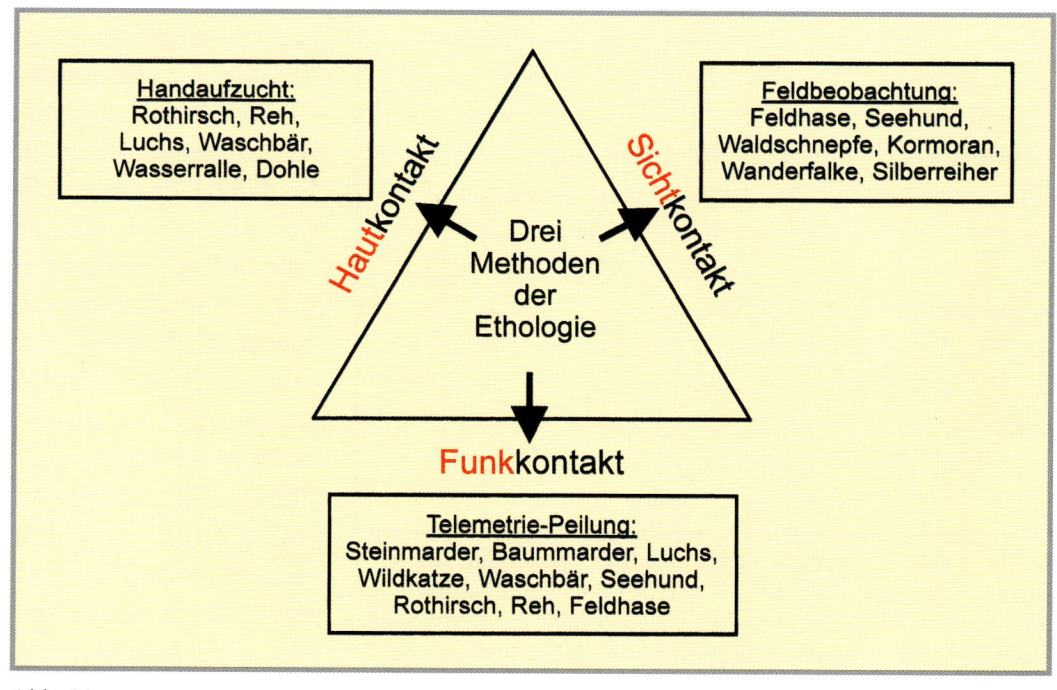

Abb. 11

140

Abb. 12   (Foto: A. FESTETICS ©)

Die Erkenntnis, die wir bei diesen Untersuchungen gewinnen konnten, zeigen, dass die alte **Dichotomie** des Verhaltens **angeboren** oder **erlernt** durch **geprägt** als **drittem** Faktor erweitert werden muss, weil dieser mitunter sogar **stärker** und wirksamer sein kann, als Erbgut oder Erfahrung (Abb. 13). Mein Lehrer Konrad LORENZ, der seinerzeit die Prägung entdeckt und u. a. dafür den Nobelpreis für Medizin erhalten hat, besuchte uns öfter in Göttingen und stand uns mit gutem Rat zur Seite. In Abb. 12 sitzt er im Institutsgehege bei unseren handaufgezogenen Rothirschen.

Wir stellten die Frage, ob die Lorenz'sche Methode mit den Graugänsen auch auf Vierbeiner anwendbar ist, bei denen allerdings, im Unterschied zu Vögeln, der Geruchssinn im Sozialverhalten oft eine wichtigere Rolle spielt.

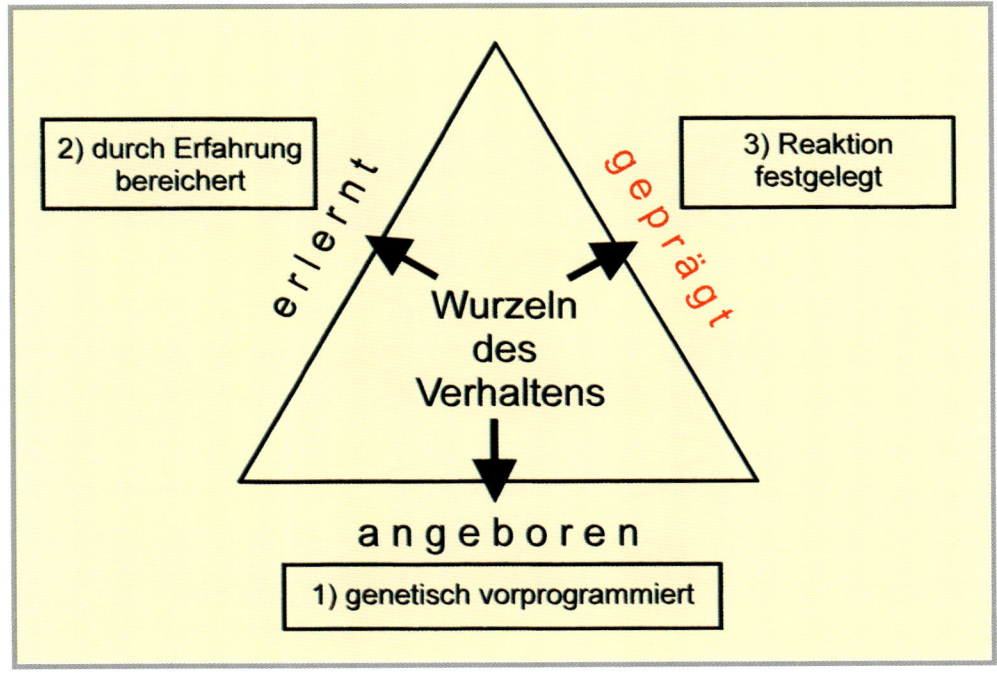

Abb. 13

141

Abb. 14   (Foto: A. FESTETICS ©)

Mein Mitarbeiter Dr. Helmuth WÖLFEL hat mehrere Generationen von **Rothirschkälbern** mit der Flasche aufgezogen (Abb. 14). Ein Beispiel für Erkenntnisgewinn mit dieser Forschungsmethode ist die **Voraugendrüse**, die beim Hirschkalb eine olfaktorische Signalfunktion hat (Abb. 15). Bei hungrigen Hirschkälbern ist sie weit geöffnet, nach Sättigung wird sie geschlossen. Es bildet ein **Geruchsband** in der Mutter-Kind-Beziehung als unsichtbares Kommunikationsmittel im Rahmen der Feindvermeidung.

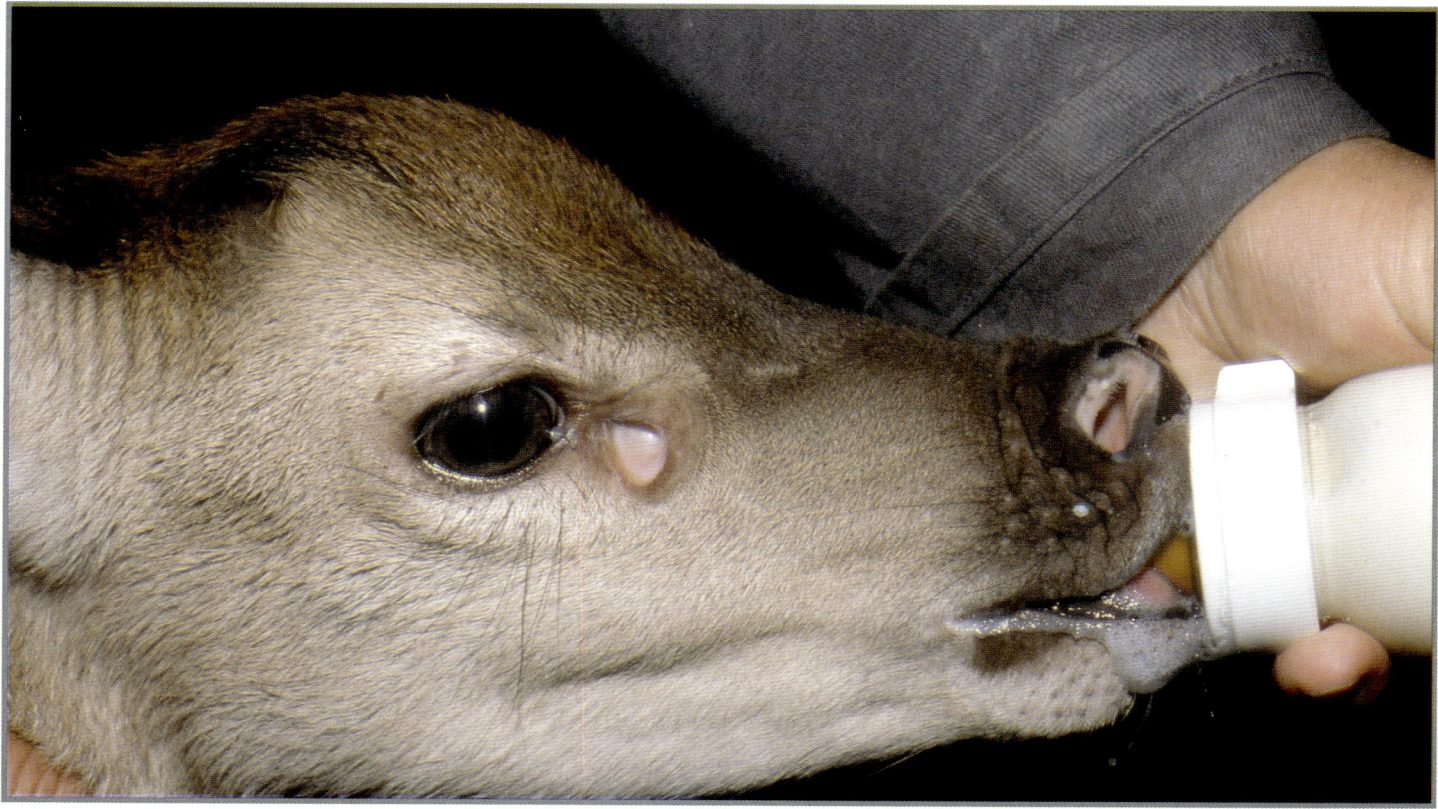

Abb. 15   (Foto: H. WÖLFEL ©)

Abb. 16   (Foto: A. FESTETICS ©)   Abb. 17   (Foto: A. FESTETICS ©)

Ebenfalls der Feindvermeidung dient das Phänomen, dass bei jungen Kitzen oder Kälbern die Harn- und Kotabgabe erst durch **Anal- und Genitalmassage** des Muttertieres mit ihrer Zunge ausgelöst wird. Auf Abb. 17 mein Diplomand Peter Schmitz mit seinem **Rehkitz**. Die Analmassage erfolgt bei ihm freilich nicht mit seiner Zunge, sondern mit seiner Hand. Abb. 16 zeigt meinen Diplomanden Rudolf von Ulmenstein mit seinen **Damkälbern**. Das starke Bedürfnis nach Hautkontakt mit dem Elternkumpan ist unverkennbar.

143

Abb. 18 (Archivbild)

Dr. Helmuth WÖLFEL konnte mit seiner auf ihn geprägten Hirschdame im Freien spazieren gehen und eine Reihe von Versuchen anstellen in Bezug auf Nahrungswahl und Schälverhalten (Abb. 18). Unser ebenfalls handaufgezogener Rehbock hingegen hat mich jedes Mal wild attackiert (Abb. 19), wenn ich sein Gehege, sprich sein Revier betrat. Aus dem sanften Bambi wurde, erwachsen geworden, eine gefährliche Furie.

Abb. 19 (Foto: H. WÖLFEL ©)

Abb. 20 (Foto: H. Wölfel ©)

Der handaufgezogene Rothirsch hingegen stieg ins Auto, fuhr mit uns in den Harz und übernachtete dort gemeinsam mit meinem Diplomanden in einer Jagdhütte (Abb. 20). So konnte sein **Verhalten im Tagesablauf**, das Äsen und Dösen, das Kauen und Wiederkäuen, aber auch die Nachfolgereaktion beim auf Menschen geprägten Wildtier erstmals genau untersucht werden. Abb. 21 zeigt das Schälverhalten des Rothirsches bei der experimentellen Prüfung von Schälschutzmitteln für die Forstwirtschaft.

Abb. 21 (Foto: H. Wölfel ©)

Abb. 22   (Foto: H. Wölfel ©)

Abb. 22 zeigt unseren weiblichen Rothirsch beim Versuch meinen Mitarbeiter Hans PANKLA zu „begatten", auf Abb. 23 macht die Hirschdame das Gleiche mit Helmuth WÖLFEL, aber in verkehrter Stellung. Beides hat mit Sexualität nichts zu tun. Das Aufreiten ist hier Rangdemonstration, unabhängig vom Geschlecht.

Abb. 23   (Archivbild)

Abb. 24   (Foto: A. Festetics ©)

Zwei weitere Beispiele für unsere Methode, Verhaltensbeobachtungen an handzahmen Wildtieren anzustellen, sind der **Marderhund** und die **Wasserralle**. Alfons Heimbach (Abb. 24) züchtete Marderhunde und verglich im Rahmen seiner Diplomarbeit ihr Verhalten mit dem des Waschbären. Uwe ANDREAS (Abb. 25) untersuchte sowohl am Institut gezüchtete als auch frei lebende Wasserrallen im Rahmen seiner Doktorarbeit.

Abb. 25   (Foto: A. Festetics ©)

Abb. 26 (Foto: A. FESTETICS ©)

Unser Waschbär-Team in Göttingen und in der Außenstelle Nienover im Solling bestand aus sieben Personen. Franziska KALZ (Abb. 26) hat die Ontogenese des Verhaltens von handaufgezogenen **Waschbären** beschrieben. Die anderen Diplomanden haben das Raum-Zeit-System von sendermarkierten Wildfängen mithilfe der Radiotelemetrie erforscht. Ulrich DOMBROWSKI hat im Rahmen seiner Diplomarbeit die lokomotorischen Leistungen und das Beutefangverhalten handzahmer **Dachse** untersucht (Abb. 27).

Abb. 27 (Foto: A. FESTETICS ©)

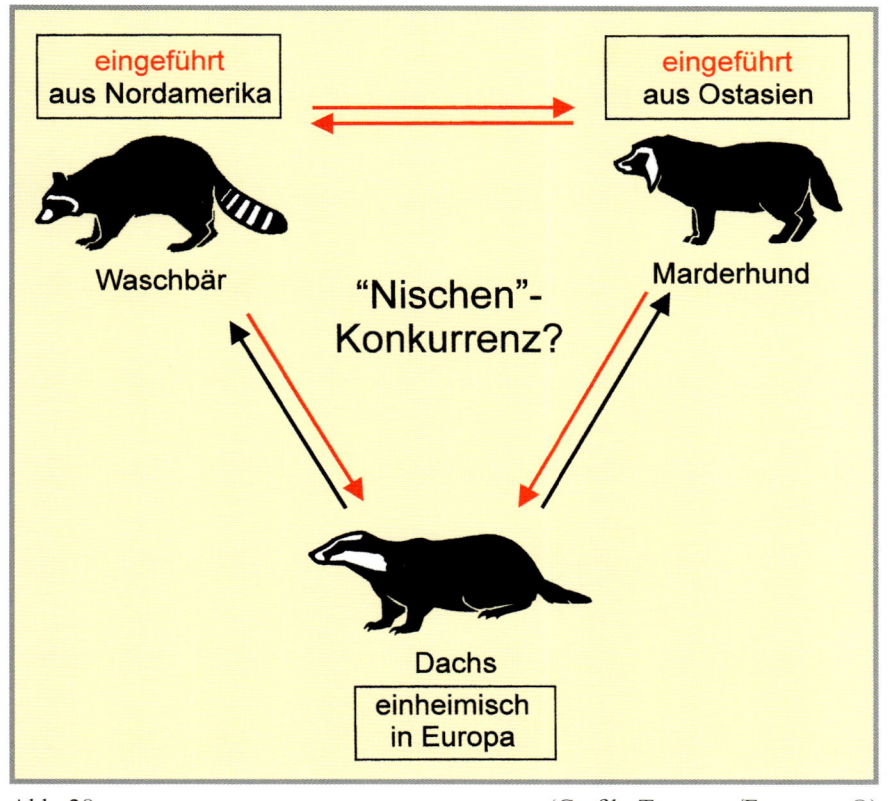

eingeführt
aus Nordamerika

eingeführt
aus Ostasien

Waschbär

Marderhund

"Nischen"-
Konkurrenz?

Dachs

einheimisch
in Europa

Abb. 28

(Grafik: TAMBOUR/FESTETICS ©)

Abb. 29 zeigt zwei Waschbären beim Inspizieren einer Mülltonne. Die **Urbanisation** von Wildtieren im Städtevergleich war auch ein Schwerpunktthema unseres Institutes. Die oft gestellte Frage, ob zwischen dem aus **Nordamerika** eingeführten Waschbär, dem aus **Ostasien** eingeführten Marderhund und unserem **bodenständigen** Dachs eine „Nischen"-Konkurrenz besteht (Abb. 28), beruht auf der falschen Vorstellung darüber, was eine „ökologische Nische" wirklich ist. Alle drei Arten können nebeneinander existieren, was freilich **keine** nachträgliche Legitimation von Faunenverfälschungen dieser Art sein darf!

Abb. 29

(Foto: A. FESTETICS ©)

Das Zug- und Balzverhalten der **Waldschnepfe** (Abb. 31) hat bei uns im Rahmen seiner Doktorarbeit Günther NEMETSCHEK untersucht. Die Ergebnisse waren seinerzeit ausschlaggebend für unser Gutachten bezüglich Einstellung der Frühjahrsjagd auf diesen nach wie vor geheimnisvollen Vogel. Das Ministerium hat zum Wohle der Schnepfen und zum Ärger der Schnepfenjäger unserem Antrag stattgegeben. Seitdem darf auf Waldschnepfen in Deutschland nur noch im Herbst geschossen werden (Abb. 30).

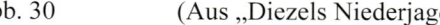

Abb. 30 (Aus „Diezels Niederjagd" 19. Auflage, 1966)

Abb. 31 (Foto: A. FESTETICS ©)

Im Solling hat Hans-Heinrich Krüger im Rahmen seiner Doktorarbeit umfangreiche Freilandstudien an **Baum- und Steinmarder** durchgeführt. Während der Baummarder (Abb. 32) ein Baumbewohner ist, lebt der Steinmarder sowohl in Wäldern als auch in Dörfern und Städten. Er besucht auch regelmäßig den Motorraum von parkenden Autos und beknabbert dort Schläuche und Kabel (Abb. 33).

Abb. 32   (Foto: A. Festetics ©)

Abb. 33   (Foto: A. Festetics ©)

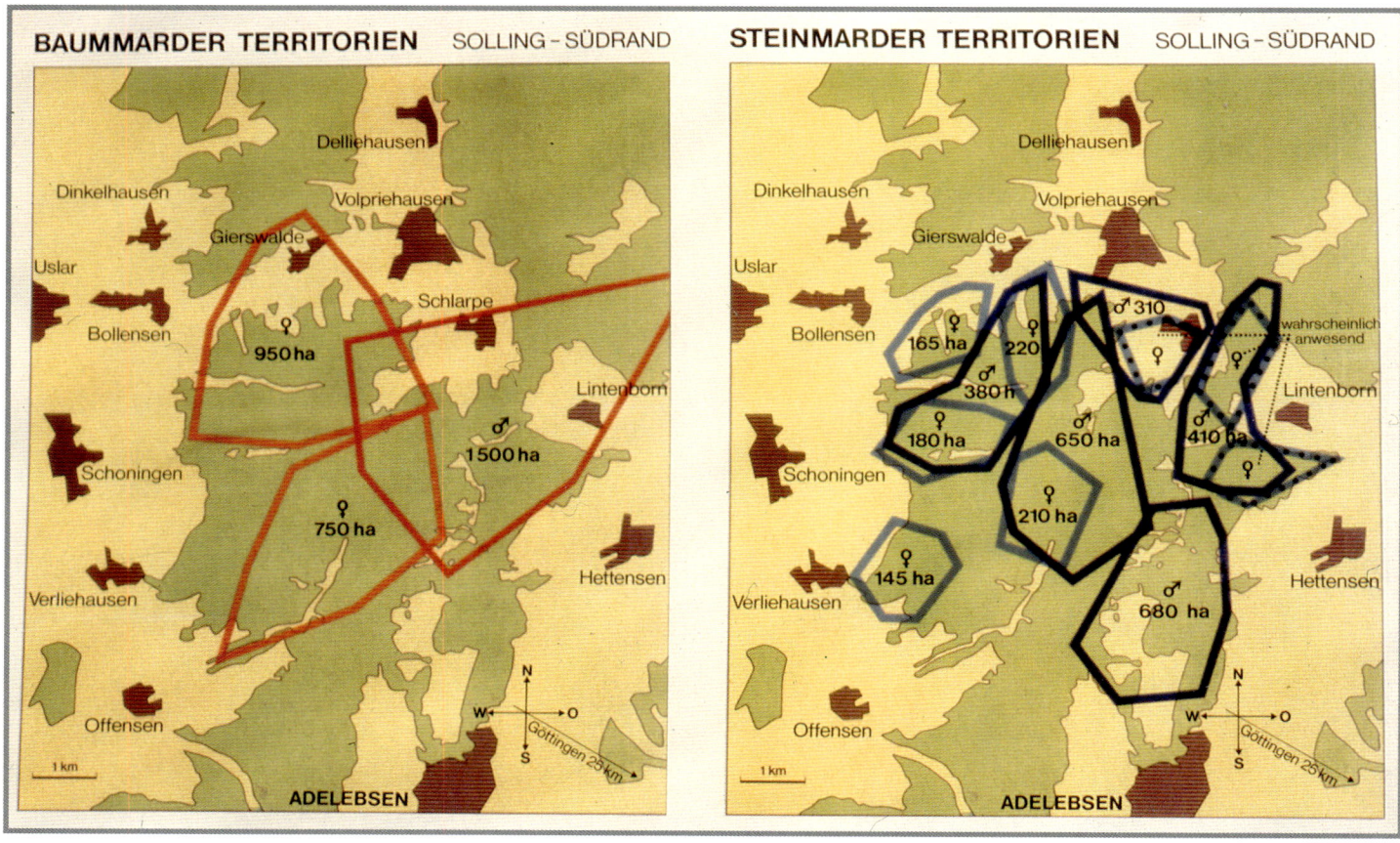

| BAUMMARDER TERRITORIEN | SOLLING – SÜDRAND | STEINMARDER TERRITORIEN | SOLLING – SÜDRAND |

Abb. 34

(Grafik: Krüger/Festetics ©)

Die Revierverhältnisse der beiden Marderarten konnten mithilfe der **Radiotelemetrie** ermittelt werden (Abb. 34). Aber auch mit im Wald aufgestellten **Fotoautomaten**, in denen sich die Marder, durch einen schmackhaften Köder angelockt, jeweils selbst abgelichtet haben. Anhand der unterschiedlichen Kehlfärbungen konnten die einzelnen Individuen auf den Fotos identifiziert werden. Abb. 35 zeigt unsere „Personalkartei" der Steinmarder im Solling, den Fotos nachgezeichnet.

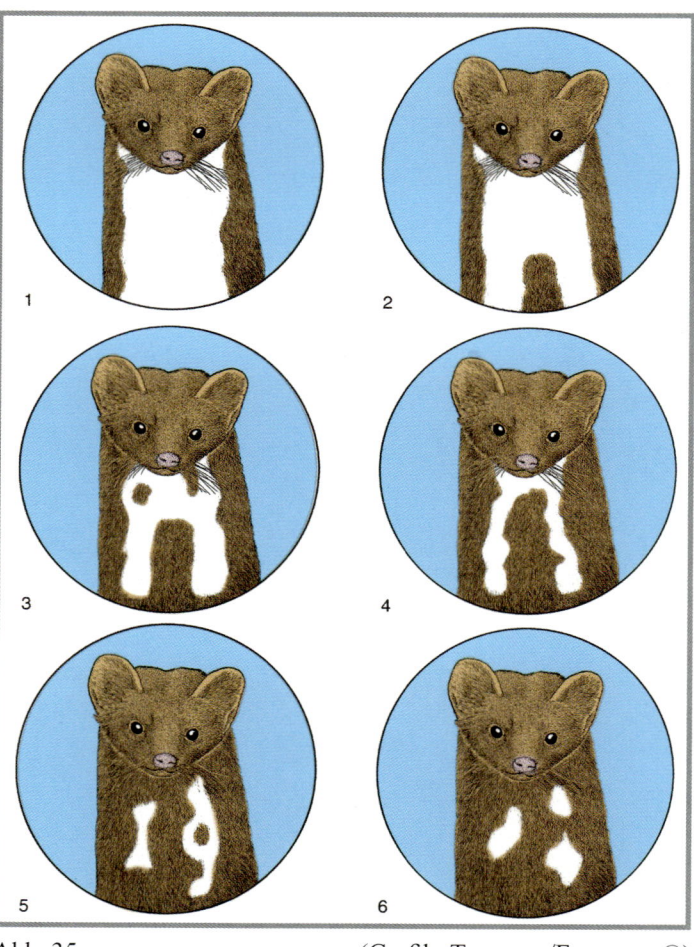

Abb. 35

(Grafik: Tambour/Festetics ©)

Abb. 36 (Foto: A. FESTETICS ©) Abb. 37 (Foto: A. FESTETICS ©)

An unserem Göttinger Institut wurde das **erste** radiotelemetrische System in Deutschland für das **Rehwild** entwickelt (Abb. 37), um in einer Langzeitstudie die jahreszeitlich verschiedenen **circadianen Aktivitätsmuster** dieser bei uns häufigsten Schalenwildart erfassen zu können. Auf Abb. 36 mein Mitarbeiter Forstoberrat Fritz VON BERG, der in diesem Projekt federführend tätig war.

Abb. 38 (Foto: A. Festetics ©)

Danach setzten wir die Methode der Funkpeilung bei der Wiederansiedlung des **Luchses** in den Alpen ein. Wir haben Wildfänge (Abb. 38) aus den Karpaten besorgt und sie vor dem Aussetzen immobilisiert, um ihr Gebiss untersuchen (Abb. 39) und sie mit Halsbandsendern ausstatten zu können.

Abb. 39 (Foto: A. Festetics ©)

154

Abb. 40

(Grafik: TOMM/FESTETICS ©)

Abb. 41

(Foto: A. FESTETICS ©)

Durch **Funkpeilung** konnten wir die einzelnen Wohnräume unserer Luchse erfassen (Abb. 40) und ihre **Einpassung** nach der Auswilderung in den Alpen rekonstruieren. Psychologisch wichtig war es, gleichzeitig die örtliche Bevölkerung auf die Heimkehr der bereits vor mehr als 100 Jahren ausgerotteten Luchse vorzubereiten (Abb. 41).

155

Wenn durch hohe Gebirgsstöcke bedingt der Funkkontakt mit den Luchsen ausgefallen war (Abb. 42), setzten wir das Peilen aus einem Sportflugzeug fort, bis die Luchse per Funk wieder gefunden und unser „Bodenpersonal" aus der Luft entsprechend eingewiesen werden konnte. Auf Abb. 43 mein Mitarbeiter Dr. Malte SOMMERLATTE beim Start zur „Luftüberwachung" der ausgewilderten Luchse.

Abb. 43   (Foto: A. FESTETICS ©)

Abb. 42   (Foto: A. FESTETICS ©)

Abb. 44   (Foto: A. Festetics ©)   Abb. 45   (Grafik: Tambour/Festetics ©)

Nach dem ersten Schneefall wurde die Überwachung der Luchse durch **Ausfährten** fortgesetzt (Abb. 44). Wir haben diese Methode der Feldforschung erstmals im Hochgebirge in den Alpen angewandt. Abb. 45 ist beispielhaft für eine Rekonstruktion des Jagdverhaltens anhand der Spuren und Beutereste des Luchses im Schnee.

Abb. 46   (Foto: A. Festetics ©)

Die Einpassung von ausgewilderten Luchsen geht in drei Etappen vor sich. In der **Initial**- oder Ausbreitungsphase haben die Rehe noch **keine** „Luchserfahrung", werden im höheren Maße erbeutet (Abb. 48) und die Luchse breiten sich aus. In der **Exponentiellen**- oder Etablierungsphase sind die Rehe bereits **luchsscheu** geworden. Die Luchse verlagern deshalb ihr Beuteinteresse auf andere Arten, zum Beispiel auf Schafe, und sie vermehren sich. In der **Asymptotischen**- oder Stabilisierungsphase schließlich breiten sich die Luchse weiter aus, ihre Bestandesdichte wird dadurch wiederum geringer und das Verhältnis Jäger-Gejagte **„normalisiert"** sich in der Lebensgemeinschaft des Waldes (Abb. 47).

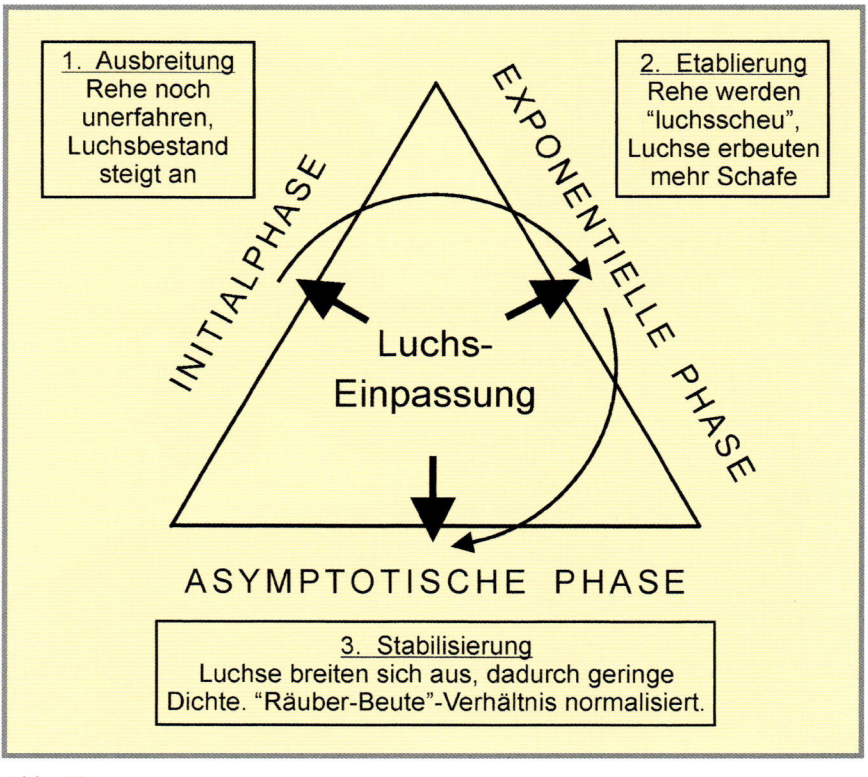

Abb. 48

Abb. 47   (Foto: A. Festetics ©)

Der Luchs hat nicht, wie Jäger **befürchtet** haben, das Rehwild ausgerottet (Abb. 46 und 49), aber auch nicht die **Hoffnung** der Förster erfüllt, er könnte durch die Verminderung von Rehbeständen den Wald vor hohen Verbissschäden bewahren. Weder die Trophäenjagd noch der Forstschutz wurde durch die Heimkehr des Luchses in irgendeiner Weise beeinträchtigt.

Abb. 49   (Foto: A. Festetics ©)

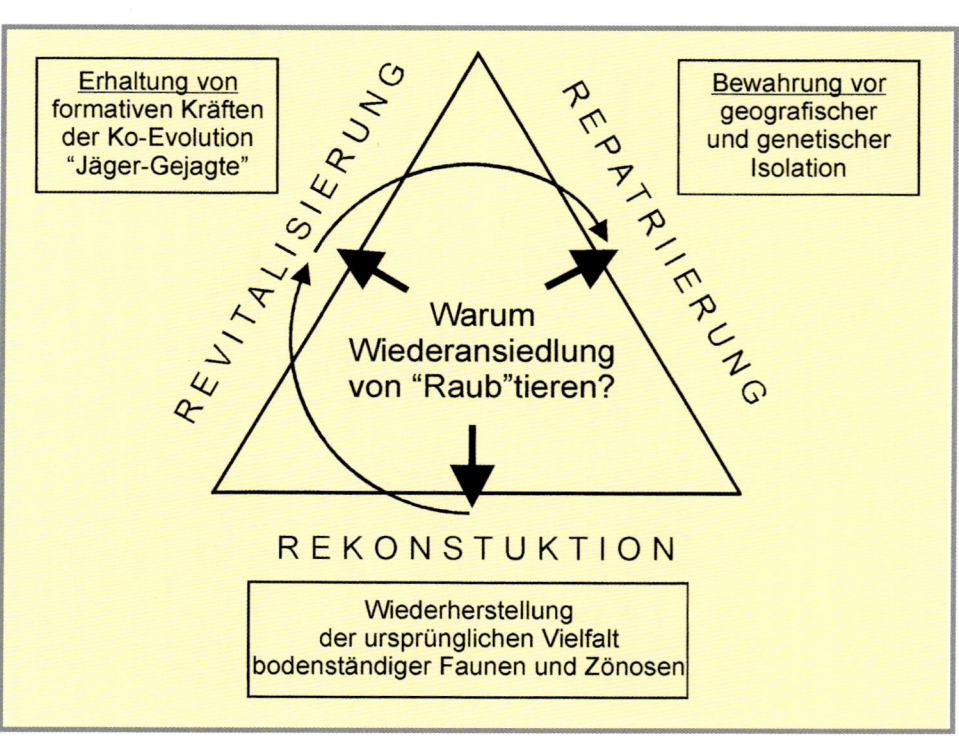

Abb. 50   (Foto: A. FESTETICS ©)

Aber warum überhaupt Wiederansiedlung von Raubtieren (Abb.
50)? Unsere biologischen, ästhe-
tischen und ethischen Motive lauten: 1. **Rekonstruktion** der ursprünglichen Vielfalt von Faunen;
2. **Revitalisierung** von formativen
Kräften der Ko-Evolution „Jäger-
Gejagte" und 3. **Repatriierung**
von Arten, um sie vor geographi-
scher und genetischer Isolation zu
bewahren (Abb. 51).

Erhaltung von
formativen Kräften
der Ko-Evolution
"Jäger-Gejagte"

Bewahrung vor
geografischer
und genetischer
Isolation

REVITALISIERUNG

REPATRIIERUNG

Warum
Wiederansiedlung
von "Raub"tieren?

REKONSTUKTION

Wiederherstellung
der ursprünglichen Vielfalt
bodenständiger Faunen und Zönosen

Abb. 51

160

Abb. 52

(Foto: A. Festetics ©)

Wichtig war aber auch, der Kriminalisierung von Raubtieren entgegenzuwirken und sie von ihrem traditionell schlechten Ruf zu befreien. Ein Beispiel dafür ist die frei erfundene Horrorszene auf diesem Stich (Abb. 53) aus der älteren Jagdliteratur. Luchse jagen einzeln und niemals gemeinsam zu dritt (Pfeil), aber auch kaum einen so kapitalen Hirsch wie hier dargestellt.

Schließlich haben wir auch das Verhalten von **handzahmen Luchsen** am Institut untersucht. Der junge Luchs hat es sich auf Abb. 52 auf der Dissertation bequem gemacht, die Thomas Burmester über ihn schreibt. Mein Doktorand war Mutterersatz von zwei Jungluchsen, die er mit der Flasche aufgezogen hat und die sich dannach bei uns im Institut auch vermehrt haben.

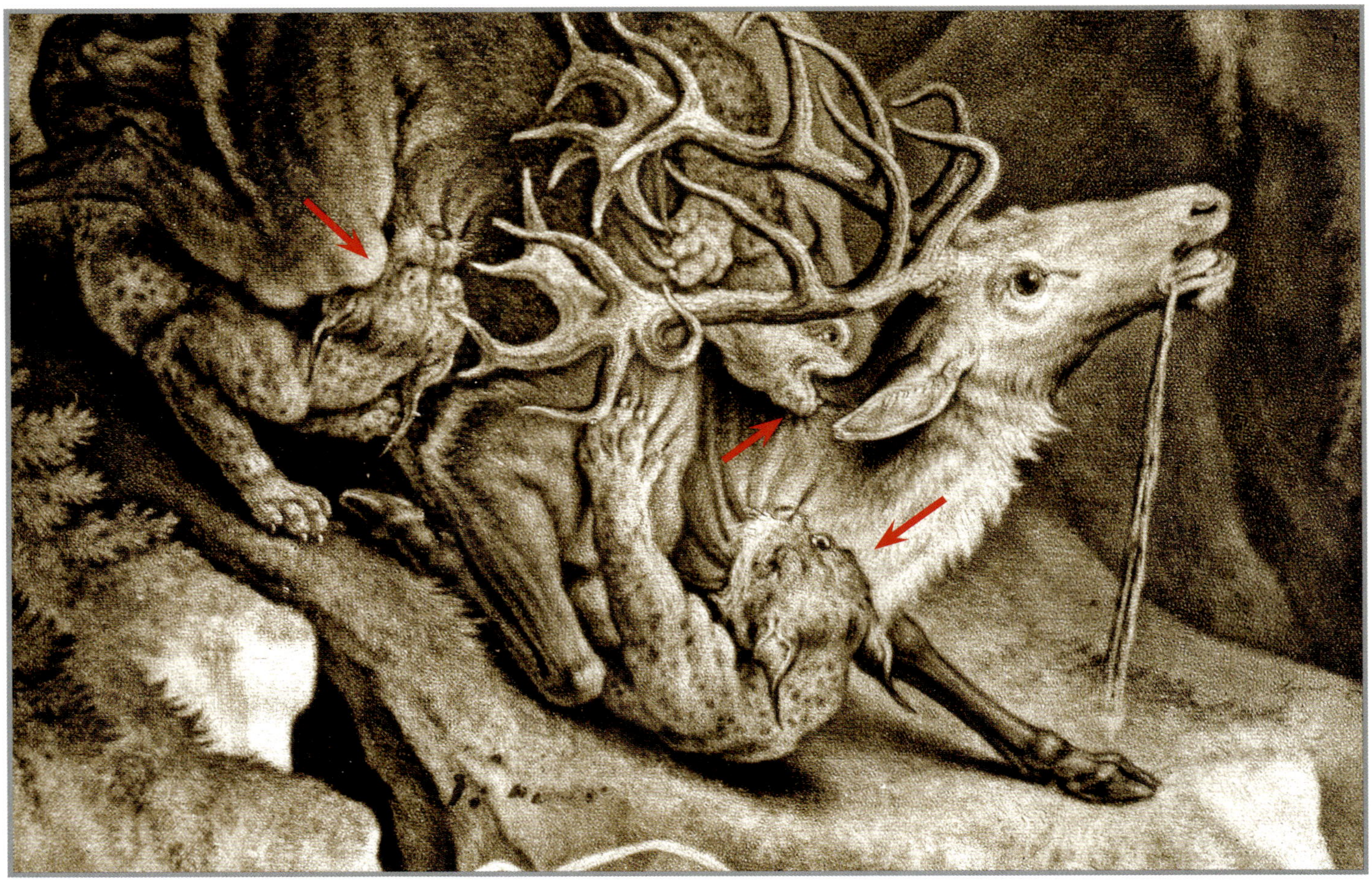

Abb. 53

(Archivbild)

Die Zungenmassage der Luchskinder durch ihre Mutter fördert **physiologisch** die Durchblutung und **psychologisch** das Band der Eltern-Kind-Beziehung (Abb. 55). Sie wurde von den Luchsen aber auch auf uns übertragen und so bekam ich bei meinen Besuchen im Gehege (Abb. 54) regelmäßig eine komplette Kopfwäsche verpasst.

Abb. 54 (Foto: H. Wölfel ©)

Abb. 55 (Foto: A. Festetics ©)

Den scharfen und nachts leuchtenden Luchs**augen** (Abb. 56) hat bereits Goethe im „Faust" mit dem Turmwärter LYNKAEUS, den „Luchsäugigen", ein literarisches Denkmal gesetzt. Wir haben im Göttinger Max-Planck-Institut für biophysikalische Chemie ein Elektroretinogramm des Luchsauges erstellt (Abb. 57), aus dem hervorgeht, dass in seiner Netzhaut der skotopische Anteil dem photopischen gegenüber dominiert. Luchsaugen haben ein hohes **Auflösungs**vermögen, aber ein nur mäßiges **Farbseh**vermögen.

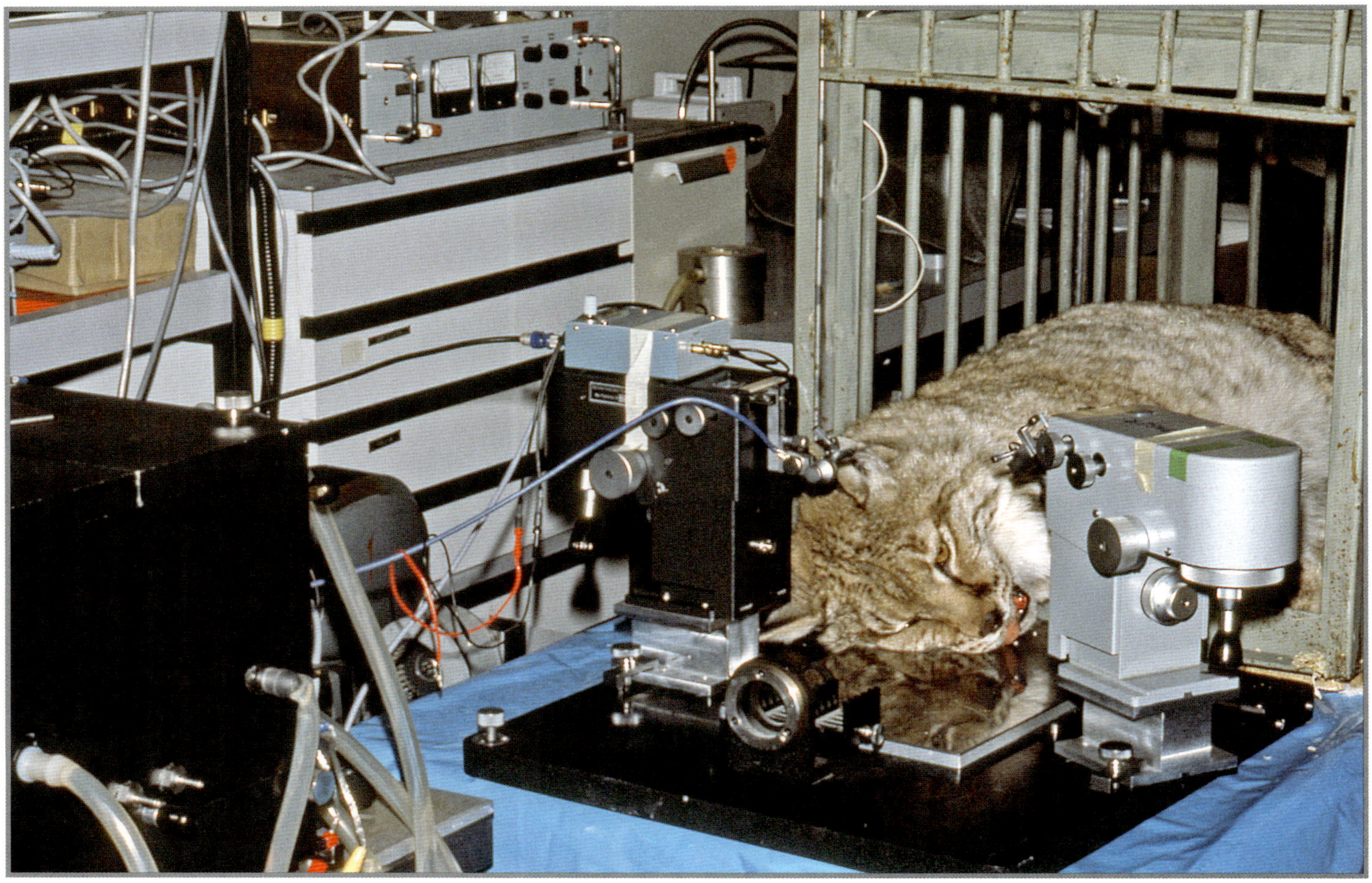

Abb. 56   (Foto: A. FESTETICS ©)

Abb. 57   (Foto: A. FESTETICS ©)

163

Abb. 58 (Archivbild)

Indianer gingen in Hirschhäute verhüllt zur Jagd auf Wapitis, wie auf dem Stich aus dem Jahr 1564 (Abb. 58).

Wir haben diese **Methode mit der Hirschattrappe** beim **Rot- und Damwild** erprobt, um zu erfahren, welche Rolle das Geweih als optisches Signal bei der Brunft im Vergleich zu den akustischen und olfaktorischen Signalen hat, die Hirsche zeitgleich aussenden. Abb. 59 zeigt meinen Diplomanden Rudolf VON ULMENSTEIN als **Damhirsch** verkleidet mit aufklappbarem Schwanz oder „Wedel", wie es in der Jägersprache heißt. Ein Beispiel für totalen Körpereinsatz in der Wildtierforschung.

Abb. 59 (Foto: A. FESTETICS ©)

164

Abb. 61 (Archivbild)

Abb. 60 zeigt eine **Großtrappe** und Abb. 61 die Attrappe der Trappe, mit der wir uns an diesen extrem scheuen Vogel annähern konnten, wie das sonst kaum möglich gewesen wäre. Durch ein Guckloch an der Brust der Trappenattrappe konnte die echte Trappe ungestört beobachtet werden.

Abb. 60 (Foto: A. Festetics ©)

Abb. 62   (Foto: G. Büttner ©)

Wenn wir uns „artgerecht" an **Robben** heranrobben, wie auf Helgoland (Abb. 62), flüchten sie nicht. Wir verwandeln uns dabei ganz ohne zusätzliche Hilfsmittel in kriechende Ganzkörperattrappen. Die Ostfriesen nennen das „Hucksen". Auf Abb. 63 eine **Flamingo-Attrappe**, die wir Anfang der 80er Jahre in der Camargue erprobt haben. Die Flamingos im Rhônedelta reagierten neugierig auf den komischen Kumpan in der Gestalt eines Kentaur. Sie ließen diesen viel näher an sich heran als einen Menschen, der als solcher erkennbar war.

Abb. 63   (Archivbild)

Wir setzten aber auch **Attrappen als Lockenten** bei der Wiederansiedlung einer weltweit bedrohten Vogelart ein. Es war der Versuch, die in Mitteleuropa ausgestorbene **Ruderente** in einem der beiden Puszta-Nationalparke Ungarns auszuwildern. Der Erpel dieser sonderbaren Art erinnert als Walt Disneys „Donald Duck" (Abb. 65). Um die freigelassenen Enten während der Startzeit an den Ort der Aussetzung zu binden, haben wir als „vertrauenfördernde Maßnahme" Ruderenten-Attrappen ins Wasser gesetzt. Abb. 64 zeigt unseren Grafiker Wolfgang TAMBOUR bei der Bemalung der weiblichen Lockenten.

Abb. 64   (Foto: A. FESTETICS ©)

Abb. 65   (Foto: A. FESTETICS ©)

Abb. 66

(Foto: K. Mayer ©)

Ein Pferd ist als Transporter im Sumpf wesentlich besser geeignet (Abb. 66) als ein Boot und ist somit ein weiteres Hilfsmittel der wildbiologischen Feldarbeit. Abb. 67 zeigt die erste Begegnung einer ausgewilderten Ruderente mit artgleichen Attrappen. Der Erpel ist verlegen, die Gefiederpflege ist bei ihm eine Übersprungshandlung. Später hat er versucht, die Weibchen-Attrappe zu begatten.

Abb. 67

(Foto: A. Festetics ©)

Abb. 68　　　　　　　　　　　　　　　(Foto: A. FESTETICS ©)

Weitere Beispiele für die Vielfalt der Möglichkeiten mit Attrappen zu arbeiten, sind ein **Fasanpräparat** beim Prägungsversuch mit Küken, wie ihn Dr. Eberhard SCHNEIDER an unserem Institut durchgeführt hat (Abb. 68). Aber auch eine abstrakte **Hasenattrappe,** von Dr. Ferdinand RÜHE im Feldversuch eingesetzt. Sie dient nicht der Kontaktaufnahme mit Feldhasen, sondern der Messung des mechanischen Widerstandes, die ein Feldhase überwinden muss, um sich im dichten Getreide fortbewegen zu können (Abb. 69).

Abb. 69　　　　　　　　　　　　　　　(Foto: A. FESTETICS ©)

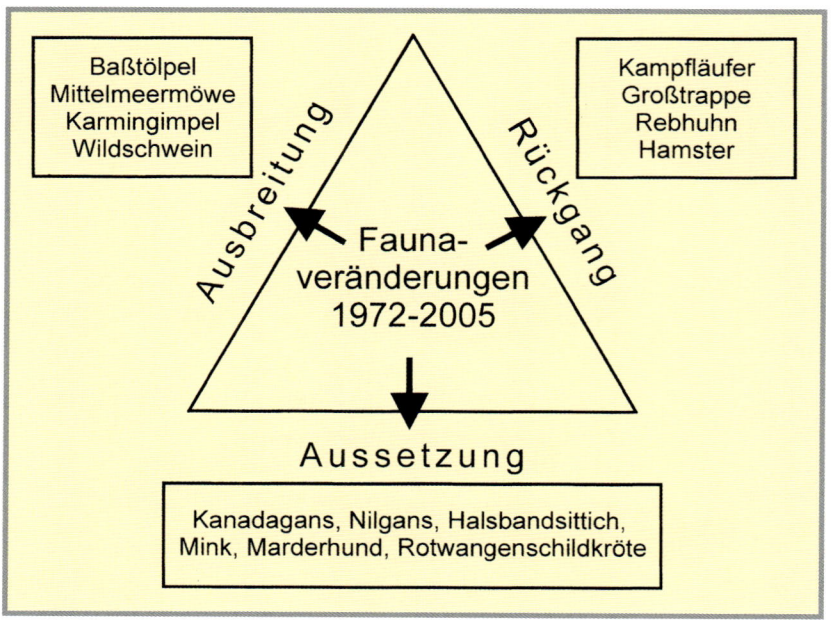

Abb. 70

Was hat sich nun in unserer Fauna in den letzten drei Jahrzehnten verändert (Abb. 70)? Die **Faunenverfälschung** durch Aussetzungen von zum Beispiel Kanadagans, Halsbandsittich, Marderhund oder Rotwangenschildkröte hat uns einige neue Arten beschert und wir untersuchten in Göttingen die allgemeinen Aspekte von **Tieransiedlungen**. Andere Arten, wie der Baßtölpel auf Helgoland oder das Wildschwein in ganz Mitteleuropa, sind Beispiele der **natürlichen** Ausbreitung und Bestands**zunahme** einheimischer Arten. Für den dramatischen **Rückgang** von Beständen in der Norddeutschen Ebene sind Kampfläufer oder Großtrappe kennzeichnend, aber auch einst so häufige Arten der Agrarlandschaft wie Rebhuhn und **Hamster** (Abb. 71).

Abb. 71   (Foto: A. Festetics ©)

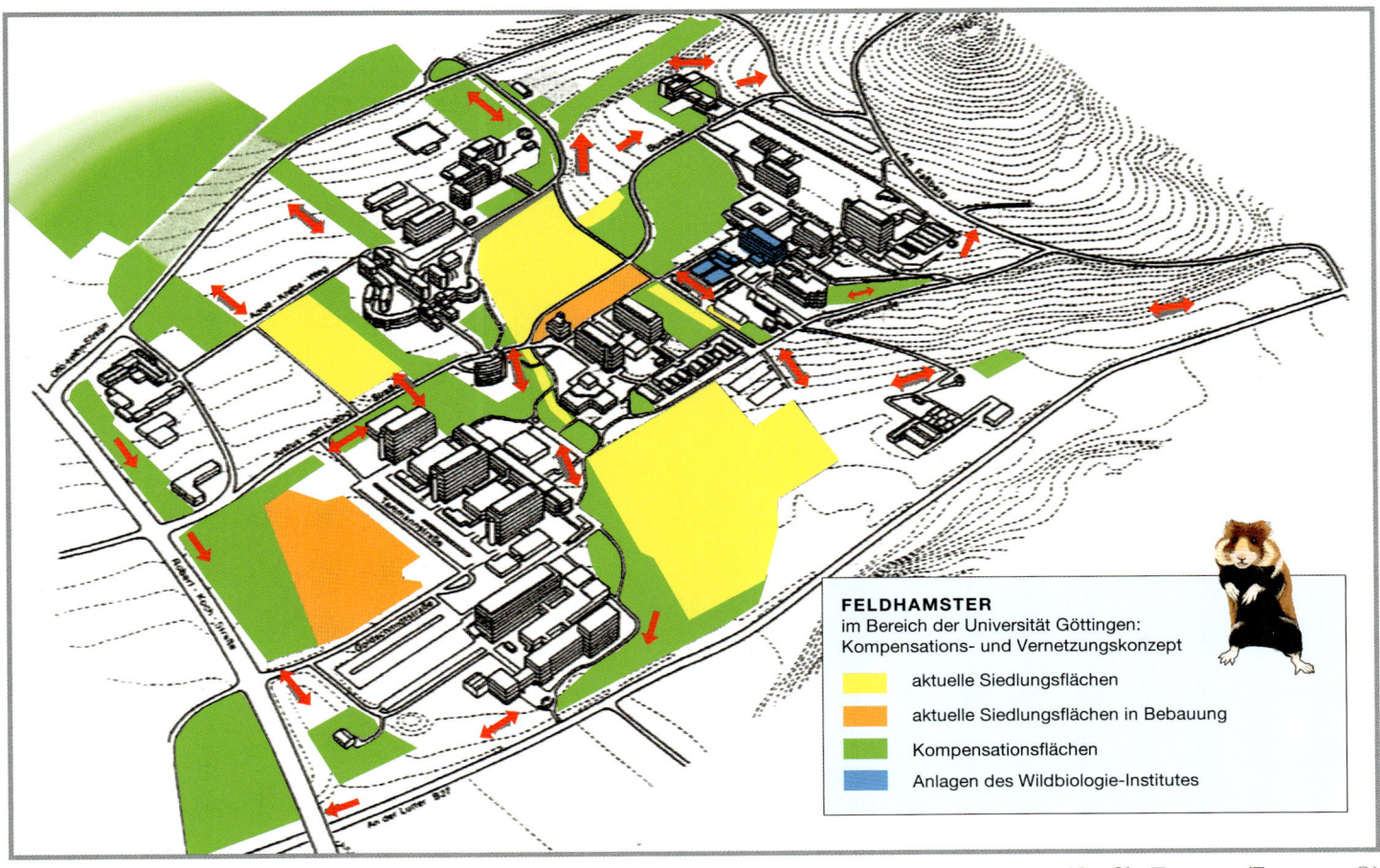

Abb. 72

Der Hamster hat in Göttingen für Aufregung gesorgt, bis hinauf zum Universitätspräsidenten und Wissenschaftsminister. Es stellte sich heraus, dass ausgerechnet auf der Fläche, die für den Bau eines neuen Biozentrums der Uni vorgesehen war, die wahrscheinlich dichteste Population Deutschlands mit rund 40 bewohnten Hamsterbauen auf einem Hektar beheimatet ist (Abb. 72). Unser Institut wurde beauftragt, einen Situationsbericht zu erstellen als wildbiologische Grundlage für eine naturschutzpolitische Lösung des Göttinger „Hamsterproblems" (Abb. 73). Mit der von den Entscheidungsträgern gewünschten gewaltsamen **Umsiedlung** der Hamster waren **wir** nicht einverstanden, mit der sanften **Umleitung** der Tierchen auf freiwilliger Basis waren die **Hamster** nicht einverstanden, bleibt deshalb Bewahrung vor Ort und somit das „Problem" weiterhin ungelöst. Das Eurorecht schützt den Hamster als gefährdete Art; also kann das Restvorkommen des kleinen Nagers ein Bauvorhaben in Millionenhöhe kippen.

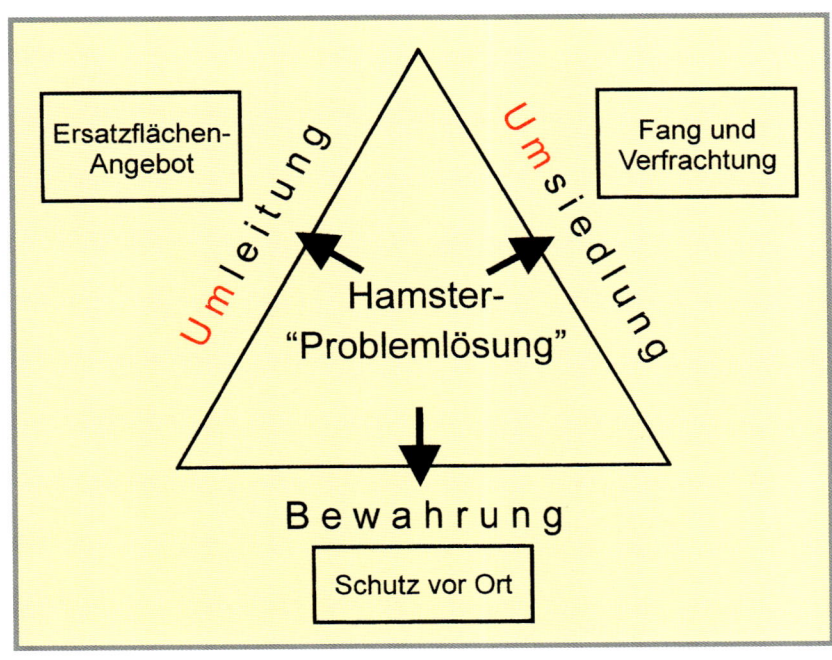

Abb. 73

171

Abb. 74

(Foto: A. FESTETICS ©)

Ein **Prädator** des Hamsters ist bei uns der **Rotmilan** (Abb. 74) mit seinem Verbreitungsschwerpunkt um Göttingen und **beide** Arten sind Beispiele für jeweils eines der drei Naturschutzmotive in unserem Kulturkreis (Abb. 75). Das **erste** und älteste Motiv ist **emotional** ausgerichtet auf „menschlich" oder „mächtig" wirkende Arten wie Biber oder Seeadler zum Beispiel. Das **zweite** Motiv ist **rational** auf den Seltenheits**„wert"** von Arten wie etwa des Goldregenpfeifers oder des **Hamsters** gerichtet. Das **dritte** und jüngste Naturschutzmotiv hat schließlich eine **globale** Perspektive und setzt Prioritäten bei Arten mit **Kern**verbreitung im betreffenden Gebiet, wie der Mittelspecht in Deutschland zum Beispiel, oder eben der **Rotmilan**.

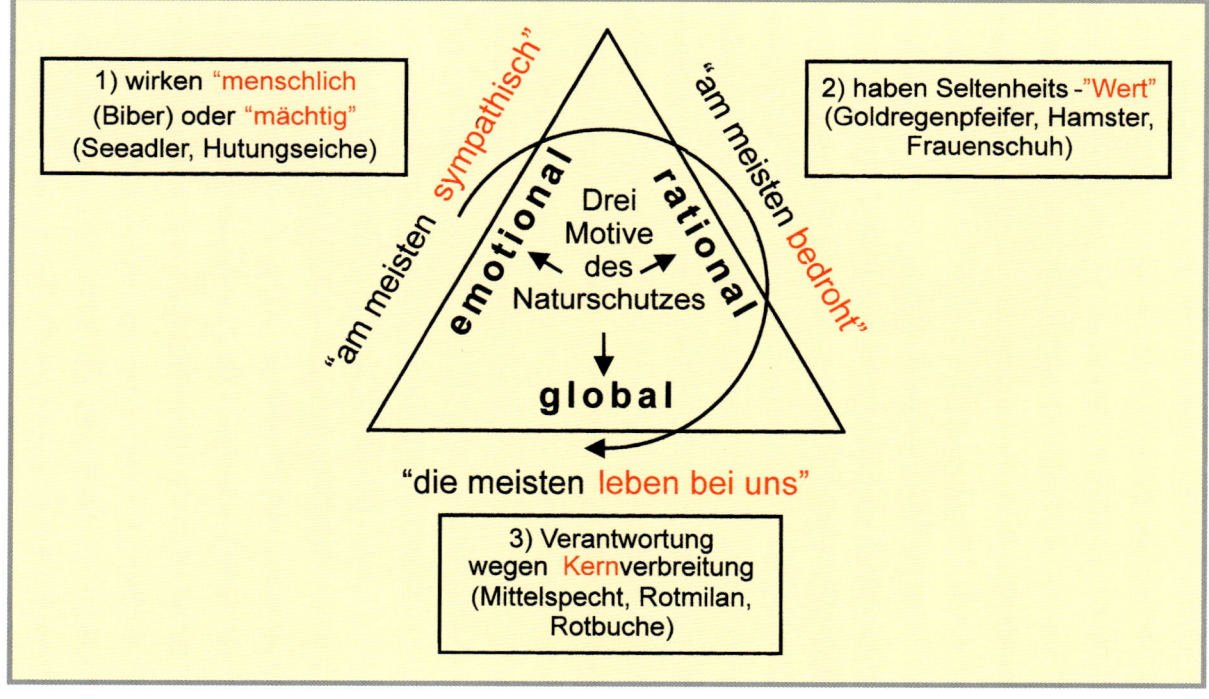

Abb. 75

172

1. WINTER:
Ruhe, Stillstand

Schneedecke   schneefrei

KEINE NAHRUNG

Erdpfropf   FROSTBODEN

VOLLE
VORRATSKAMMER

2. FRÜHLING:
Ruhe (oder Überschwemmung)

plötzliches
Hochwasser

WENIG NAHRUNG

Erdpfropf

ALTER VORRAT
AUFGEBRAUCHT

3. SOMMER:
Ernte- und Predatordruck

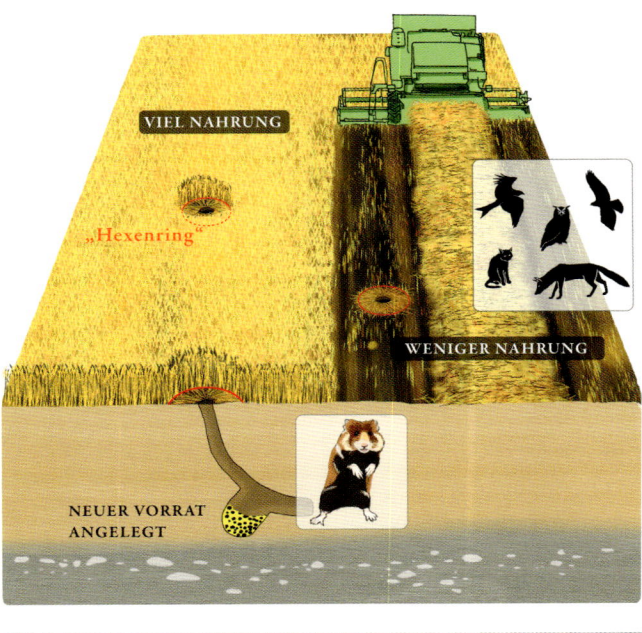

VIEL NAHRUNG

„Hexenring"

WENIGER NAHRUNG

NEUER VORRAT
ANGELEGT

4. HERBST:
Umbruch und Predatordruck

WENIGER NAHRUNG

KEINE NAHRUNG

VOLLE
VORRATSKAMMER

Abb. 76

(Grafik: TAMBOUR/FESTETICS ©)

Das wahre „Hamsterproblem" stellt sich für ihn selbst nicht im Winter oder Frühling, sondern im Sommer und Herbst, zur Zeit der Ernte und des Umbruchs, die zeitlich unmittelbar aufeinander folgen und keine Zeit mehr lassen für Stoppelfelder wie früher. Gleichzeitig erhöht sich auch schlagartig der Prädatorendruck. Bei uns sind Rotmilan, Mäusebussard, Uhu, Fuchs und Hauskatze potenzielle Hamsterjäger, aber keineswegs das „Problem" (Abb. 76). Die Hauptgefahr für die Göttinger Hamsterpopulation ist ihre räumliche und somit genetische Isolation mit stark reduzierten Überlebenschancen.

173

Abb. 77

(Grafik: TAMBOUR/FESTETICS ©)

Ein anderer prächtiger Greifvogel, der **Wanderfalke,** hat Anfang der 70er Jahre in Norddeutschland nicht mehr gebrütet. Wir konnten zu seiner **Wiederansiedlung in Göttingen** einen Beitrag
leisten. Auf Abb. 77 ein Gebäude unserer Forstfakultät mit seinem Stiegenhaus, in dem wir eine
Falkenkammer zur Auswilderung der Wanderfalken errichtet haben (Pfeil). Über dem Hochhaus
kreisen unsere gerade flügge gewordenen Jungfalken, unter ihnen die hier urbanisierten Els-

Abb. 78   (Grafik: Tambour/Festetics ©)

tern. Auf Abb. 78 zwei Altvögel einige Jahre später, sie haben an der Göttinger Jacobikirche zu brüten begonnen. Unsere Wanderfalken haben im Brutkasten, den wir ihnen in der Turmspitze bereitgestellt haben, 16 Jahre hindurch kontinuierlich für Nachwuchs gesorgt, bis 2009 der Kirchturm zwecks Renovierung eingerüstet wurde. Der Bestand der Stadttauben (Im Bild rechts) ist nicht geringer geworden.

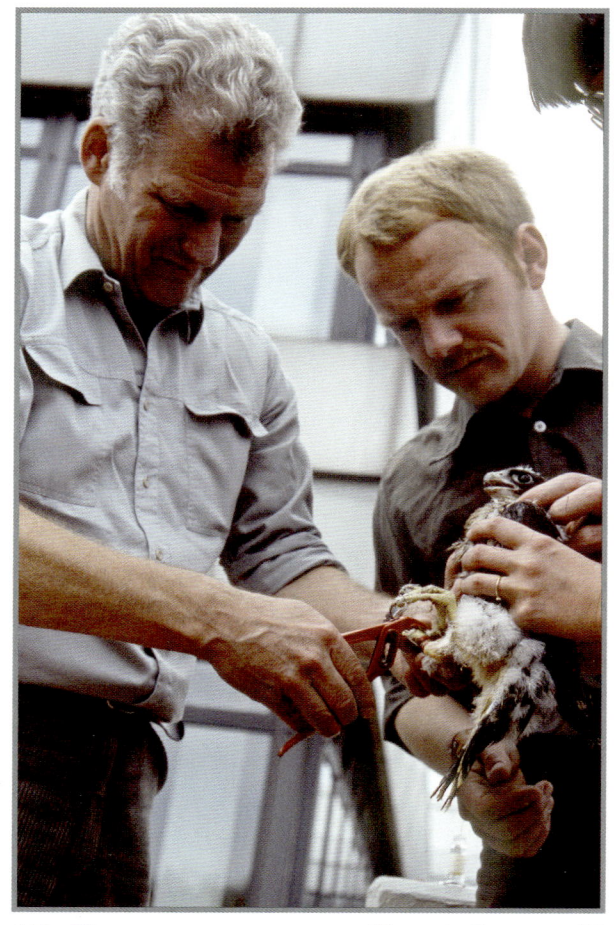

Abb. 80 (Foto: A. FESTETICS ©)

Abb. 79 (Foto: A. FESTETICS ©)

Professor Christian SAAR von der Universität Berlin hat uns gezüchtete Jungfalken zur Verfügung gestellt und mein Diplomand Friedrich REILMANN hat das Projekt durchgeführt. Auf Abb. 79 wird ein Jungfalke mit einem Erkennungsring versehen, auf Abb. 80 ein Altvogel mit erbeuteter Haustaube.

Abb. 82 (Foto: A. Festetics ©)

Friedrich REILMANN war aber auch um die Ansiedlung des Wanderfalken auf **Seezeichen im Watten-meer** bemüht. Zwei alte Leuchttürme (Abb. 82) waren damals die einzigen Brutplätze des **Kormorans** in Norddeutschland. Abb. 83 zeigt vier junge Wanderfalken, die bereits auf einem solchen Seezeichen geboren worden sind. (Foto: A. Festetics und F. Reilmann)

Abb. 83 (Foto: F. REILMANN ©)

177

Abb. 85 (Foto: F. REILMANN ©)

Um die Brutmöglichkeiten für **Kormorane** auf den alten Seezeichen im Wattenmeer zu erhöhen (Abb. 84), haben wir auf dem Trödelmarkt von Hannover alte Kartoffelkörbe gekauft und an den Leuchttürmen befestigt. Sie wurden sofort angenommen. Die Kormorane der Nordsee, in Kartoffelkörben brütend (Abb. 85), haben für Schlagzeilen gesorgt und sind damals zu Sympathieträgern für den Nationalpark Wattenmeer geworden.

Abb. 84 (Foto: A. FESTETICS ©)

Ein weiteres Göttinger Vorhaben im Wattenmeer war die verhaltensökologische Untersuchung von **Seehunden** durch meinen Mitarbeiter Wolfgang JOHN. Wir haben die Robbenbestände aus dem **Flugzeug gezählt** und kartiert, sendermarkierte Seehunde mithilfe der **Radiotelemetrie** (Abb. 86 und 87) geortet und dadurch u. a. zum Beispiel ihre bislang unbekannten Schlafplätze in der Nordsee entdeckt.

Abb. 86   (Foto: A. FESTETICS ©)

Abb. 87   (Foto: A. FESTETICS ©)

Abb. 88 (Grafik: Tomm/Festetics ©)

Seehunde schlafen nämlich nicht immer liegend auf Sandbänken (Abb. 89), sie können das auch im Wasser in senkrechter Körperhaltung und tauchen dabei „automatisch" in regelmäßig Abständen auf, um Luft zu holen (Abb. 88). Die Robbenforschung im Wattenmeer wurde durch meinen Doktoranden Peter Lienau, Leiter der Seehundstation in Norden-Norddeich, fortgesetzt.

Abb. 89 (Foto: A. Festetics ©)

Abb. 90 (Foto: W. Schumann ©)

Wir haben die Seehunde zur Vermessung und Markierung mit einem Netz gefangen (Abb. 91). Im Boot, das uns der WWF gespendet hat (Abb. 90), sitzen neben mir Wolfgang John sowie der Gründervater der Seehundstation in Norden-Norddeich, Erwin Manninga.

Abb. 91 (Foto: A. Festetics ©)

Abb. 92 (Foto: A. Festetics ©)

Methodisch neu in der Seehundforschung war damals, 1978, eine **Beobachtungskanzel**, die Wolfgang John im Wattenmeer errichtet hat (Abb. 92). 25 Jahre danach konnte Peter Lienau durch eine **ferngelenkte automatische Kamera** (Abb. 93) das Seehundgeschehen an der Nordseeküste rund um die Uhr von seinem Schreibtisch aus verfolgen.

Abb. 93 (Foto: A. Festetics ©)

GÖTTINGER WILDBIOLOGIE UND NATIONALPARKE

- **NP-Bayerischer Wald (1972):**
  Ökologisches Manifest, Schalenwildaufruf
  (Bernhard Grzimek, Hubert Weinzierl, Georg Sperber)
- **NP-Hortobàgy-Puszta (1973):**
  Initiative zum ersten Steppennationalpark, Forschungsprojekt Vögel und Viehherden
  (Lukas Hoffmann, Peter Scott, Konrad Lorenz)
- **NP-Nockberge (1975):**
  Ansiedlungs- und Forschungsprojekt Luchs
  (Konrad Lorenz, Bernhard Grzimek, Paul Leyhausen)
- **NP-Wattenmeer (1978):**
  Seehund-Forschung, Kormoranschutz, Wanderfalken-Ansiedlung
  (Wolfgang Erz, Christian Saar, Henry Makowski)
- **NP-Neusiedler-See (1980):**
  Initiative zum Zweistaaten-Nationalpark, Forschungsprojekt Reiherkolonien
  (WWF-Präsident Prinz Philip, Lukas Hoffmann)
- **NP-Donauauen (1984):**
  „Schlacht" gegen Abholzung und Kraftwerksbau, Biber-Ansiedlung
  (Konrad Lorenz, Gottfried van Einem, Friedensreich Hundertwasser)
- **NP-Harz (1989):**
  Wende und Mauerfall, Forschungsprojekt Rothirsch, Luchs-Ansiedlung
  (Hans Stubbe, Michael Succow, Uwe Wegener)

Abb. 94

Unser Göttinger Institut war aber nicht nur mit dem Wattenmeer, sondern mit insgesamt **sieben** mitteleuropäischen **Nationalparks** in vielfältiger Weise verbunden (Abb. 94). Im Nationalpark **Bayerischer Wald** verfassten wir **1972** gemeinsam mit Bernhard Grzimek, Hubert Weinzierl und anderen Gleichgesinnten das „Ökologische Manifest" an die Regierungen und den „Schalenwildaufruf", der von 110 Forstwissenschaftlern mit unterzeichnet wurde. Beide lösten damals eine öffentliche Diskussion aus und bewirkten ein Umdenken. **1973** folgte meine Initiative zum ersten europäischen **Steppennationalpark in Ungarn**, gekoppelt mit dem Forschungsvorhaben über Vögel und Viehherden in der Puszta. Maßgeblich unterstützt haben uns dabei die Gründerväter des WWF-International, Peter Scott und Lukas Hoffmann, aber auch Nobelpreisträger Konrad Lorenz. **1975** war das Göttinger Luchsvorhaben in den Alpen mit der Initiative zum **Nationalpark Nockberge** verbunden. Bernhard Grzimek leistete uns dabei finanzielle Hilfe, die Verhaltensforscher Konrad Lorenz und Paul Leyhausen waren unsere wissenschaftlichen Berater. Im **Nationalpark Wattenmeer** lief in den 70er Jahren unser **Seehund**-Forschungsvorhaben mit Wolfgang John sowie das Kormoran- und Wanderfalkenprojekt mit Friedrich Reilmann. Unterstützung bekamen wir dabei von Christian Saar und von den beiden führenden Naturschutzexperten Wolfgang Erz und Henry Makowski. **1980** folgte meine Initiative zum **Zweistaaten-Nationalpark Neusiedler See** an der österreichisch-ungarischen Grenze, verbunden mit dem Forschungsprojekt zur Ökologie der Reiherkolonien. Prinz Philipp von Grossbritannien als WWF-Präsident und sein Stellvertreter Lukas Hoffmann persönlich haben uns dabei wichtigen Beistand geleistet. Dem **Nationalpark Donauauen** ging **1984** ein internationaler Widerstandskampf gegen Abholzung und Kraftwerksbau voraus, an dem meine Studenten und ich maßgeblich beteiligt waren. Wichtige Schützenhilfe bekamen wir dabei wieder von Konrad Lorenz, aber auch von weltbekannten Künstlern wie dem Opernkomponisten Gottfried van Einem und dem Maler Friedensreich Hundertwasser. Wir brachten aus Polen über Göttingen die Biber zur Wiederansiedlung in die Donauauen. Der **siebte** Nationalpark schließlich, der **Harz,** war von Anbeginn bevorzugtes Forschungsgebiet der Göttinger Wildbiologie. Der thematische Bogen spannte sich vom Rothirsch bis zum Raufußkauz. Ich erinnere mich respektvoll an Begegnungen mit Kollegen in der damaligen DDR: an den großen Biologen und Akademiepräsidenten Hans Stubbe, den mutigen oppositionellen Umweltschützer Michael Succow (siehe seinen Beitrag in diesem Band) und den Gründervater des Nationalparks im Harz Uwe Wegener.

1. Demagogische Parolen: "Bevölkerung enteignet und vertrieben"

Verhindern

2. Peiorative Parolen: "Spielwiese selbsternannter Naturschützler"

Verschweigen

Drei Phasen der Nationalpark-geschichte

V e r e i n n a h m e n

3. Trittbrettfahrer-Parolen: "Immer schon dafür gewesen"

Abb. 95

In **all** diesen Nationalparks haben wir **drei** Phasen der gegnerischen Strategien erleben können (Abb. 95): zuerst den Versuch, den Nationalpark zu **verhindern**, dann ihn **totzuschweigen** und schließlich so **tun, als ob man** immer schon dafür gewesen wäre. In der **ersten** Phase mussten wir gegen **demagogische** Parolen wie „Enteignung" oder „Vertreibung der Bevölkerung" ankämpfen. In der **zweiten** Phase wurden wir mit **pejorativen** Parolen gegen selbsternannter „Naturschützler" konfrontiert. In der **dritten** Phase schließlich waren nur noch **„Trittbrettfahrer"**-Parolen zu vernehmen. Die Schubumkehr der Nationalparkgegner war eine Reaktion auf ihre Niederlage.

Abb. 96b   (Foto: A. FESTETICS ©)

Im Nationalpark **Neusiedler See** haben wir die großen Brutkolonien der Silberreiher (Abb. 96a) und Löffeler (Abb. 96b) regelmäßig beflogen, um ihre Populationsdynamik mithilfe von Luftaufnahmen zu erfassen (Abb. 97).

Abb. 96a   (Foto: A. FESTETICS ©)

Abb. 97

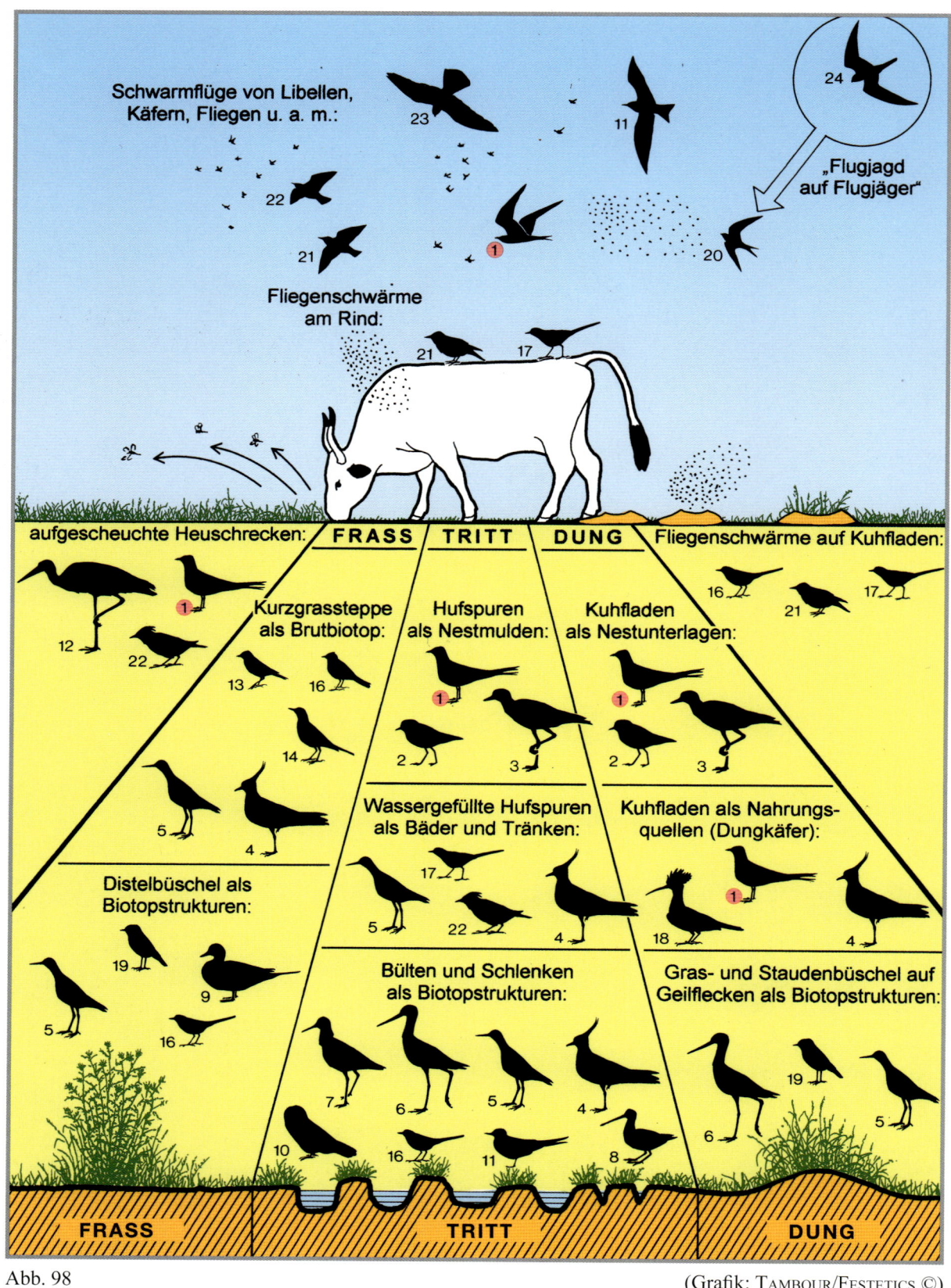

Schwarmflüge von Libellen, Käfern, Fliegen u. a. m.:

„Flugjagd auf Flugjäger"

Fliegenschwärme am Rind:

aufgescheuchte Heuschrecken: **FRASS   TRITT   DUNG** Fliegenschwärme auf Kuhfladen:

Kurzgrassteppe als Brutbiotop:

Hufspuren als Nestmulden:

Kuhfladen als Nestunterlagen:

Distelbüschel als Biotopstrukturen:

Wassergefüllte Hufspuren als Bäder und Tränken:

Kuhfladen als Nahrungsquellen (Dungkäfer):

Bülten und Schlenken als Biotopstrukturen:

Gras- und Staudenbüschel auf Geilflecken als Biotopstrukturen:

FRASS   **TRITT**   **DUNG**

Abb. 98

(Grafik: Tambour/Festetics ©)

Langfristig angelegt waren Untersuchungen im Hortobágy-Nationalpark über das ökologische Beziehungsgefüge zwischen **Vogelwelt und Weidevieh.** Die Wirkung der Rinder durch Fraß, Tritt und Dung auf Bodenbildung, Vegetationsentwicklung und Insektenleben hat zur Folge, dass im Puszta-Nationalpark etwa 24 verschiedene Vogelarten direkt oder indirekt im Schlepptau der Viehherden leben (Abb. 98). Beispielhaft sei die **Brachschwalbe** (rot markiert) hervorgehoben, ein Fluginsektenjäger unter den bodenbrütenden Limikolen. Sie profitiert in fünf verschiedenen Funktionsbereichen vom Rindvieh.

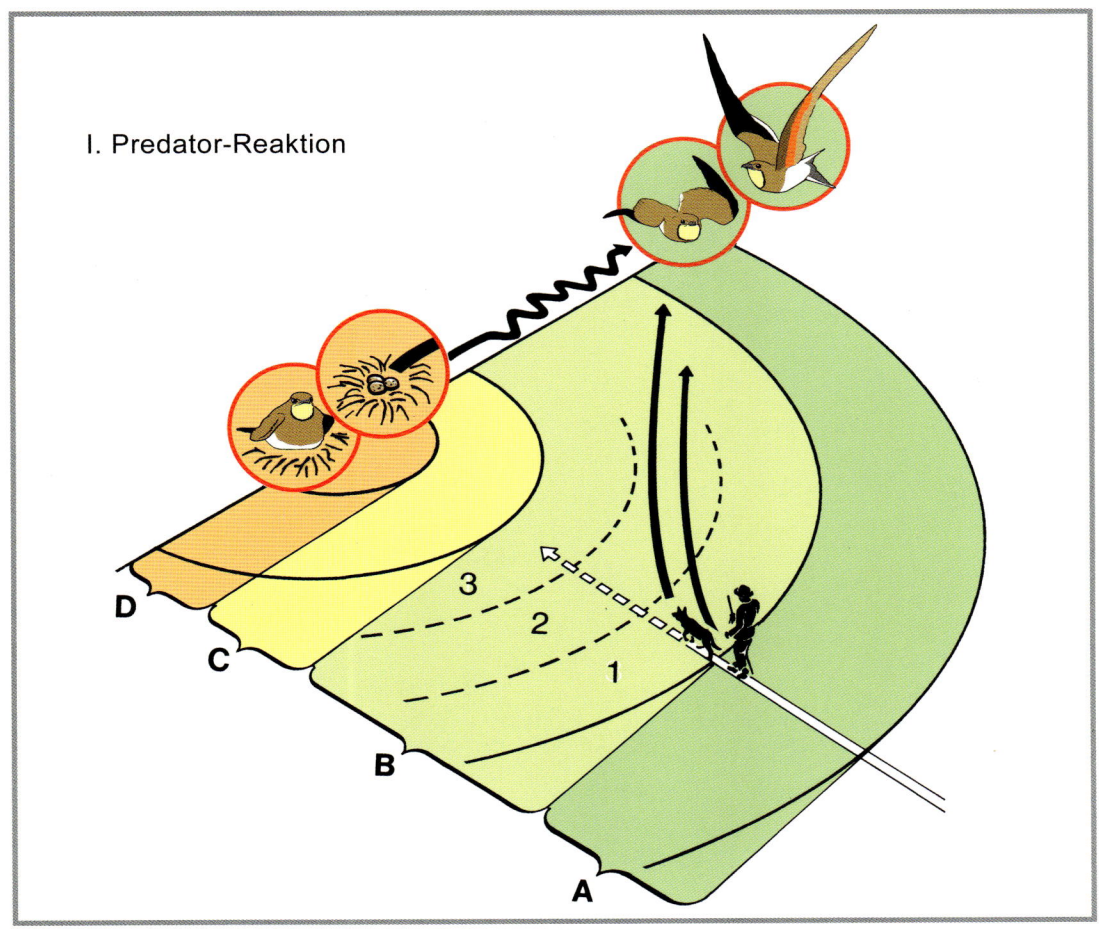

I. Predator-Reaktion

Abb. 99   (Grafik: TAMBOUR/FESTETICS ©)

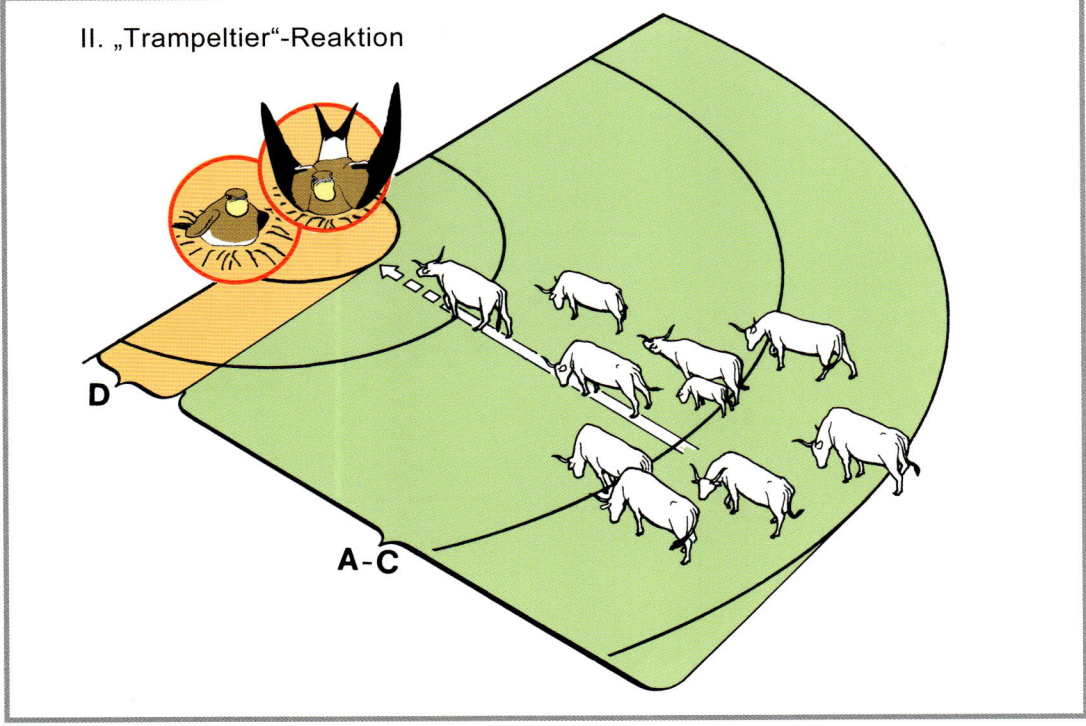

II. „Trampeltier"-Reaktion

Abb. 100   (Grafik: TAMBOUR/FESTETICS ©)

Die Brachschwalbe reagiert im Nestbereich auf **Prädatoren** (Abb. 99) ganz anders als auf **Weidevieh** (Abb. 100). Füchse, Hunde oder Menschen werden durch Vortäuschen von Flugunfähigkeit **verleitet**, das harmlose Weidevieh wie Schafe oder Rinder hingegen durch plötzliches **Erschrecken** zum **Ausweichen** bewegt.

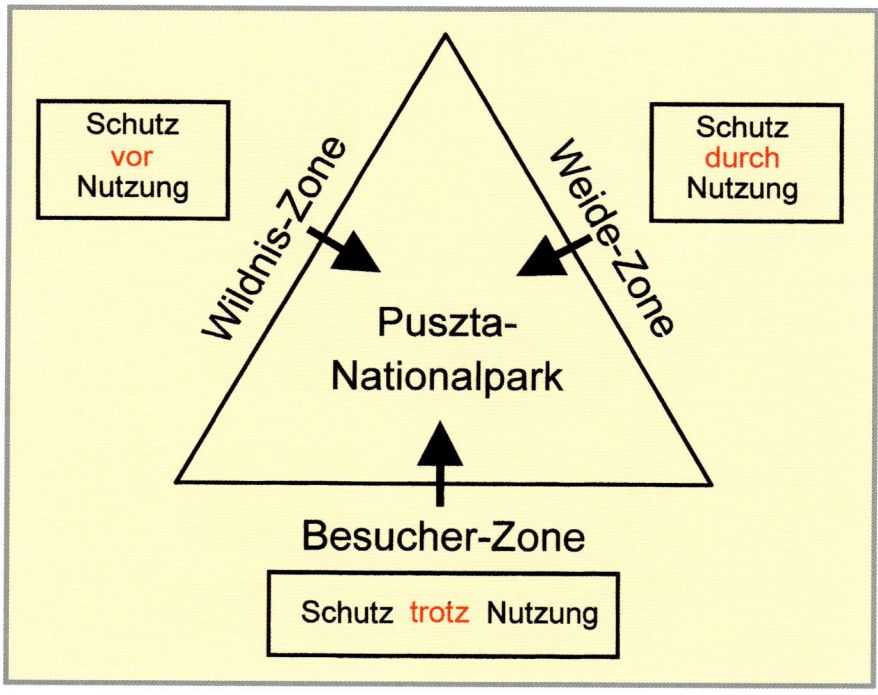

Abb. 101

Der **Puszta-Nationalpark** ist Europas **Serengeti**, in dem allerdings nicht Zebra-, Gnu- und Antilopenherden, sondern extensiv gehaltene Zackelschafe, Steppenrinder und Pusztapferde (Abb. 101) die Grassteppe durch Fraß, Tritt und Dung kurz halten. Sie sind dadurch **Biotopgestalter** für eine Reihe von Bodenbrütern in der Vogelwelt, wie zum Beispiel Brachschwalbe, Triel oder Seeregenpfeifer. Wir haben die **verhaltensökologischen Beziehungen** zwischen Steppenvögeln und Viehherden untersucht und für den Nationalpark ein **Dreizonen**-Modell erarbeitet (Abb. 102). Für die **Wildnis**zone lautet die Parole Schutz **vor** Nutzung, für die **Weide**zone Schutz **durch** Nutzung (das heißt durch den Weidegang von Viehherden) und für die **Besucher**zone gilt schließlich die Parole Schutz **trotz** Nutzung, nämlich sanfter Naturtourismus.

Schutz **vor** Nutzung

Schutz **durch** Nutzung

Wildnis-Zone

Weide-Zone

Puszta-Nationalpark

Besucher-Zone

Schutz **trotz** Nutzung

Abb. 102

Abb. 103 (Foto: F. von Berg ©)

Das Gegenteil gilt für den **Nationalpark auf Galapagos**. Dort sind die von Charles Darwin entdeckten ende-mischen Arten durch **Überbeweidung** ihrer Lebensräume bedroht. Seefahrer haben seinerzeit Hausziegen aus-gesetzt, um für Schiffsbrüchige Fleisch und Milch bereitzuhalten. Die Ziegen haben sich stark vermehrt und die Vegetation stellenweise kahl gefressen (Abb. 103). Wir starteten deshalb Anfang der 80er Jahre im Auftrag von Professor Bernhard GRZIMEK und seiner Frankfurter Zoologischen Gesellschaft eine **9-Mann-Expedition** nach Galapagos, um zu versuchen, den weltberühmten Archipel mit der Waffe ziegenfrei zu machen. Auf Abb. 104 meine Mitarbeiter, die Forsträte Fritz VON BERG und Konrad WILKE. Hier trat der seltene Fall ein, dass der Slogan „Naturschutz mit der Waffe" seine Berechtigung hatte.

Abb. 104 (Foto: E. SCHNEIDER ©)

Abb. 105

(Foto: A. FESTETICS ©)

Förster sind bei uns die einzigen Jäger, die nicht nur aus **Lust** auf Tiere **schießen**, sondern auch aus **Pflicht**, wenn sie zum Beispiel Schalenwildbestände reduzieren müssen. Deshalb gehört auch das jagdliche Handwerk zu unserem Lehrangebot (Abb. 105). Um Professionalität zu gewährleisten, habe ich bei der „akademischen Schießprüfung" folgende **Prioritäten** gesetzt (Abb. 106): **erstens** Menschenschutz, **zweitens** Tierschutz und **drittens** Artenschutz. **Menschen**schutz heißt, maximale Sicherheit beim Umgang mit der Waffe, um Jagdunfälle zu vermeiden. **Tierschutz** bedeutet maximale Treffsicherheit beim Schießen auf Wildtiere, um den Opfern – soweit möglich – Schmerzen zu ersparen. **Artenschutz** schließlich heißt gründliche Formenkenntnis bei Wildtieren, um bei der Jagd nicht die falschen Arten zu treffen.

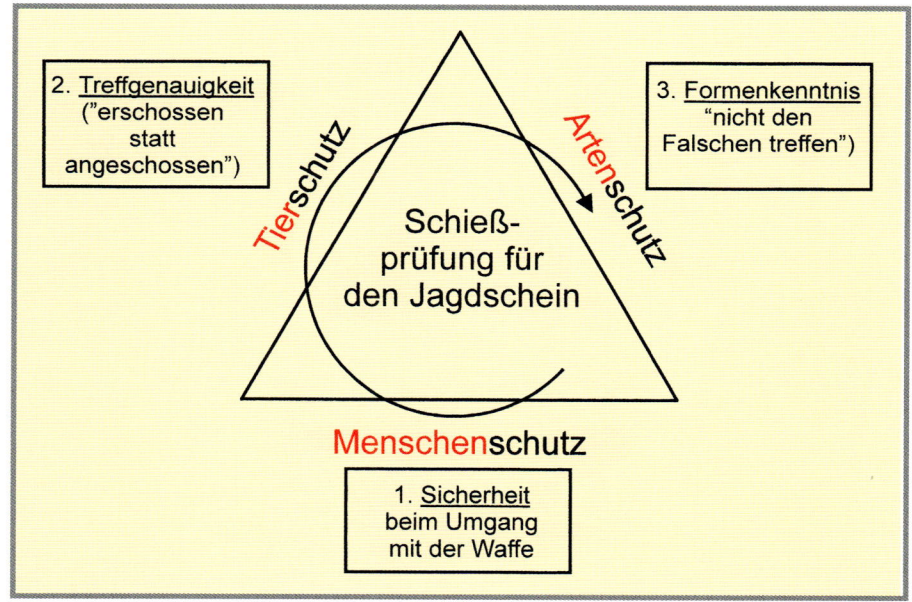

Abb. 106

190

Abb. 107 — (Grafik: TAMBOUR/FESTETICS ©)

Ein weiterer Schwerpunkt des Göttinger Institutsprogramms waren **Tieransiedlungen** (Abb. 107). Wir untersuchten das Verhalten **gebietsfremder** Arten in Deutschland – auf der Karte mit roten Pfeilen gekennzeichnet – wie Jagdfasan, Wildkaninchen, Marderhund und Waschbär. Aber auch die **Faunenverfälschung** durch unseren Feldhasen in **Argentinien** bzw. durch deutsche Rothirsche und Wildschweine in **Chile.** Wir erprobten Abschussmethoden an eingeschleppten Hausziegen und Hausschweinen auf **Galapagos,** weil diese dort, wie bereits erwähnt, die endemische Fauna gefährden.

Die **grünen** Pfeile auf der Karte verweisen auf Auswilderungen von regional **ausgestorbenen** Arten unserer europäischen Fauna. So haben wir bei der erfolgreichen Wiederansiedlung des **Uhus** in Niedersachsen sowie des **Wanderfalken** in Göttingen und im Wattenmeer maßgeblich mitgewirkt. Wir haben **Biber** aus Polen zur Auswilderung in Deutschland und Österreich besorgt. Wir fingen **Luchse** in den Karpaten zur Wiederansiedlung in den Alpen und konnten bei diesem Vorhaben wichtige Erkenntnisse für die Rückkehr des Luchses im Harz gewinnen.

Das **Wildpferd**vorhaben war ein Holländisch-Deutsch-Sowjetisches Gemeinschaftsprojekt. Die Rösser kamen aus niederländischen **Semi**-Reservaten und aus dem Kölner Zoo nach Niedersachsen, in die ungarische Puszta (Abb. 108) und in die Mongolei.

All diese Projekte waren **erfolgreich.** Nur die Auswilderung der **Ruderente** aus britischen Nachzuchten in Ungarn, wo die Art in Mitteleuropa zuletzt brütete, schlug fehl. Durch extreme Dürre waren sämtliche Gewässer ausgetrocknet und die ausgewilderten Ruderenten verschwanden daraufhin spurlos.

Abb. 108 (Foto: A. Festetics ©)

Unser Wildpferd-Projekt hatte in Göttingen ein politisches Nachspiel. Auf Abb. 109, links von mir, der Initiator des Vorhabens, Henry Makowski, rechts unser Projektpartner Professor Vladimir Sokolow von der Sowjetischen Akademie der Wissenschaften und ganz rechts der sowjetische Kulturattaché aus Hamburg, der Prof. Sokolow begleiten musste. Er nannte sich „Kuznew", hieß aber offenbar anders und war Agent des Sowjetischen Geheimdienstes. Sein Chef in Ostberlin war Wladimir Putin, damals Leiter des Sowjetischen Spionagenetzes für Westdeutschland und heute Ministerpräsident von Russland. Ich wurde nach dem Göttinger Besuch unserer sowjetischen Gäste vom westdeutschen Verfassungsschutz wegen Herrn „Kuznew" zweimal verhört.

Abb. 109 (Foto: H. Wölfel ©)

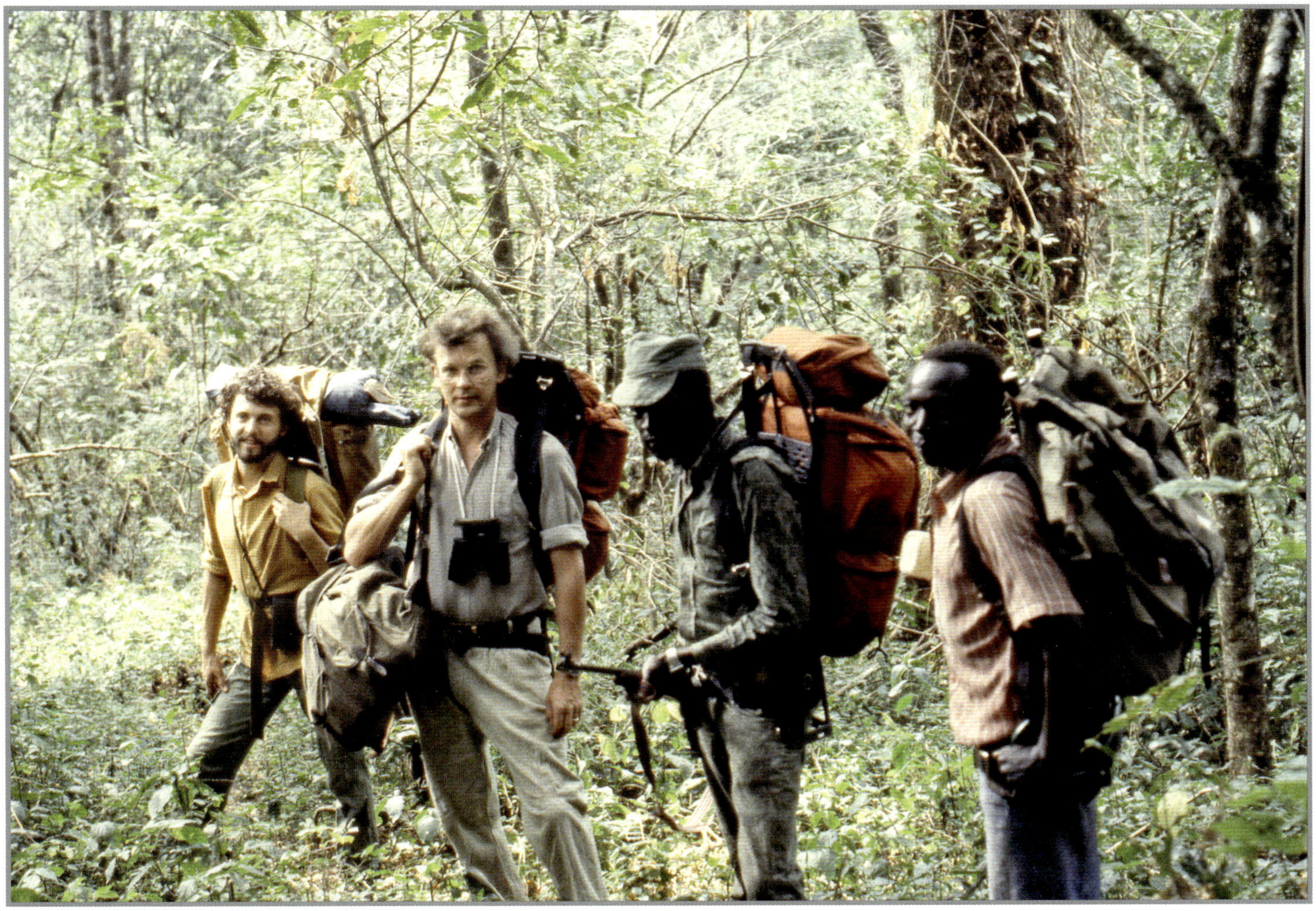

Abb. 110 (Archivbild)

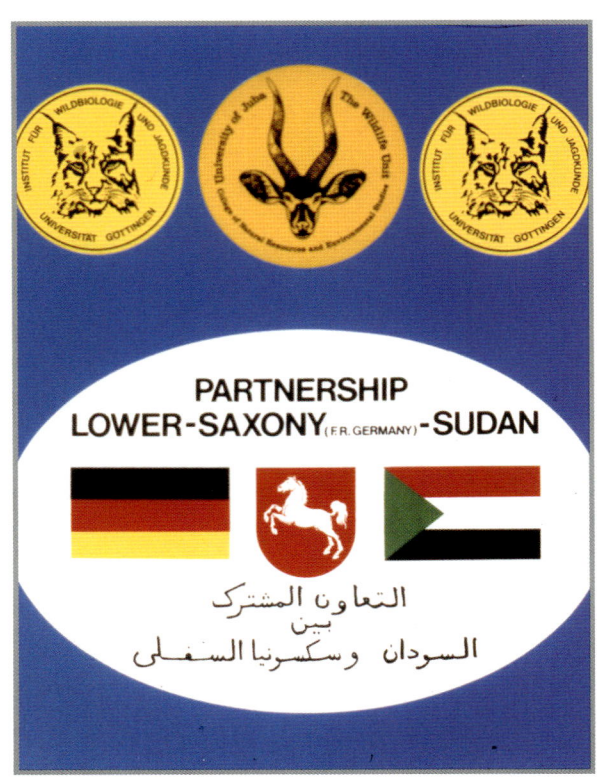

Ein Beispiel aus der **Tropischen Wildbiologie** in Göttingen sind die Forschungen meines Mitarbeiters Dr. Malte SOMMERLATTE an Elefanten und Kaffernbüffeln in **Afrika** (Abb. 110). Aber auch die Mitwirkung unseres Institutes beim Aufbau der Wildbiologie an der Universität Juba (Abb. 111) im Rahmen des Partnerschaftsabkommens zwischen Niedersachsen und dem Sudan.

Abb. 111

Das **Reh** verkörpert in unserer Fauna den **Schlüpfer-Typ** der Wald- und Buschränder, der **Rothirsch** hingegen den **Läufer-Typ** der offenen Landschaft, was ihre phylogenetisch-ökologische Stellung betrifft. Der **Vergleich** dieses Formenpaares bezüglich Gestalt, Verhalten und Waldbelastung stand ebenfalls im Mittelpunkt unserer Forschungen. In **Afrika** mit seinen freilich wesentlich artenreicheren Huftierbeständen entspricht der **Kronenducker** etwa unserem Reh und der **Große Kudu** unserem Rothirsch im Hinblick auf vergleichbare Lebensformpaare (Abb. 112). Den Kronenducker hat aus unserer Mannschaft Dr. Malte SOMMERLATTE, den Großen Kudu Dr. Thomas LADO vor Ort untersucht. Auf Abb. 113 ein Kaffernbüffel in Narkose mit Ohrmarken und Halsband als Beispiel für ein weiteres Göttinger Freilandprojekt in Afrika.

Lebensform-Paare

Schlüpfer-Typ
der Buschränder

Läufer-Typ
der offenen Landschaft

EUROPA

Reh

Rothirsch

AFRIKA

Kronenducker

Großer Kudu

Abb. 112 (Grafik: TAMBOUR/FESTETICS ©)

Abb. 113 (Foto: M. SOMMERLATTE ©)

194

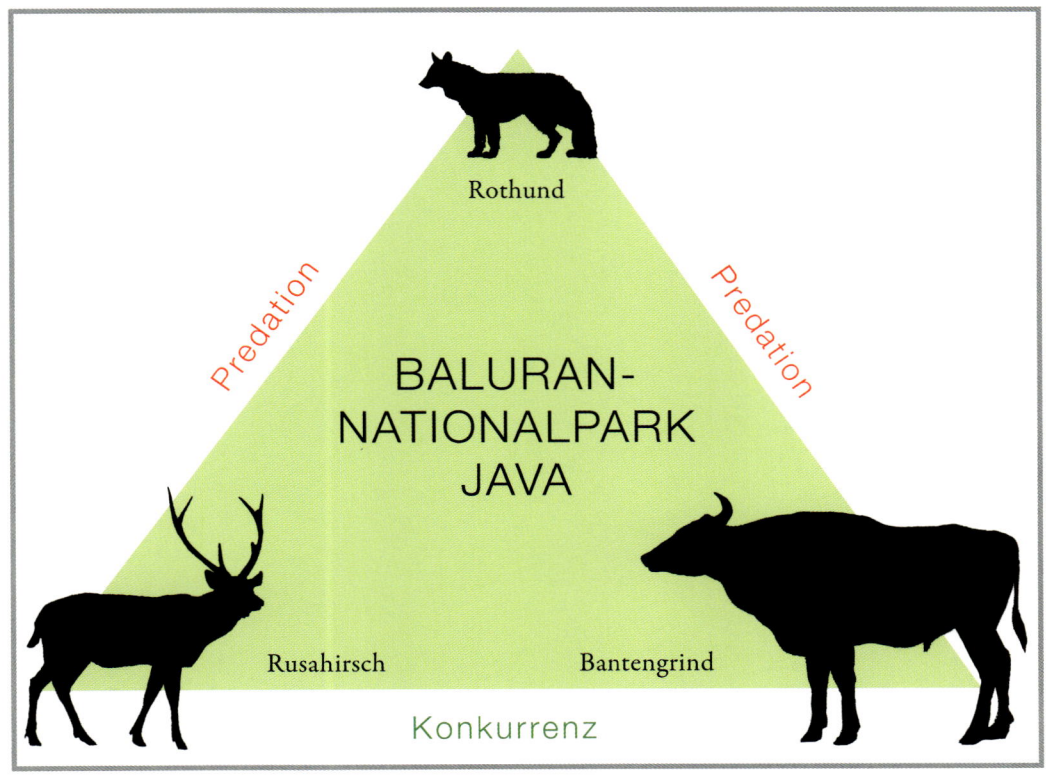

Abb. 114   (Grafik: TAMBOUR/FESTETICS ©)

Aus der Tropischen Wildbiologie in Göttingen sei hier schließlich noch beispielhaft die Dissertation von Dr. Satyawan PUDYATMOKO angeführt. Er untersuchte das verhaltensökologische Beziehungsgefüge zwischen **Bantengrind**, Rusahirsch und Rothund im Baluran-Nationalpark von **Java** (Abb. 114). Die **Schlüssel**faktoren waren Raum- und Nahrungsangebot, Prädation, Wilderei und Inzuchtdepression einer bestandesgefährdeten Population des Bantengrindes (Abb. 115). Diese **erkenntnis**orientierten Grundlagen dienten dem zweiten, dem **handlungs**orientierten Aspekt der Feldforschungen für den Naturschutz in Java.

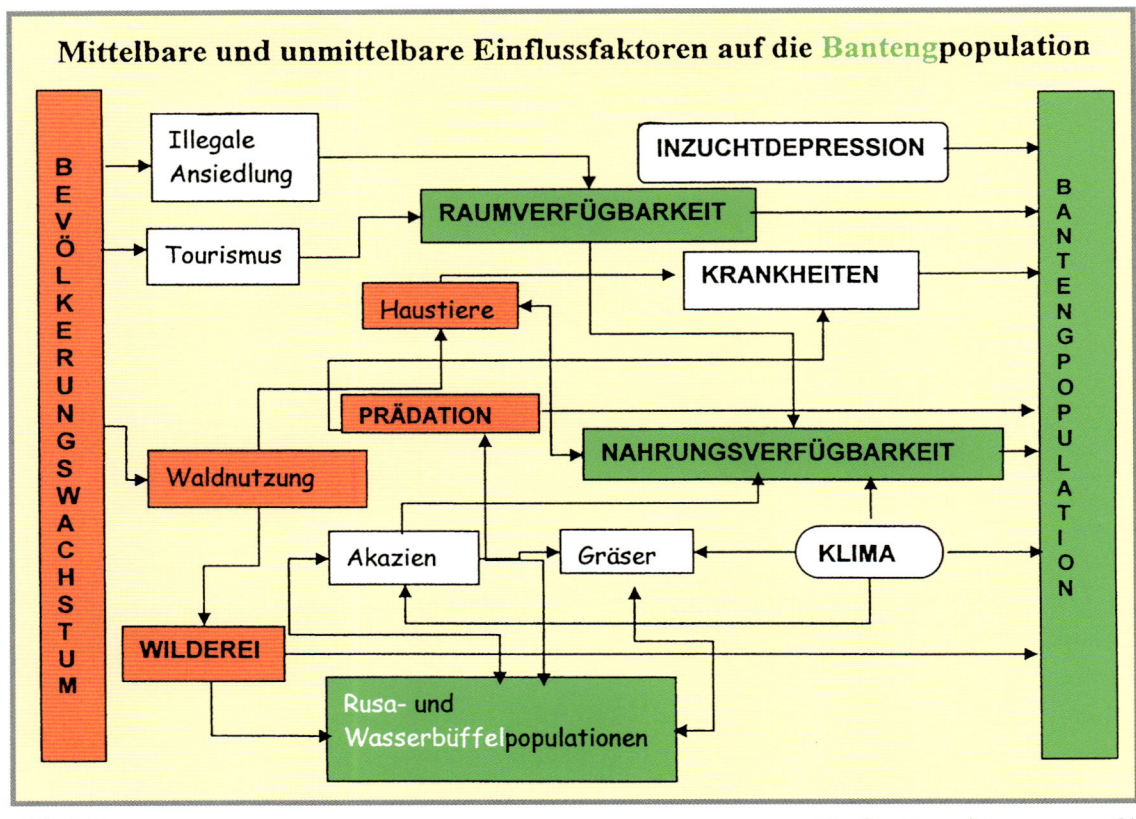

Abb. 115   (Grafik: TOMM/PUDYATMOKO ©)

0   50   100 km

Abb. 116   (Grafik: Tomm/Festetics ©)

Aus den Weiten asiatischer Naturräume nun zurück in unsere **dicht besiedelte** Landschaft in Mitteleuropa. Die gegenwärtigen Verbreitungsareale des **Rothirsches** in Deutschland machen die **Frag-
mentierung** der Population dieser größten Schalenwildart unserer Breiten deutlich. Auf Abb. 116
das Straßennetz der Bundesrepublik. Bis 1989 war der **Eiserne Vorhang** der DDR nicht nur für
Menschen unpassierbar, sondern auch für Vierbeiner, egal ob Hirsch oder Maus. Für Wildtiere war
Deutschland aber nicht nur in Ost und West getrennt. Auch den **Mittellandkanal**, der den Eisernen
Vorhang kreuzte (Abb. 117), konnte kein Tier von Norden nach Süden passieren oder umgekehrt.

Rothirsch-Vorkommen
in Deutschland und Göttinger
Wildtierschutz-
Vorhaben 1972-2005

Legende:

▼ Wild-Brücke	◆ Wild-Leitsystem	● Wild-Lebensräume
▲ Wild-Tunnel	○ Wild und Schienenverkehr	★ Wild-Regulation
■ Wild-Ausstieg	⟷ Wild-Wiedervereinigung	

Abb. 117   (Grafik: TOMM/FESTETICS ©)

Die Spundwände hinderten den Ausstieg, unzählige Tiere mussten ertrinken. Zu unseren Wildtierschutz-Projekten gehörten u. a. die Entwicklung von Wild-**Ausstiegen** am Mittellandkanal sowie Wild-**Brücken**, Wild-**Tunneln** und Wild-**Leitsystemen** bei Autobahnen. Untersucht wurden ferner Wild**kollisionen** beim Schienenverkehr, die „Wild-**Wiedereinigung**" im Harz nach Abbau des Eisernen Vorhangs und insbesondere die **Lebensansprüche** von Wildtieren in unserer Kulturlandschaft.

Abb. 118: Grünbrücke mit Verkehrsschutz- (bzw. Wildschutz-)Zaun, Kleingewässer und Sand-Spurstreifen.   (Foto: M. MEISSNER ©)

Abb. 118 zeigt eine Wildbrücke, die sich über die Autobahn spannt. Ein ebenso notwendiger Forschungsbereich war aber auch das Erproben von zeitgemäßen Jagdmethoden zur **Regulation** von Schalenwildbeständen, insbesondere des Rothirsches (Abb. 119). Ich danke meinem langjährigen Mitarbeiter Dr. Helmuth WÖLFEL für seine zahlreichen Ideen und Initiativen in diesem Schwerpunktprogramm der vergangenen drei Jahrzehnte. Mein Doktorand Marcus MEISSNER setzt das praxisorientierte Vorhaben im Rahmen unseres neuen, 2006 ins Leben gerufenen *„Institutes für Wildbiologie Göttingen und Dresden e.V."* fort.

Abb. 119   (Foto: A. FESTETICS ©)

Abb. 120 (Foto: A. FESTETICS ©)

Wir untersuchten im Auftrag der Norddeutschen Schifffahrtsbehörde die Wildtier-Rettungsmöglichkeiten **im Mittellandkanal** (Abb. 120) mithilfe unserer handzahmen Rothirsche, aber auch mit Rehen, Füchsen und Dachsen. Auf Abb. 121 testet Dr. Helmuth WÖLFEL schwimmend mit seiner auf ihn geprägten Hirschdame einen Wildausstieg.

Abb. 121 (Foto: E. SCHNEIDER ©)

Abb. 122   (Foto: H. Wölfel ©)

Vorher allerdings haben wir die Versuchsanordnung für den Mittellandkanal in einem Göttinger Schwimm-
bad erprobt. Auf Abb. 122 unser handaufgezogener Rehbock mit Sicherheitsgurt im Wasser, Auf Abb. 123 ein
Feldhase beim Schwimmversuch.

Abb. 123   (Foto: A. Festetics ©)

Abb. 124

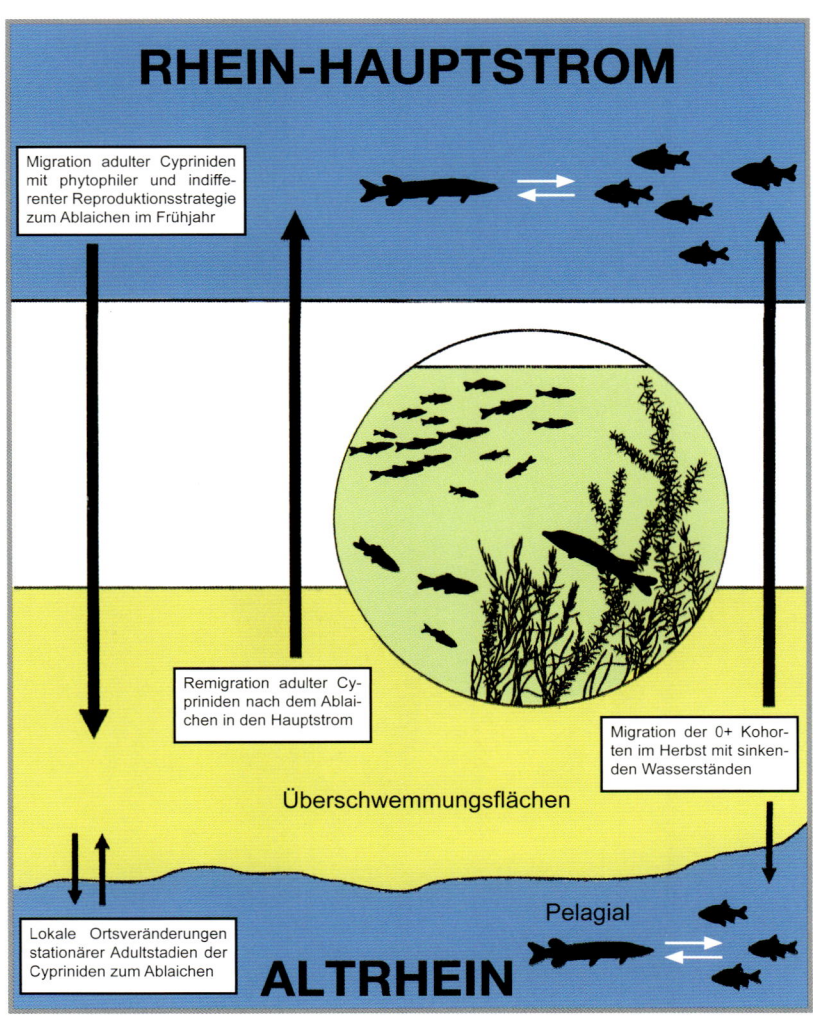（Foto: A. FESTETICS ©）

Die Arbeitsgruppe um Professor Günther BUH-SE (Abb. 124) an unserem Göttinger Institut hat sich mit **Fischkunde**, Fischereiwirtschaft und Limnologie beschäftigt. Abb. 125 ist ein Beispiel aus der Dissertation von Dr. Wolfgang HILTSCHER. Er untersuchte die Fischfauna des Rhein-Main-Flusssystems und die sog. „Räuber-Beute"-Beziehungen zwischen dem Hecht und seinen Beutefischen.

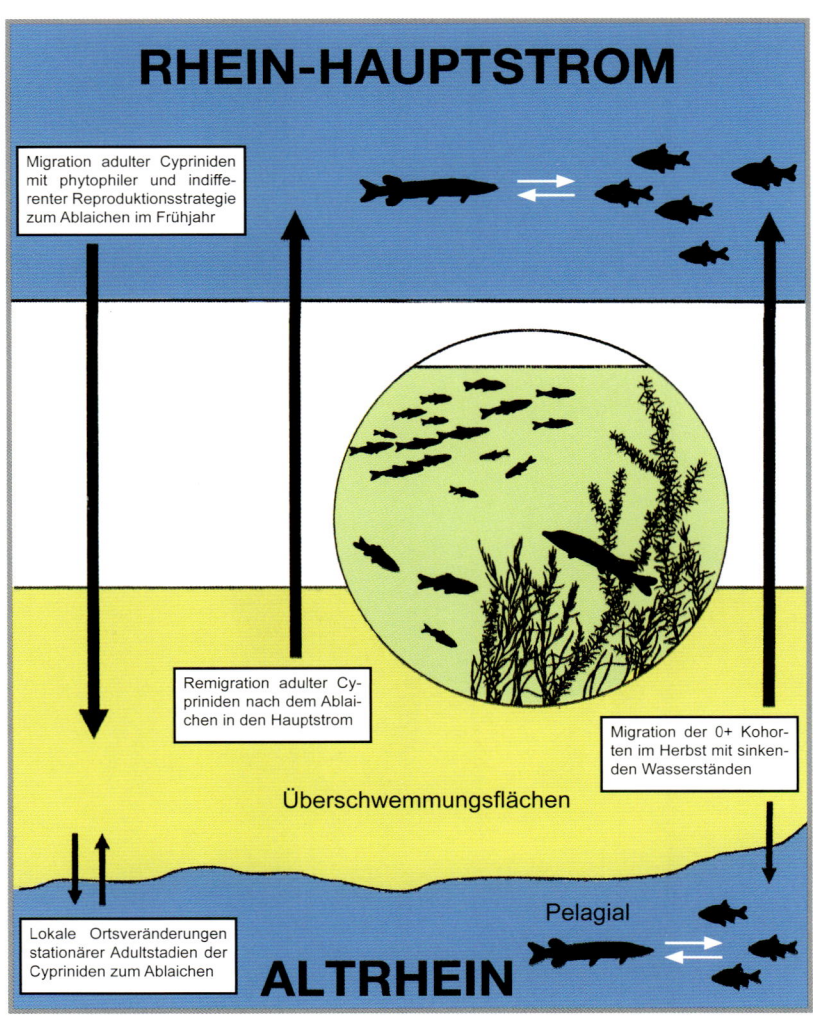

RHEIN-HAUPTSTROM

Migration adulter Cypriniden mit phytophiler und indifferenter Reproduktionsstrategie zum Ablaichen im Frühjahr

Remigration adulter Cypriniden nach dem Ablaichen in den Hauptstrom

Migration der 0+ Kohorten im Herbst mit sinkenden Wasserständen

Überschwemmungsflächen

Pelagial

Lokale Ortsveränderungen stationärer Adultstadien der Cypriniden zum Ablaichen

ALTRHEIN

Abb. 125

(Grafik: TOMM/HILTSCHER ©)

Abb. 126 (Archivbild)

Abb. 127 (Archivbild)

Ein Beispiel aus der **jagdhistorischen Forschung** in Göttingen ist die Dissertation von Dr. Andreas GAUTSCHI über Hermann Görings Wirkung auf das deutsche Waidwerk. Sie ist auch ein Beitrag zum Psychogramm des trophäenbesessenen Holocaust-Verbrechers. Auf Abb. 127 müssen Forststudenten 1939 in paramilitärischer Tracht antreten. Reichsjägermeister Göring schreitet mit „Hitlergruß" das studentische Ehrenspalier ab. Eine Verquickung von Waidwerk mit faschistischen Ritualen, eine Mischung aus Jägern und Kriegern. Abb. 126 zeigt die Vorbereitung von Görings großer „Trophäenschau" anlässlich der Jagdausstellung 1937 in Berlin. Ein Jahr zuvor hat er persönlich unser Göttinger Institut gegründet, um seine Knochenparade „wissenschaftlich" betreuen zu lassen.

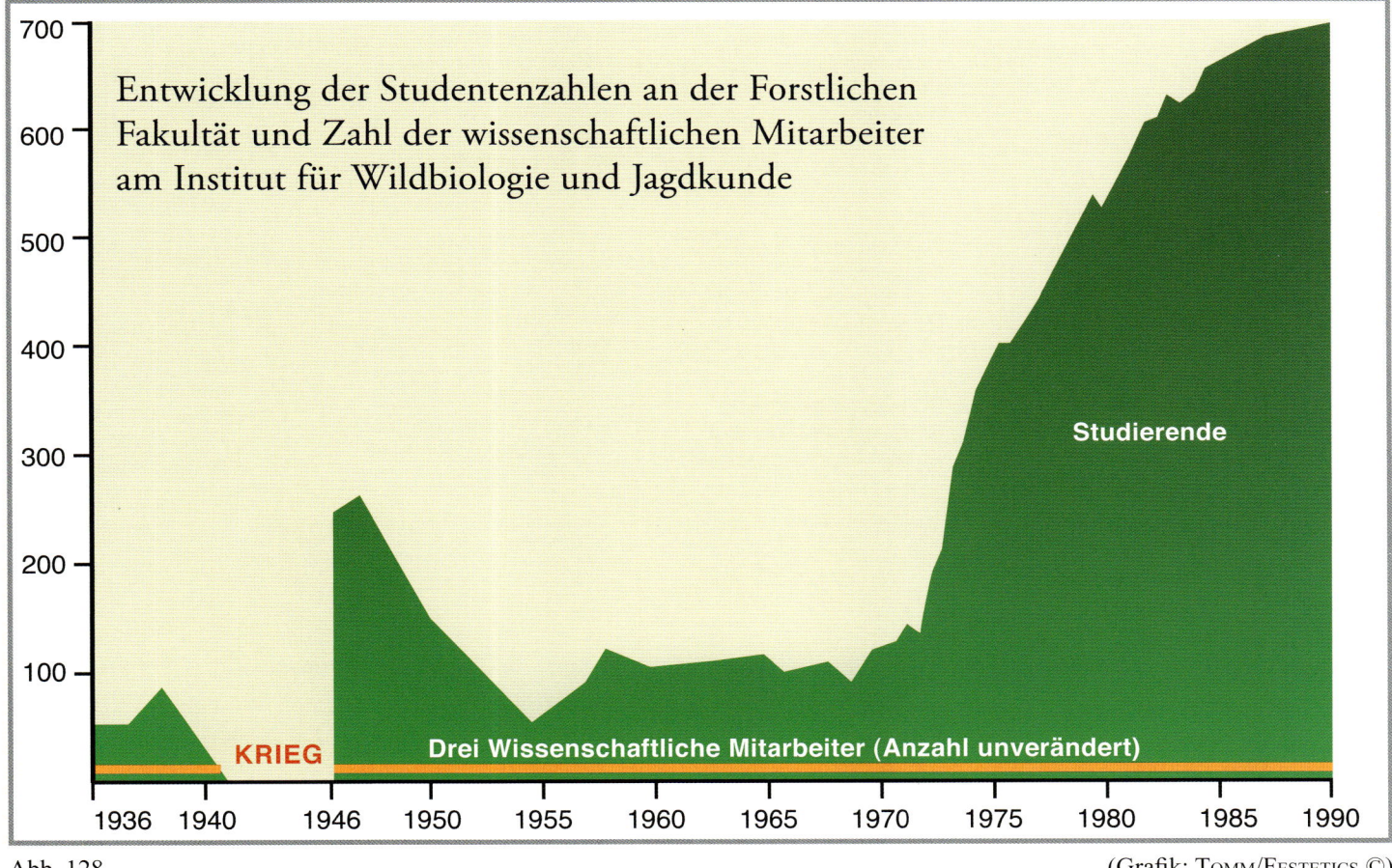

Abb. 128

(Grafik: TOMM/FESTETICS ©)

Nach dem 2. Weltkrieg und besonders seit den 70er Jahren ist die **Zahl der Studierenden** bei uns stark angestiegen. Abb. 128 zeigt diese Entwicklung bis etwa 1990. Die Zahl der Planstellen blieb jedoch an unserem Institut gleich. Aus Drittmitteln konnten allerdings immer wieder eine Anzahl von weiteren Mitarbeitern eingestellt werden.

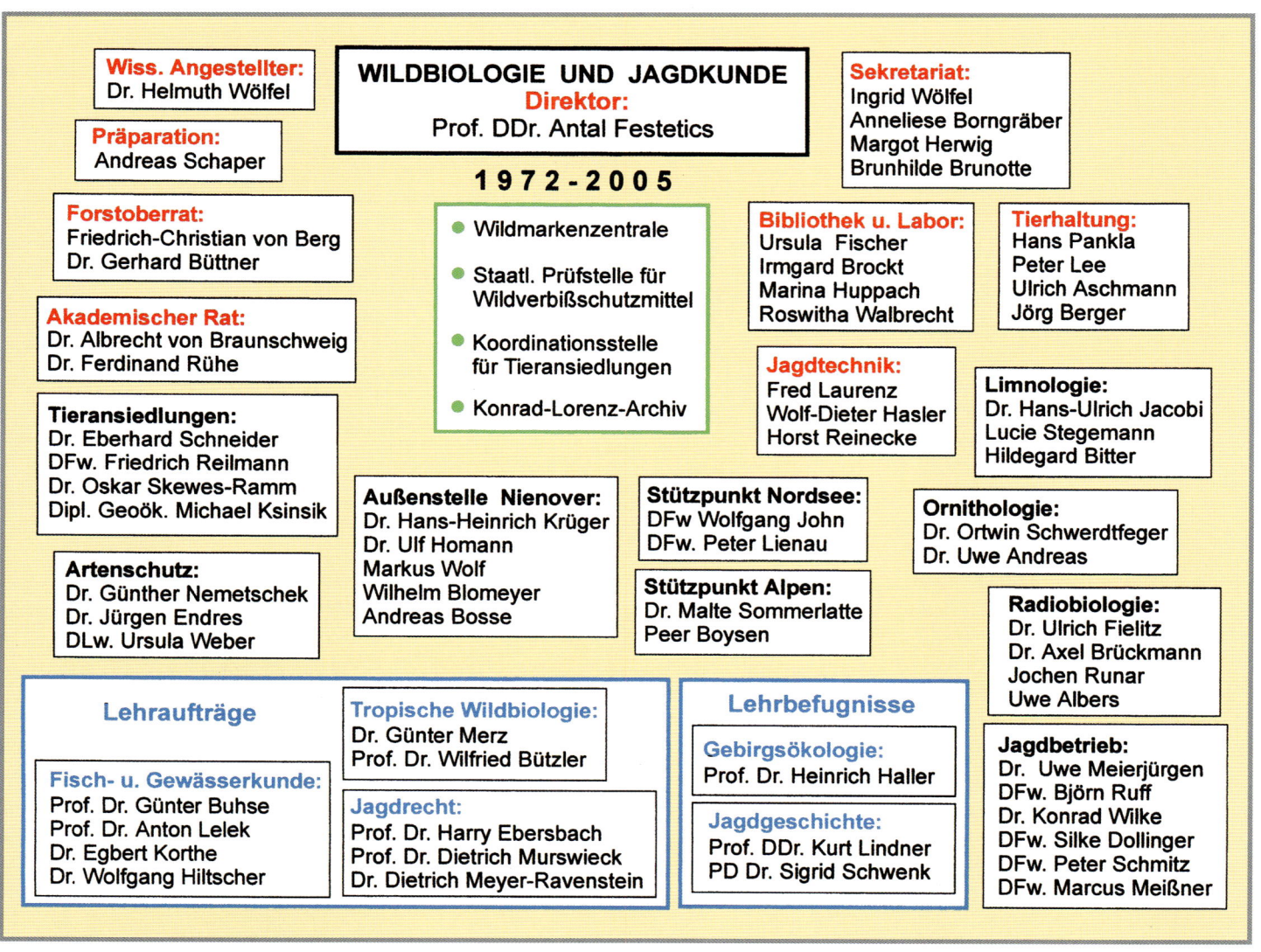

Wiss. Angestellter:
Dr. Helmuth Wölfel

Präparation:
Andreas Schaper

WILDBIOLOGIE UND JAGDKUNDE
Direktor:
Prof. DDr. Antal Festetics

1972 - 2005

- Wildmarkenzentrale
- Staatl. Prüfstelle für Wildverbißschutzmittel
- Koordinationsstelle für Tieransiedlungen
- Konrad-Lorenz-Archiv

Sekretariat:
Ingrid Wölfel
Anneliese Borngräber
Margot Herwig
Brunhilde Brunotte

Forstoberrat:
Friedrich-Christian von Berg
Dr. Gerhard Büttner

Akademischer Rat:
Dr. Albrecht von Braunschweig
Dr. Ferdinand Rühe

Tieransiedlungen:
Dr. Eberhard Schneider
DFw. Friedrich Reilmann
Dr. Oskar Skewes-Ramm
Dipl. Geoök. Michael Ksinsik

Artenschutz:
Dr. Günther Nemetschek
Dr. Jürgen Endres
DLw. Ursula Weber

Bibliothek u. Labor:
Ursula Fischer
Irmgard Brockt
Marina Huppach
Roswitha Walbrecht

Tierhaltung:
Hans Pankla
Peter Lee
Ulrich Aschmann
Jörg Berger

Jagdtechnik:
Fred Laurenz
Wolf-Dieter Hasler
Horst Reinecke

Limnologie:
Dr. Hans-Ulrich Jacobi
Lucie Stegemann
Hildegard Bitter

Außenstelle Nienover:
Dr. Hans-Heinrich Krüger
Dr. Ulf Homann
Markus Wolf
Wilhelm Blomeyer
Andreas Bosse

Stützpunkt Nordsee:
DFw Wolfgang John
DFw. Peter Lienau

Stützpunkt Alpen:
Dr. Malte Sommerlatte
Peer Boysen

Ornithologie:
Dr. Ortwin Schwerdtfeger
Dr. Uwe Andreas

Radiobiologie:
Dr. Ulrich Fielitz
Dr. Axel Brückmann
Jochen Runar
Uwe Albers

Lehraufträge

Fisch- u. Gewässerkunde:
Prof. Dr. Günter Buhse
Prof. Dr. Anton Lelek
Dr. Egbert Korthe
Dr. Wolfgang Hiltscher

Tropische Wildbiologie:
Dr. Günter Merz
Prof. Dr. Wilfried Bützler

Jagdrecht:
Prof. Dr. Harry Ebersbach
Prof. Dr. Dietrich Murswieck
Dr. Dietrich Meyer-Ravenstein

Lehrbefugnisse

Gebirgsökologie:
Prof. Dr. Heinrich Haller

Jagdgeschichte:
Prof. DDr. Kurt Lindner
PD Dr. Sigrid Schwenk

Jagdbetrieb:
Dr. Uwe Meierjürgen
DFw. Björn Ruff
Dr. Konrad Wilke
DFw. Silke Dollinger
DFw. Peter Schmitz
DFw. Marcus Meißner

Abb. 129.

Auf dem Organigramm (Abb. 129) sind oben mit roten Buchstaben die Planstellen des Institutes gekennzeichnet. Ich war bemüht das Lehrangebot (unten in blauer Schrift) durch die **drei** Lehraufträge **Jagdrecht**, **Tropische Wildbiologie** und **Fischereikunde** sowie durch Vergabe der Lehrbefugnisse für **Gebirgsökologie** und **Jagdgeschichte** an hierfür kompetente Kollegen zu erweitern. Seit 1984 gehörte das ehemalige Welfenschloss **Nienover** im Solling als Außenstelle zu unserem Institut. Wir hatten zeitweise aber auch Stützpunkte in den **Alpen** zum Luchsprojekt und an der **Nordsee** bei der Seehundforschung. Das Institut war schließlich Sitz der Wildmarkenzentrale, der Prüfstelle für Verbissschutz, der Koordinationsstelle für Tieransiedlungen und der Konrad-Lorenz-Gesellschaft, die alle in der Bildmitte mit grünen Punkten gekennzeichnet sind.

Abb. 130 (Foto: A. FESTETICS ©)

Zwei Schwerpunkte unserer **Serviceleistungen** an Behörden, Verbänden und Versicherungsgesellschaften waren **Diagnosen** über pathologisch-parasitologische Befunde und die Altersschätzung von Wildtieren. Mein Mitarbeiter Dr. Albert VON BRAUNSCHWEIG (Abb. 130) hat jährlich mehr als Tausend solcher Diagnosen erstellt. Die **Altersschätzungen** erfolgten am Zahnschliff des erlegten Wildes, wie auf Abb. 131 durch Fred LAURENZ.

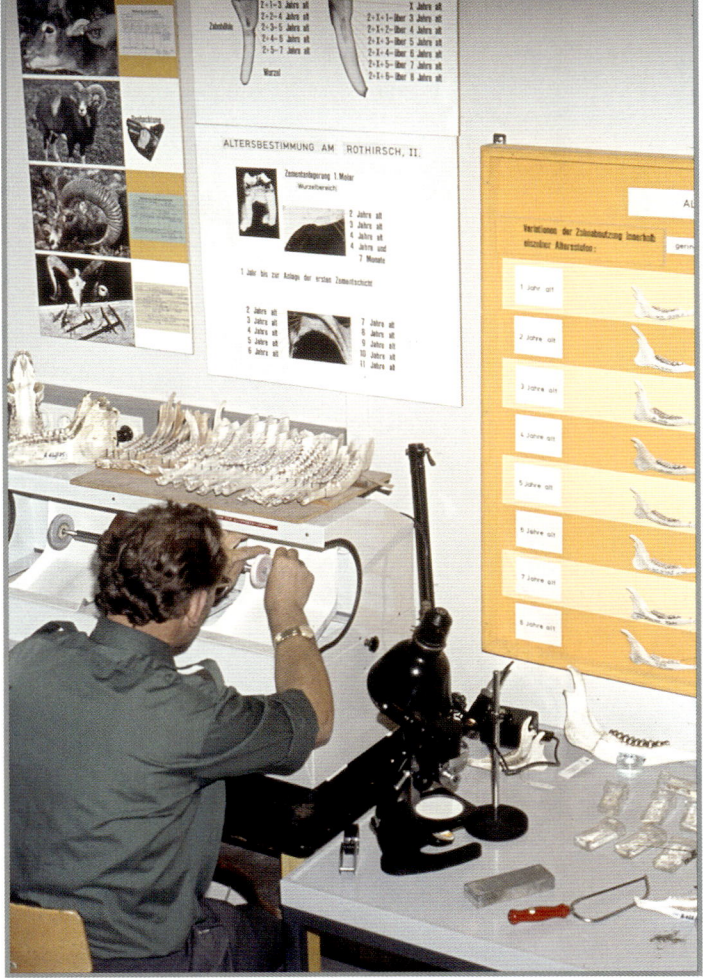

Abb. 131 (Foto: A. FESTETICS ©)

205

Göttinger Wildbiologie 1975 – 2005

1975
- Göttinger Greifvögel-Kolloquium
- Göttinger Schalenwild-Kolloquium
- Göttinger Kolloquium Wild und Jagd
- Seminar über Wildbiologie in der DDR mit Prof. Dr. Hans STUBBE
- 1. Göttinger Kolloquium Fisch und Gewässerschutz

1976
- Erstes Treffen mit Prof. Dr. Andrej BANNIKOW und Prof. Dr. Hans STUBBE in der DDR.
- 1. Göttinger Kolloquium Tieransiedlungen
- Festkolloquium (40 Jahre IWJ) über Tradition und Fortschritt als Symbiose mit Nobelpreisträger Prof. Dr. Konrad LORENZ
- 2. Göttinger Kolloquium Fisch- und Gewässerschutz

1977
- Göttinger Kolloquium Jagd und Jäger
- Seminar über Entstehung des Lebens mit Nobelpreisträger Prof. Dr. Manfred EIGEN
- Göttinger Raubtier-Manifest

1978
- 1. Internationales Luchs-Kolloquium (Murau/Steiermark)
- 1. Göttinger Vogelschutz-Seminar
- Kolloquium Wild und Jagd in Amerika

1979
- Kolloquium Faunenverfälschung in Australien
- 1. Internationales Fischotter-Kolloquium

1981
- 2. Göttinger Kolloquium Tieransiedlungen
- 100. Wildbiologisches Seminar: Wissenschaft, Politik und Umwelt mit Landwirtschaftsminister Klaus-Peter BRUNS

1982
- Seminar über Wildbiologie in der Sowjetunion mit Prof. Dr. Wladimir SOKOLOW
- Seminar über Goethe und Darwin mit Nobelpreisträger Prof. Dr. Manfred EIGEN
- Göttinger Feldhasen-Seminar
- Göttinger Graugans-Kolloquium (80 Jahre Wahrzeichen „Gänseliesel")

1983
- Göttinger Rehwild-Kolloquium

1984
- Göttinger Kolloquium Wildtiere und Waldsterben
- Einrichtung der Außenstelle Nienover im Solling

1985
- Göttinger Schweine-Kolloquium

1986
- Fest-Kolloquium (50 Jahre IWJ) über Wandel des Wissenschaftsbegriffes mit Wissenschaftsminister Dr. Johann-Tönjes CASSENS

Abb. 132

1987	● Seminar über Verhalten des Menschenkindes mit Bundesgesundheitsministerin Prof. Dr. Rita Süssmuth

1988	● Kolloquium Wildbiologie und Wattenmeer (Norden/Ostfriesland)
	   mit Wissenschaftsminister Dr. Johann-Tönjes Cassens
	   ● Seminar über Mensch, Natur, Umwelt
	   mit Umweltminister Dr. Werner Remmers

1989	Deutsche Wiedervereinigung
	   ● Göttinger Jagdhistorisches Seminar
	   ● 2. Göttinger Vogelschutz-Seminar
	   mit Ministerpräsident Dr. Ernst Albrecht

1990	● Göttinger Wildpferd-Kolloquium
	   mit Landwirtschaftsminister Dr. Burghard Ritz
	   ● 2. Göttinger Jagdhistorisches Seminar

1992	● Seminar über Interdisziplinäre Forschung Physik-Biologie mit Nobelpreisträger Prof. Dr. Erwin Neher

1993	● Konrad-Lorenz-Symposium
	   „Von der Graugans zur Wertphilosophie" (Wien)
	   ● Göttinger Kolloquium über Umweltschutz
	   mit Umweltministerin Monika Griefahn

1998	● Kolloquium über Universitätsreform
	   mit Wissenschaftsminister Dr. Thomas Oppermann
	   ● Kolloquium Wildbiologie im Solling

2000	● Internationales Wildkatzen-Symposium
	   (Außenstelle Nienover, Solling)
	   ● Symposium Verstädterung von Vögeln und Säugetieren
	   (Außenstelle Nienover, Solling)

2005	● 300. Wildbiologisches Seminar, Festkolloquium „Leben – Vielfalt und Wandel"

Abb. 132

Ein Rückblick auf **alle** der insgesamt 300 Wildbiologischen Seminare würde hier den Rahmen sprengen. Deshalb sind in der Tabelle nur unsere **Spezialkolloquien** und vergleichbar wichtige Ereignisse aus drei Jahrzehnten angeführt (Abb. 132). Zum Beispiel unsere ersten Kontaktaufnahmen jenseits des Eisernen Vorhangs mit Kollegen in der DDR und Sowjetunion 1975 und 1976. Zu den prominenten Referenten in unserem Seminar gehörten u. a. Ministerpräsident Ernst Albrecht (1989) und Landwirtschaftsminister Klaus-Peter Bruns (1981) sowie die Minister Cassens, Remmers, Ritz, Oppermann und Ministerin Griefahn. Das I. Internationale **Luchs**-Kolloquium haben wir **1978** auswärts in den Alpen dort abgehalten, wo wir die Luchse ausgewildert haben. Unser **Wattenmeer**-Kolloquium **1988** fand an der Nordseeküste statt. Das I. Internationale **Fischotter**-Kolloquium in Göttingen **1979** hatte unter anderem zur Folge, dass Jahre später in Hankensbüttel ein eigenes Otterzentrum eingerichtet wurde. Das Göttinger **Wildpferd**-Kolloquium **1990** gab schließlich die Initialzündung zur Einrichtung von Semireservaten für Przewalskipferde in mehreren Ländern. Rückblickend danke ich allen Spitzenpolitikern und Wissenschaftlern, die unsere Anliegen persönlich unterstützt haben!

Die Grenzpfähle entlang des „antifaschistischen Schutzwalles", wie die DDR-Propaganda den Eisernen Vorhang nannte, waren beliebte Sitzwarten von Mäusebussarden (Abb. 133) und anderen Greifvögeln, denn hier durfte nicht auf sie geschossen werden – wohl aber auf Menschen!

Für mich persönlich besonders bewegend war 1976, noch mitten im „Kalten Krieg", die erste Begegnung jenseits des Eisernen Vorhanges in der DDR (Abb. 134) mit den großartigen Kollegen Professor Andrej BANNIKOW (im Bild links) und Professor Hans STUBBE (rechts). An der deutsch-deutschen Grenze damals als „üblicher Verdächtiger aus der BRD" behandelt und im Landesinneren von der Stasi beschattet, war meine Freude 13 Jahre später umso größer, als ich erstmals frei hinüber fahren und im Harz den Brocken besteigen konnte.

Abb. 133 (Foto: A. FESTETICS ©)

Abb. 134 (Foto: E. SCHNEIDER ©)

208

Abb. 135   (Grafik: Tomm/Festetics ©)

Unser schönes Land **Niedersachsen** mit seiner landschaftlichen **Vielfalt** bot uns ideale Möglichkeiten für **Forschung** und **Lehre** zwischen Harz, Heide und Helgoland, zwischen Weserbergland und Wattenmeer (Abb. 135). Die Vogelinsel **Helgoland** gehört zwar formal zu Schleswig-Holstein, ist aber durch unsere dort tätigen, aber in Hannover beamteten Kollegen fest in niedersächsischer Hand. Seit 1972 war der berühmte Lummenfelsen beliebtes Ziel unserer Göttinger Exkursionen und Freilandpraktika. Helgoland und Harz sind die einzigen norddeutschen Landschaften mit **eigener Flagge**. In der **Trikolore** des **Harzes** steht **schwarz** für den Bergbau, **grün** für den Forst und **gelb** für die Sehnsucht der Harzer nach mehr Sonne. Die Helgoländer wiederum sagen zu ihrer Trikolore:

„**Grön** is dat Land,

Rot is de Kant,

Witt is de Sand,

Dat sünd de Farben von Helgoland!"

Das „Sachsenross" schließlich in **unserem Landeswappen** erinnert an das Pferdeland Niedersachsen mit seinen Hannoveraner- und Trakehner-Gestüten. Göttingen, auf der Karte der rote Punkt im Süden zwischen Harz und Solling, war Ausgangspunkt unserer Forschungsvorhaben in diesen beiden Waldkomplexen. Im **Harz** zum Beispiel am Rothirsch, Dachs und Raufußkauz, im **Solling** an Waschbär, Wildkatze, Stein- und Baummarder. In der **Heide** waren es unter anderem Birkhuhn und Fischotter, in der Agrarlandschaft Rebhuhn und Feldhase, an der Nordseeküste Kormoran und Seehund und um Göttingen herum traditionell Rehwild und Rotmilan, aber auch Hamster und Flussuferläufer zum Beispiel. Jede Tierart auf dieser Karte steht für zum Teil mehrere Diplomarbeiten, einzelne Doktorarbeiten oder sonstige Forschungsvorhaben in den letzten drei Jahrzehnten.

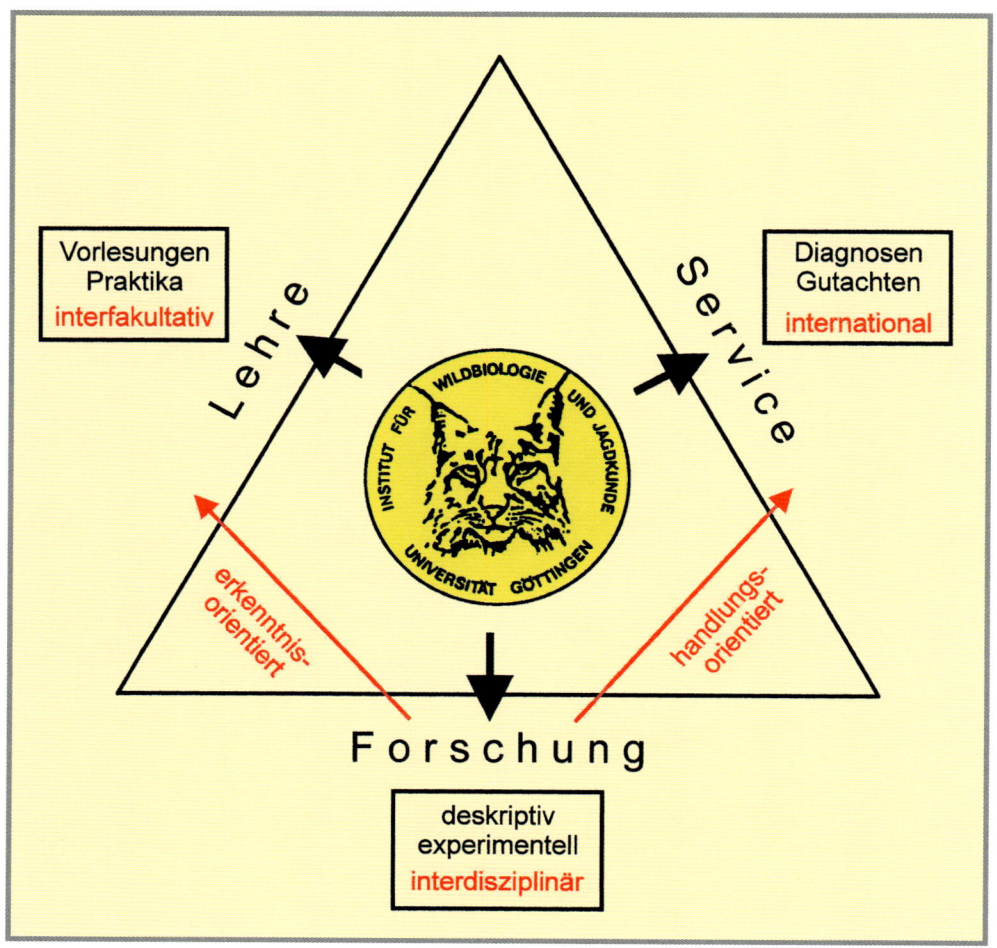

Abb. 136

Die **zwei** Pfeiler der meisten Lehrstühle sind bekanntlich **Forschung** und **Lehre**. In Wildbiologie und Jagdkunde sind **Serviceleistungen** traditionell der **dritte** Pfeiler unserer Arbeit (Abb. 136). Wir waren bestrebt die Forschung **interdisziplinär**, die Lehre **interfakultativ** und die Dienstleistungen **international** auszuweiten. So ist die Göttinger Wildbiologie sowohl **erkenntnis**orientiert als auch **handlungs**orientiert, um hier den unsäglichen Begriff „angewandte" Wissenschaft zu vermeiden. Es gibt keine „angewandte" Wissenschaft, es gibt nur **Anwendung** von Wissenschaft, denn das Gegenteil müsste **ab**gewandte Wissenschaft heißen, diese aber wäre kaum existenzfähig in unserer Zeit!

Was die akademische Lehre betrifft, so spannte sich der Bogen quer durch alle Klassen der Wirbeltiere. Unsere Außenstelle **Schloss Nienover** im Solling bot ideale Möglichkeit für Freilandpraktika über Amphibien (Abb. 137). Im Schlossteich leben tausende Faden- und Bergmolche (Abb. 138), aber auch die seltene Geburtshelferkröte.

Abb. 137 (Foto: A. FESTETICS ©)

Abb. 138 (Foto: A. FESTETICS ©)

211

Abb. 139   (Foto: A. Festetics ©)

Ein besonderes Erlebnis für unsere Studierenden war immer das Vogel-
kundliche Praktikum auf **Helgoland** mit Deutschlands einzigen Lummenfelsen (Abb. 139), auf dem unter anderen auch Baßtölpel brüten. Bei
den Inselrundfahrten (Abb. 140) übten wir vom Boot aus die Technik der
Vogelzählung.

Abb. 140   (Archivbild)

Abb. 141 (Foto: A. FESTETICS ©)

Unvergesslich bleibt aber auch der lange Ritt (Abb. 142) durch verschiedene Biotope der **Camargue** im Rahmen unseres Freilandpraktikums im südfranzösischen Rhônedelta, wo unter anderem die größte Flamingokolonie Europas beheimatet ist (Abb. 141). Danken möchte ich an dieser Stelle meinem Mitarbeiter Dr. Gerhard BÜTTNER. Er hat diese Lehrveranstaltungen hochprofessionell und mit großem Einsatz organisiert!

Abb. 142 (Foto: A. FESTETICS ©)

Ich danke schließlich der gesamten Institutsmannschaft (Abb. 143 aus dem Jahr 2005) für die wertvolle Mitarbeit in Forschung, Lehre und Dienstleistungen. Aber auch dafür, dass wir miteinander selten **streiten** mussten und häufig **lachen** konnten!

Abb. 143: (1) Heiko Schumacher (Doktorand), (2) Martin Fichtler (Doktorand), (3) Peter Lienau (Doktorand), (4) Wilhelm Blomeyer (Tierpfleger), (5) Horst Reinecke (Techn. Ang.), (6) Thanh Hoa Le (Doktorand), (7) Satyawan Pudyatmoko (Doktorand), (8) Michael Ksinsik (Doktorand), (9) Ulrich Aschmann (Tierpfleger), (10) Dr. Wolfgang Hiltscher (Fischkunde), (11) Matthias Schmidt (stud. Hilfskraft), (12) Prof. Dr. Heinrich Haller (Gebirgsökologie), (13) Prof. Dr. Wilfried Bützler (Tropische Wildbiologie), (14) Thomas Burmester (Doktorand), (15) Dr. Ferdinand Rühe (Akad. Rat), (16) Brunhilde Brunotte (Verw.-Ang.), (17) Prof. DDr. Antal Festetics (Direktor), (18) Roswitha Walbrecht (Techn. Ang.), (19) Dr. Helmuth Wölfel (wiss. Ang.), (20) Jörg Berger (Tierpfleger), (21) Karsten Hupe (Doktorand), (22) Dr. Gerhard Büttner (Forstoberrat), (23) Peter Schmitz (Forstassesor), (24) Marcus Meissner (Doktorand),

(25) Micki ♂ Malteser-Mischling, (26) Nike ♂ Dtsch. Kurzhaar, (27) Falk ♂ Kl. Münsterländer, (28) Juna ♀ Dtsch.Bracke, (29) Utzi ♂ Schweizer Niederlaufhund, (30) Snorry ♂ Westf. Bracke, (31) Lucy ♀ Steir. Bracke, (32) Emma ♀ Steir. Bracke, (33) Kiekebusch ♂ Dtsch. Bracke, (34) Nero ♂ Dtsch. Bracken-Mischling, (35) Luka ♀ Dtsch. Wachtel, (36) Urmel ♀ Tiroler Bracke, (37) Idefix ♂ Rauhaardackel, (38) Jagow ♂ Dtsch. Wachtel.

(Archivbild)

Das wichtigste für mich war die Freiheit und Vielfalt der Meinungen an unserem Institut und allen voran bei unseren Studierenden. Sie **sollen** Ideen und **sollten** Ideale haben, aber **keine** Ideologien. Das heißt, sich eigene Gedanken machen und sittliche Vorbilder finden, aber nicht Doktrinen oder Dogmen auf den Leim gehen. Ich danke unseren Studentinnen und Studenten für Ihre Diskussionsfreude, Neugier und oft bohrenden Fragen, die sie uns stellen. Sie halten uns dadurch im Geiste auf Trab und somit jung. Diesem Umstand ist es zu verdanken, dass wir Hochschullehrer ein paar Jahre später senil werden als Gleichaltrige in anderen Berufen. Und was uns, die wir uns mit **Wildtieren** beschäftigen, noch zusätzlich jung hält, ist eine starke ästhetisch-emotionale Komponente: die Schönheit und Vielfalt von Gestalten und Verhaltensweisen unserer Forschungsprojekte. Man kommt aus dem Staunen nicht heraus, **wenn** man **Augen** hat, um zu sehen und zu erkennen, wie faszinierend unsere Mitgeschöpfe sind. Und das hat wohl keiner so treffend zum Ausdruck gebracht wie Goethe im „Faust" mit den Worten des Turmwächters Lynkeus, „dem Luchsäugigen", womit wir wieder bei unserem Institutsemblem sind, dem Luchsgesicht.

Die Botschaft des Lynkeus lautet:

> Zum Sehen geboren,
> Zum Schauen bestellt,
> Dem Turme geschworen
> Gefällt mir die Welt
> Ich blick in die Ferne,
> Ich seh in der Näh,
> Den Mond und die Sterne,
> Den Wald und das Reh.
>
> So seh ich in allen
> Die ewige Zier,
> Und wie mir's gefallen,
> Gefall ich auch mir.
>
> Ihr glücklichen Augen,
> Was je ihr gesehn,
> Es sei, wie es wolle,
> Es war doch so schön!

Und damit es auch in **Zukunft** so **schön** bleibt, darum waren wir, meine Mitarbeiter und ich, in den vergangenen drei Jahrzehnten bemüht, unseren Studierenden in der Wildbiologie nicht nur **Ergebnisse,** sondern auch **Erlebnisse** zu bieten**.** Denn das Naturerlebnis, einschließlich der Begegnung mit Wildtieren draußen

im Freien in einer sensiblen Phase unserer Jugendentwicklung, bildet später die Grundlage für ein **ökologisches** Heimatbewusstsein. Naturlandschaften sind **emotionale Kinderstuben** des Menschen, die er zeitlebens nicht vergisst. Sie prägen uns für ein ganzes Leben. Denn sie sind für uns nicht nur **Lebens**räume, sondern auch **Erlebnis**träume, nicht nur **Biotop**, sondern auch **Psychotop**, und wir erhalten während unserer Jugendentwicklung einen Bilderschatz, in dem wir **selbst** mit einbezogen sind. **Raum** und **Ich** werden unauflösbare Erinnerungssubstanzen; eine Landschaftsprägung als Grundlage des **Öko**patriotismus, der gänzlich **unpolitisch** ist, weil er sich nicht an nationalen Grenzen, sondern an Heimatlandschaften orientiert. Und dazu gehören Wildtiere genauso wie Waldesgrün und Blumenpracht.

Wildtiere zu erforschen, um sie erhalten zu können, setzt **Zeit, Geduld und Muße** voraus, was jedoch immer knapper bemessen wird im Globalisierungstaumel unserer Hochschulreformen. Wir gedachten im Jahr 2005 des 200. Todestages von Friedrich SCHILLER. In seiner Antrittsvorlesung 1788 in Jena unter dem Titel „Was heißt und zu welchem Ende studiert man Universalgeschichte?" hat Schiller den **Gelehrten**, dem es um die Erkenntnis der Wahrheit geht, von jenem „**Brot**gelehrten" unterschieden, dem es **nicht** um den Wert der Wahrheit, **sondern** einzig und allein um die Bewertung **seiner** Tätigkeit geht. Die Beschreibung, die Friedrich Schiller von dieser „Sklavenseele" gibt, erinnert an den uns wohlbekannten effizienzorientierten Wissenschaftsmanager, der streng zwischen ergebnisorientierten **nützlichen** Wissen und jenen Studien trennt, die (wie Schiller es formuliert) „den Geist nur als Geist vergnügen", letztere zu einer verzichtbaren Sache erklärt und „seinen ganzen Fleiß" nach jenen Forderungen einrichtet, die „von den künftigen Herren seines Schicksals an ihn gemacht werden". Und weiter heißt es bei Schiller über diesen „**Brot**gelehrten": „**Nicht** bei seinen Gedanken**schätzen** sucht er seinen Lohn, **seinen Lohn** erwartet er von **fremder** Anerkennung. Schlägt ihn dieses **fehl**, wer ist **un**glücklicher als der **Brot**gelehrte? Er hat **umsonst** gelebt, gewacht, gearbeitet, er hat **umsonst** nach der Wahrheit geforscht, wenn sich Wahrheit für ihn nicht in Gold, Zeitungslob und Fürstengunst verwandelt."

Wir sollten uns mit Schiller vergegenwärtigen, was **Freiheit** und **Wissenschaft** einmal miteinander zu tun **hatten**. Universitäten rebellieren nicht erst in unserer Zeit. Sie waren jahrhundertelang Brennpunkte harter **geistiger** Auseinandersetzungen. Von Hochschulen ist immer **Unruhe** im besten Sinne des Wortes ausgegangen und so soll es auch bleiben! Unsere Göttinger Georgia Augusta war berüchtigt für ihre unbeugsam kritische Haltung, getreu dem Spruch ihres großen Physikers Georg-Christoph LICHTENBERG, der in seinem berühmten „Göttinger Kalender zur Bekämpfung von Vorurteilen" **bereits 1778** postuliert hat, dass hier den Studierenden gelehrt wird: „**Wie** sie denken sollten, und **nicht** ewig hin, **was** sie zu denken haben!"

Meinungs**freiheit** und Meinungs**vielfalt** sind die höchsten Güter einer Hochschule, die wir zu verteidigen verpflichtet sind. Das hat unsere Göttinger Universität seit Anbeginn auf ihre Fahne geschrieben. Liebe Studierende, Kolleginnen und Kollegen, **halten Sie** weiterhin diese **Fahne hoch!** Wir sollten stolz darauf sein, **dieser** Universität, **unserer** Alma Mater Georgia Augusta angehören zu dürfen!

FESTETICS, A. (2010): „Leben erforschen und erhalten. Rückblick auf drei Jahrzehnte Wildbiologie in Göttingen." – In: Antal-Festetics-Festschrift: *Was ist Leben? Entstehung, Erforschung, Erhaltung*, Verlag J. Neumann-Neudamm, Melsungen, S. 135-216

Biografie des Jubilars

Henry Makowski
(Konrad-Lorenz-Gesellschaft für Umwelt- und Verhaltenskunde)

In seinem bereits 1997 ausgestrahlten TV-Bestseller „Viecher sind auch nur Menschen" hat Antal Festetics zum Phänomen Aristokratie mit folgenden Worten Stellung genommen: „Dass der Adel ‚edler' sei, als andere Menschen, weil das Elitäre bereits erblich wäre, ist biologisch freilich nicht nachvollziehbar. Die von LAMARCK postulierte Vererbung erworbener Eigenschaften hat bereits DARWIN überzeugend widerlegen können. Was eine sogenannte ‚alte' Familie unterscheidet, ist nur, dass ihre Fortpflanzungschronik aufgezeichnet wurde, aber **wir alle** stammen von ein und denselben Primatenvorfahren ab. Es saß bestimmt kein eigener ‚blaublütiger' Schimpanse am Stammbaum der gemeinsamen Menschwerdung. Und das ist ein ebenso humaner wie auch sehr beruhigender Gedanke!"

Wenn hier trotzdem kurz auch über die Vorfahren des Jubilars berichtet wird, so vor allem deshalb, weil das allgemeine Interesse an der Geschichte Mitteleuropas und insbesondere des Kaiserreichs Österreich-Ungarn in jüngster Zeit sprunghaft angestiegen ist. Die Familie Festetics gehört, historisch betrachtet, zum Hochadel der ehemaligen Donaumonarchie. Von Kaiserin Maria Theresia (1766) in den Grafenstand gehoben und von Kaiser Franz Josef (1911) gefürstet, stellte sie Generäle, die sich in den Kriegen gegen Türken und Napoleon ausgezeichnet haben, aber auch Universitätsgründer, Theaterdirektoren und Minister in Wien und Budapest. Die Familie war in Westungarn, Burgenland, Niederösterreich und Steiermark beheimatet. Der Name Festetics leitet sich von „Festung Detich" ab, einer Piratenfestung an der Küste Dalmatiens. Der Überlieferung nach waren die dort hausenden Seeräuber, die an der Adria vor allem venezianische Handelsschiffe überfallen haben, Vorfahren der Festetics. Sie bekamen um 1510 herum Güter als Schenkung des Bischofs von Zagreb und gehörten bereits ab 1612 den Praedialisten (Kirchenadel) an. 1625 in den Freiherrenstand erhoben war Paul I. Baron Festetics von Tolna bereits im burgenländischen Güssing ansässig. Er war Gründer des in der Folge stets wachsenden Vermögens und Güter der Familie im westpannonischen Raum zwischen Neusiedler See und Plattensee. Sein Nachfahre Paul IV. Graf Feste-

tics von Tolna war bereits (1780) Kanzler der Kaiserin Maria Theresia; Georg I. Graf Festetics gründete (1797) die erste Agrarhochschule Europas am Plattensee und wurde zum Mitglied der Akademie der Wissenschaften in Göttingen berufen. Emmerich Graf Festetics entdeckte (1816) die Vererbungsregeln in der Schafzucht bereits 40 Jahre vor Gregor Mendel; Weltumsegler Rudolf Graf Festetics war (1910) Gründer ethnografischer Sammlungen aus dem indopazifischen Raum; Julia Gräfin Festetics war die Mutter des 1791 geborenen Stephan Graf Széchenyi, des größten Reformpolitikers von Ungarn und Gründer der Ungarischen Akademie der Wissenschaften; Marie Gräfin Festetics war Hofdame und engste Vertraute der in Genf (1898) ermordeten Kaiserin Elisabeth, Georg II. Graf Festetics war (1867) „ad personam"-Minister des Kaiser Franz Josef I. und Tassilo Fürst Festetics schließlich war Begründer der modernen Pferdezucht, aber auch des privaten Naturschutzes für die damals größten Silberreiherkolonie am Plattensee (1912), um hier nur einige Mitglieder der Familie im historischen Kontext der Donaumonarchie aufzuzählen.

Antal Festetics wurde am 12. Juni 1937 als zweiter Sohn des Dr. rer. pol. Dipl.-Landw. Christoph Graf Festetics von Tolna und seiner Gemahlin Marie, geborene Gräfin Blanckenstein, in Budapest geboren. Seine drei Großmütter waren mütterlicherseits Marie Gräfin Esterházy, väterlicherseits Maria von Piváry, die seinerzeit gefeierte Soubrette am Wiener Carl-Theater und schließlich Clothilde Gräfin Clam-Gallas, Adoptivmutter seines Vaters. Letztgenannter war Schüler des Wiener Theresianums und Student der Universität Wien; er promovierte zum Doktor der Staatswissenschaften in Brüssel, war Großgrundbesitzer, Bankdirektor, Reserveoffizier, Mitglied des Oberhauses im Parlament, Aufsichtsrat mehrerer Industrieunternehmen und lebte mit seiner Familie bis Kriegsende auf seinen Besitzungen in Ungarn, zeitweise auch in Böhmen und Österreich. Christoph Graf Festetics musste sich 1944 in einer Jagdhütte verstecken, weil er in seinem Schloss aus der Lagerhaft der NS-Diktatur geflüchtete französische und polnische Kriegsgefangene aufnahm, aber auch jüdische Mitbürger versteckt hat und deshalb von der Gestapo mit einem Haftbefehl gesucht wurde. Nach 1945 wurden alle seine Besitzungen enteignet, als behördlich legitimierter „Demokrat" durfte er jedoch seinen bürgerlichen Beruf als Bankdirektor weiter ausüben.

Durch die Zwangsmitgliedschaft im Kommunistischen Jugendverband war Antal Festetics als „Pionier" (= Jungkommunist) und Trommler bei Maiaufmärschen in Budapest und Moskau aktiv. Er war aber auch Zeichner von Lenin-Stalin-Plakaten seiner Schule. Dessen ungeachtet wurde seine Familie als „Klassenfeind" der Stalin-Diktatur 1951 ihrer letzten Habseligkeiten beraubt und in ein Arbeitslager nach Ostungarn, nahe der rumänischen Grenze deportiert. Antal Festetics und sein Bruder (sie waren damals 14 bzw. 16 Jahre alt) sind zur Zwangsarbeit beim „Aufbau der sozialistischen Landwirtschaft" verurteilt worden. Sie haben auf Baumwoll- und Reis(Versuchs-)feldern arbeiten müssen, aber auch bei der Maisernte und Rübenkampagne, als Schweinehirten und Bereiter von Deckhengsten im Gestüt einer LPG. Wegen unerlaubten Verlassens des Arbeitslager-Territoriums ist Antal Festetics dreimal zu kürzeren Kerkerstrafen verurteilt worden.

Sein Interesse für Biologie erwachte bereits 1946, als er – 9-jährig – zum jüngsten „Auswärtigen Mitarbeiter" des Ungarischen Ornithologischen Institutes in Budapest ausgewiesen wurde. Er hat sich der Vogelberingung verschrieben und publizierte seine ersten Verhaltensbeobachtungen bereits 1947 im ornithologischen Jahrbuch „Aquila". Während der Deportation (ab 1951) hat Antal Festetics seine vogelkundlichen Beobachtungen auch im Arbeitslager fortgesetzt und auf Säugetiere erweitert. So entdeckte er 1952 während der Zwangsarbeit auf einem Kartoffelfeld ein seltenes, ausschließlich unterirdisch lebendes Nagetier, den Blindmull (Spalax leucodon) – damals nicht ahnend, dass er zehn Jahre später an der Wiener Universität seine Doktorarbeit über das Verhalten dieser Art schreiben würde. Nach dem Tod des Sowjetdiktators Stalin 1953 durften die Deportierten auch außerhalb der Arbeitslager ihrem Lebensunterhalt nachgehen. Antal Festetics war in einem Vogelschutzgebiet der Theiß-Auwälder als Naturwart beschäftigt. Weiters wurde er als berittener Falkner bei einer Teichwirtschaft angestellt, um mithilfe von abgerichteten Beizfalken die fischfressenden Wasservögel von den Zuchtteichen fernzuhalten. Bei einer vogelkundlichen Exkursion zum ungarischen Teil des Neusiedler Sees wurde er 1954 wegen Verdachts auf „Republikflucht nach Österreich" verhaftet und zu einer kurzfristigen Kerkerstrafe verurteilt. Beim Ausbruch des ungari-

schen Volksaufstandes 1956 gegen die Sowjetdiktatur hat sich Antal Festetics in Budapest den bewaffneten Freiheitskämpfern angeschlossen. Als die Revolution von der Roten Armee blutig niedergeschlagen wurde, gelangte er als 19-Jähriger nach Wien und hatte nun erstmals die Möglichkeit, in Freiheit zu leben.

Er studierte Biologie (1956–1963) und promovierte (1965) in den Fächern Zoologie und Psychologie an der Universität Wien zum **„Doktor der Philosophie"**. Seine akademischen Lehrer waren Wilhelm Marinelli (Morphologie), Konrad Lorenz (Ethologie) und (außeruniversitär) Lukas Hoffmann (Ökologie). Er war zeitweise Gasthörer an den Universitäten Bonn bei Günther Niethammer (Tiergeografie) und Kiel bei Wolf Herre (Haustierkunde). Zu seinen Lehrern gehörten schließlich aber auch Erwin Stresemann (Ornithologie) in Berlin und Bernhard Grzimek (Naturschutz) in Frankfurt.

Antal Festetics absolvierte den Marinbiologischen Kurs der Universität Wien an der Adriaküste in der Biologischen Station Rovinj/Istrien (1959) und hat schon als Student **Feldforschungen an Vögeln und Kleinsäugern** durchgeführt im Deltagebiet der Rhône an der Station Biologique Tour du Valat in der südfranzösischen Camargue (1957–1959, 1962, 1967) und in der Sandsteppe Deliblat in Serbien (1961, 1962). Studienreisen an die Nordsee (Holland, Helgoland), in die Alpen (Steiermark, Tirol, Liechtenstein, Schweiz), in die Theiß-Auwälder und Pusztagebiete Ungarns, in die spanische Coto Doñana (Deltagebiet des Guadalquivirs) und an die Mittelmeerküste (Dalmatien, Italien, Ägäische Inseln in Griechenland) hatten schwerpunktmäßig die Vogelwelt, Wild- und Haustiere, Landschaftsökologie und Hirtenkulturen zum Gegenstand (1957–1971). In den Sommerferien war Antal Festetics von der Burgenländischen Landesregierung im Seewinkel (Neusiedler See) als **Naturschutzwart** angestellt (1957–1958) und er organisierte in den darauf folgenden Jahren bereits die ersten **Bestandeserfassungen von Wasser- und Sumpfvögeln** (Synchronzählungen mit Zoologiestudenten der Universität Wien) an der Donau und am Neusiedler See. Die Feldforschungen im Gebiet Neusiedler See galten an erster Stelle den ökologischen Beziehungen zwischen Vogelwelt (Bodenbrüter) und Viehherden als Biotopgestalter sowie dem Sozialverhalten in den Reiherkolonien des Schilfgürtels. 1963 erhielt Antal Festetics, noch als Doktorand, den **Lehrauftrag** „Biologie einheimischer Wildtiere – Systematik, Ökologie, Verhalten, Arten- und Naturschutz" an der Universität Wien. Seine Vorlesung war die erste akademische Lehrveranstaltung in Wildbiologie und Naturschutz an einer österreichischen Hochschule. Er war langjähriger Mitarbeiter von Nobelpreisträger Konrad **Lorenz**, der Festetics als seinen „am stärksten naturverbundenen Schüler mit den originellsten Ideen" bezeichnet hat.

Als österreichischer Delegierter bei der ersten großen „MAR-Konferenz" (IUCN, ICBP, IWRB und WWF) in Stes. Maries in Frankreich (1962) gelang es Antal Festetics gemeinsam mit Kurt Bauer **das Gebiet Neusiedler See** an die Spitze der Liste von 104 international bedeutsamen Feuchtgebieten setzen zu lassen und dadurch politischen Druck für wirksame Schutzmaßnahmen aufzubauen. Danach gründete Antal Festetics gemeinsam mit Lukas Hoffmann den **WWF-Österreich** (1963) zur Rettung der letzten Pusztaflächen im burgenländischen Seewinkel. Er mobilisierte Presse und Politiker, führte die Mitglieder der Burgenländischen und Wiener Landesregierung, den Bundeskanzler sowie den Präsidenten des WWF-International Prinz Bernhard der Niederlande und seinen Nachfolger Prinz Philip von Großbritannien zum Neusiedler See, um sie vom Wert und der Schutzwürdigkeit der pannonischen Flora und Fauna zu überzeugen. Antal Festetics organisierte schließlich die Studentendemonstration und die Unterschriftenaktion gegen die geplante vierspurige Autobahnbrücke quer über den Neusiedler See (1973) und war danach **Initiator des Zweistaaten-Nationalparks** an der österreichisch-ungarischen Grenze (1988). Im Jahre 1972 wurde er 35-jährig als jüngster Ordinarius seiner Fakultät nach Göttingen berufen. Er war der erste Wildbiologie-Professor in Deutschland.

Bereits 40 Jahre zuvor, noch zur Zeit des Kalten Krieges, war Antal Festetics auch jenseits des Eisernen Vorhangs aktiv um den Naturschutz bemüht. Er schrieb die Petition **„Pro Natura zur Rettung der ungarischen Puszta"** an die Regierung der kommunistischen Diktatur in Ungarn und ließ das Dokument durch eine Reihe von Nobelpreisträgern und anderen Naturwissenschaftlern von internationalem Rang unterzeichnen (1968). Die Aktion hatte Erfolg, die Hortobágy-Puszta wurde zum ersten Steppennationalpark Europas erklärt und Antal Festetics war des Weiteren um die Erforschung und Erhaltung der Vogelwelt, der seltenen Haustierrassen und Hirtenkulturen des pannonischen Raumes bemüht. Für seine Grundlagenforschungen auf diesem Gebiet verlieh ihm die Agraruniversität Keszthely in Ungarn noch in der Zeit der kommunistischen Diktatur die Ehrendoktorwürde (1988).

Als Referent beim „12. Europagespräch" der Stadt Wien (1970) regte Antal Festetics das erste Mal die Errichtung eines **Donau-Nationalparks** für Wien-Niederösterreich an, einschließlich des WWF-Reservates Marchauen. Von seinem Göttinger Wildbiologie-Institut aus organisierte er die **Wiederansiedlung** des in Niedersachsen und Niederösterreich bereits vor mehr als 100 Jahren ausgerotteten **Bibers**. Als die **„Schlacht um Hainburg"** ausbrach (1984), initiierte Antal Festetics eine internationale Protestaktion gegen Abholzung der Donauauen zwecks Kraftwerksbau und leistete vor Ort mit seinen Studenten Widerstand gegen Polizeigewalt und Schlägertrupps der Baulobby. Schließlich organisierte er als „Naturschutz-Diplomat" das historische Treffen zwischen dem damaligen Bundeskanzler Fred Sinowatz mit Nobelpreisträger Konrad Lorenz, bei dem die „Nachdenkpause" vereinbart wurde. Der Kanzler berief Antal Festetics in die Ökologiekommission der Bundesregierung (1985).

In den **steirischen Nockbergen** führte Antal Festetics wildbiologisch-vogelkundliche Langzeituntersuchungen durch (1970–1995) einschließlich der **Wiederansiedlung** des in den Alpen bereits vor mehr als 100 Jahren ausgerotteten **Luchses** (1977) mit Wildfängen aus den Karpaten. Das von Antal Festetics organisierte „I. Internationale Luchs-Kolloquium" in Murau/Steiermark (1978) war weltweit die erste wissenschaftliche Synthese zu diesem Thema. Eine erfolgreiche Wiederansiedlung des in **Norddeutschland** bereits ausgerotteten Wanderfalken fand in Göttingen statt. Antal Festetics und seine Mitarbeiter setzten dabei die Methode der Ortsprägung von künstlich erbrüteten Jungfalken ein. Im Rahmen eines **Deutsch-Holländisch-Sowjetischen Gemeinschaftsprojektes** war Antal Festetics bemüht um die Auswilderung des Urwildpferdes aus Gehegezuchten in dafür geeigneten Biotopen in Niedersachsen, in Ungarn und in der Mongolei. Das von ihm veranstaltete „Göttinger-Wildpferd-Kolloquium" mit internationaler wissenschaftlicher Beteiligung (1990) war eine Weichenstellung für die neuzeitliche Repatriierung dieser in freier Wildbahn bereits ausgerotteten Art in ihren ehemaligen Lebensräumen.

Die von Prof. Festetics in Göttingen durchgeführten bzw. initiierten und geleiteten **Forschungsvorhaben** reichen von Wildbiologie, Ornithologie und Fischkunde über Landschaftsökologie und Jagdkunde bis Humanethologie und die Untersuchung von Hirtenkulturen. Der geografische Bogen dieser Feldforschungen reicht von der Nordsee bis zum Neusiedler See und von den Alpen bis in die Puszta. Wildbiologie (tier-bezogen) und Jagdkunde (mensch-bezogen) verbinden, interdisziplinär, natur- und kulturwissenschaftliche Aspekte. Sie sind sowohl **erkenntnis**orientiert, als auch **handlungs**orientiert (= praxisbezogen). Antal Festetics hat in diesen Fächern mehrere dutzend **Doktorarbeiten** und mehrere hundert **Diplomarbeiten** angeregt und betreut, seine Vorlesungen an den Universitäten Göttingen und Wien sind bei studentischen Evaluationen stets mit der **Höchstnote** bewertet worden und er hat während seines insgesamt rund 45-jährigen Wirkens als akademischer Lehrer in Norddeutschland mehrere hundert Forstleute bzw. in Österreich mehrere tausend Biologielehrer in Wildtierkunde geschult und für Naturschutz motiviert. Die Universität Wien verlieh ihm 1981 die Honorarprofessur für Zoologie mit der Großen Venia und die Europäische Akademie der Wissenschaften und Künste hat ihn 1992 mit der Mitgliedschaft ausgezeichnet. An der Universität Göttingen hat Prof. Festetics 1972 das **interfakultative „Wildbiologische Seminar"** ins Leben gerufen als öffentlich zugängliche Plattform der akademischen Meinungsvielfalt und Meinungsfreiheit, des offenen Wortes und des kritischen Hinterfragens in Bezug auf aktuelle biologische Erkenntnisse und Naturschutz. Mit rund 300 hochkarätigen Experten ihres Faches aus dem In- und Ausland hat dieses „Festetics-Seminar" (1972–2005) die Rekordspitze im **interdisziplinären Dialog „Mensch-Tier-Beziehungen"** erreicht.

Die Niedersächsische Landesregierung hat das denkmalgeschützte, ehemals königliche **Jagdschloss Nienover** im Naturpark Solling an Antal Festetics zur Revitalisierung und Nutzung übertragen (1984). Er hat dort eine **Außenstelle der Göttinger Wildbiologie** eingerichtet und 20 Jahre lang eine Reihe von Diplom- und Doktorarbeiten über Waschbär, Baummarder, Wildkatze u. a. Tierarten initiiert und betreut. Göttinger Lehrveranstaltungen hat Prof. Festetics fallweise aber auch in andere Naturlandschaften verlegt, so zum Beispiel das Kolloquium „Wildtiere und Wattenmeer" nach Norden/Ostfriesland (1988). Es seien hier aber auch einige seiner **ehrenamtlichen Funktionen** erwähnt: Antal Festetics ist Präsident der Konrad-Lorenz-Gesellschaft für Umwelt- und Verhaltenskunde e.V. (seit 1980), 1. Vorsitzender des Institutes für Naturerziehung und Naturinformation e.V. in Lüneburg (seit 1986) und war Präsident (1988–1993) bzw. ist Ehrenpräsident (seit 1984) der Ungarischen Gesellschaft für Vogelkunde und Naturschutz (Birdlife-Hungary).

Zu den **Hochschul- und naturschutzpolitischen Aktivitäten** von Antal Festetics gehörten seine wildbiologischen Führungen von bundesdeutschen Spitzenpolitikern im Wisentgehege Springe, im Nationalpark Wattenmeer, im Naturpark Solling oder zum Wanderfalkenturm in Göttingen; aber auch seine Bemühungen um den grenzüberschreitenden Ost-West-Dialog in Forschung und Naturschutz während des „Kalten Krieges" durch intensive Kontakte zu Kollegen und Instituten in der DDR, ČSSR und Sowjetunion, in Polen, Ungarn, Rumänien und Jugoslawien. Prof. Festetics war gleich nach dem „Mauerfall" 1989 erfolgreich bemüht um den „deutsch-deutschen" Nationalpark Harzgebirge an der ehemaligen DDR-Grenze; aber auch um Förderung der deutsch-österreichischen Beziehungen durch Mitwirkung als Hochschulvertreter bei den „Niedersachsen-Tagen" von Wirtschaft und Politik in Wien (1985) sowie beim Staatsbesuch von Bundespräsident Richard von Weizsäcker in Österreich (1986). Weiters hielt Antal Festetics Grundsatzreferate im ungarischen Parlament über Naturschutz und EU-Mitgliedschaft (13.03.2004) und im österreichischen Parlament über Tierschutz und Verfassung (20.11.1996). Schließlich sei hier die Partnerschaft des Göttinger Wildbiologie-Institutes mit der Universität Juba im Sudan erwähnt, an der die Mitarbeiter von Prof. Festetics das Wildlife-Management-College aufgebaut haben (1984).

Antal Festetics kreierte mit seinen **35 preisgekrönten Fernsehsendungen** der Serie „Wildtiere und wir" (1983–1999) einen ganz neuen methodisch-didaktischen Stil der TV-Filme: die Synthese von naturwissenschaftlichen Informationen mit kulturhistorischen Bezügen, geistreich und humorvoll aufgearbeitet, aber stets mit dem sehr ernsten Anliegen, ein breites Publikum für das Mitgeschöpf Tier zu begeistern und für den Naturschutz zu motivieren. Es war die erfolgreichste Biologie-Serie des deutschen Sprachraumes und Prof. Festetics wurde mit dem Fernsehpreis ROMY in Platin (!) ausgezeichnet. Legendär waren seine TV-Auftritte hoch zu Ross oder mit Wollschweinen suhlend, als Yeti verkleidet oder in der Mülltonne sitzend beim nächtlichen Beobachten von Waschbären, aber auch in eine Flamingo-Attrappe geschlüpft, um sich an die wilden Flamingos in der Camargue anpirschen zu können.

Für seine nationalen und internationalen Leistungen in Wissenschaft und Naturschutz erhielt Antal

Festetics **zahlreiche Auszeichnungen**, unter anderem das Große Goldene Ehrenzeichen des Burgenlandes (1982), der Steiermark (1987) und der Stadt Wien (1992), den Paracelsusring (1990), den „Pro-Natura-Preis" der Republik Ungarn (1998), das Österreichische Ehrenkreuz für Wissenschaft und Kunst (2009), den **Weltnaturschutz-Orden** „Goldene Arche" des WWF (1987) und das deutsche Bundesverdienstkreuz I. Klasse (1998). In Österreich war Festetics wiederholt als Stadtrat oder Ministerkandidat für Natur- und Umweltschutz im Gespräch. Er ist jedoch seiner Berufung als akademischer Lehrer und Forscher treu geblieben, denn sein **Credo** lautet: „Ich bin Biologe aus **Neigung** und Naturschützer aus **Not**. Biologe, weil mich die evolutive Vielfalt von Gestal-

ten und Verhaltensweisen täglich von Neuem begeistert, und Naturschützer, weil ebendiese Vielfalt weltweit akut bedroht ist – durch eine einzige Spezies unter zwei Millionen Arten, nämlich uns selbst!" Festetics hat seinen Humor trotzdem nicht verloren, ganz im Gegenteil: „Wir nehmen den **Humor** noch immer nicht ernst genug! Es ist ein Irrtum, dass Naturschützer stets mit saurer Miene den Weltuntergang beschwören müssen. Meine **Hoffnung** ist eine Jugend, die Ideen und Ideale hat, aber keine Ideologien. Eine Jugend nicht nur mit Wissen, sondern auch mit Gewissen. Eine Jugend, die sich nicht durch die Rattenfänger unserer Zeit verführen lässt, sondern stets kritisch hinterfragt. Traue nicht einmal einem Professor, schon gar nicht über siebzig!"

Makowski, H. (2010): Biografie des Jubilars – In: Antal-Festetics-Festschrift: *Was ist Leben? Entstehung, Erforschung, Erhaltung*, Verlag J. Neumann-Neudamm, Melsungen, S. 217-238

Abb. 1

Abb. 2   (Archivbilder)

In seiner Schülerzeit war Antal FESTETICS (in Abb. 1 links, als Vierzehnjähriger) leidenschaftlicher Falkner. Zur Beizjagd ging er mit seinen Freunden Josef FINTA, Elly und Loránd BÁSTYAI ins Jagdrevier des ehemaligen Habsburger-Schlosses Gödöllö, seinerzeit Schauplatz der abenteuerlichen Reitkünste von Kaiserin Elisabeth. Ob zu Fuß oder hoch zu Ross (Abb. 2), seinem Lieblingsvogel, den Sakerfalken, ist Antal Festetics auch später treu geblieben.

Abb. 3a

Abb. 3b

Abb. 4

Abb. 5

Abb. 6

Abb. 7

Weil „gräflicher Klassenfeind des Kommunismus", war Antal FESTETICS von der ungarischen Volksarmee zum Dienst ohne Waffe abkommandiert worden. Als im Sommer 1956 an der Staatsgrenze zu Österreich die tödlichen Tretminen entfernt und der „Eiserne Vorhang" geöffnet wurde (Abb. 4, 5, 7), durfte er im Arbeitsdienst sogar sein Fernglas mit dabei haben (Abb. 6). Für die Silberreiher (Abb. 3a-b) des zweigeteilten Neusiedler Sees gab es hier freilich niemals eine Grenzsperre. Sie überflogen täglich den „Eisernen Vorhang" zwischen Ungarn und Österreich.

(Fotos: A. FESTETICS und Archivbilder)

Abb. 8

Abb. 9

Abb. 10

Abb. 11   (Archivbilder)

Die ungarische Revolution im Herbst 1956 gegen die Sowjetdiktatur war ein Freiheitskampf David gegen Goliath (Abb. 8, 9), der die ganze Welt in Atem gehalten hat. Der 19-jährige Antal FESTETICS als Angehöriger der Nationalgarde mit rotweißgrünem Armband der ungarischen Trikolore (Abb. 11) war tagsüber für den Nachrichtendienst mit seiner „Baby-Box-Kamera" in der Manteltasche unterwegs und nachts mit der Waffe im Dienst. Auf Bild 10 greift ein Oberst der sowjetischen Armee zum Revolver und der Leutnant hinter ihm brüllt: „Nicht fotografieren!" Die blutige Bilanz = 2740 Tote, 25 000 in die Sowjetunion verschleppte und 200 000 in den Westen geflüchtete Personen.

Abb. 12

Abb. 13

Aus dem Straflager entlassen, war Antal FESTETICS 1954 Naturschutzwart in den Auwäldern der Theiß in Südungarn (Abb. 12). Rund 15 Jahre danach war er Sommerpraktikant von Konrad LORENZ an der niederösterreichischen Donau (Abb. 13). Sie kämpften gemeinsam erfolgreich gegen Wasserkraftwerk und für einen Nationalpark in den Donauauen. Bei Hochwasser war Antal FESTETICS mithilfe der österreichischen Armee (Abb. 14a-b) bemüht, Rehe aus den Fluten vor dem Ertrinken zu retten.

Abb. 14a

Abb. 14b

(Archivbilder)

Abb. 15a

Abb. 16a

Abb. 15b

Abb. 16b

Abb. 15c

Abb. 16c

Abb. 16d   (Fotos: A. Festetics ©)

Abb. 15d   (Fotos: K. Mayer ©)

Beim Beobachten von Großtrappen in der weiträumigen Puszta war das „birdwatch"-Pferd ein wichtiges Hilfsmittel für Antal Festetics. Es legte sich samt Reiter zu Boden und diente im Liegen zum Aufstützen des Fernglases (Abb. 15a-d).

Die Trappenbalz zeichnet sich durch ein sonderbares Verhalten aus: der Hahn stolziert mit aufgeblasenem Kehlsack (Abb. 16a) und krempelt sein Gefieder „von innen nach außen" (Abb. 16b), wodurch er sich in einen weißen Federhaufen verwandelt (Abb. 16c). Dadurch angelockt, fordert ihn die Henne zur Begattung auf (Abb. 16d).

Abb. 18

Abb. 17   (Archivbilder)

Abb. 19

Verhaltensforscher Konrad LORENZ und Anatomie-Professor Wilhelm MARINELLI (er war der Doktorvater von Antal FESTETICS) verabschiedeten ihren Schüler im Rahmen einer akademischen Feier in Wien 1971 anlässlich seiner Berufung nach Göttingen. Im Bild 18 rechts sein Vetter Karl SCHWARZENBERG (er ist heute Außenminister von Tschechien), auf dessen steiermärkischen Waldbesitz FESTETICS und seine Mitarbeiter 1977 die Wiederansiedlung des Luchses in den Ostalpen durchgeführt haben. Auf Abb. 18 der Dekan Prof. Erwin FÜHRER bei der Inauguration von Antal FESTETICS in Göttingen. Die Professoren Fritz NÜSSLEIN (auf Abb. 17 links) und Detlev MÜLLER-USING (rechts) am Institut für Wildbiologie und Jagdkunde hatten ein freundschaftliches Verhältnis zum neuen Lehrstuhlinhaber Antal FESTETICS, allen unterschiedlichen Auffassungen über Jagd, Natur- und Tierschutz zum Trotz. Meinungsfreiheit und Meinungsvielfalt war und ist eben ein Markenzeichen der Universität Göttingen!

Abb. 20

Abb. 21

Abb. 22

Bis 1989 war Deutschland durch den „Eisernen Vorhang" zweigeteilt. Für Menschen eine Todeszone, für die Vogelwelt ein Schutzgürtel, wie in Bild 20 für den Mäusebussard als Beispiel, denn hier durfte nicht auf Tiere geschossen werden, „nur" auf Menschen! Als die DDR den Schießbefehl aufhob, war Antal FESTETICS einer der ersten, der durch den bereits geöffneten Grenzzaun schlüpfte (Abb. 21). In Begleitung der bis dahin „feindlichen" DDR-Grenzwache samt ihrer auf Flüchtlingsjagd dressierten „Bluthunde" ging er die Sperrzone ab (Abb. 22), auf der Suche nach Wildtieren, die durch Sprengmienen zu Tode kamen.   (Fotos: A. FESTETICS und H. WÖLFEL)

Abb. 23

Zum jagdlichen Handwerk gehört auch das hygienisch sachgerechte Aufschneiden und Zerwirken des geschossenen Wildes, in der Jägersprache „aufbrechen" genannt. Auf Abb. 23 eine diesbezügliche Übung mit Göttinger Studenten (links im Bild Forstoberrat Christian VON BERG, ein Mitarbeiter von Prof. FESTETICS). Auf Abb. 24 demonstriert der durch seinen Jägerhumor bekannte Wildmeister Erhard BRÜTT in Saupark Springe bei Hannover am „gestreckten" Prof. FESTETICS, wie ein erlegtes Wildschwein „aufgebrochen" wird. Zur „waidgerechten" Endhandlung der Jagd gehört auch ein grüner Zweig (im Bild links unten), der als „letzter Bissen" dem toten Keiler in den „Äser" (=Mund) gesteckt wird.

Abb. 24   (Archivbilder)

Abb. 25

Abb. 26

Abb. 27

Handaufgezogene Wildtiere dienten nicht nur der Forschung und Lehre am Göttinger Wildbiologie-Institut. Über das Studium des Verhaltens hinaus waren der Respekt vor bzw. Empathie und Emotionalität zum Mitgeschöpf ein wichtiges Anliegen für Prof. FESTETICS bei der Ausbildung seiner Studenten. In Abb. 25 füttert er zwei Rothirsch-„Flaschenkinder", in Abb. 26 eine junge Rabenkrähe „von Schnabel zu Schnabel" und auf Abb. 27 demonstriert er das Phänomen Prägung auf den menschlichen Ersatzkumpan am Beispiel junger Dohlen.

(Fotos: M. HUPPACH und H. WÖLFEL)

Abb. 28

Abb. 29

Abb. 30

Abb. 31

Abb. 32

Abb. 33

Für die handaufgezogenen Luchse passte Antal FESTETICS nicht ins Beuteschema, wie ein Reh zum Beispiel, welches sie mit einem Nackenbiss zu töten imstande wären. Das Aufspringen auf seinen Rücken, oft sogar gleichzeitig zu zweit, gehörte zum Spielverhalten und zur Begrüßungszeremonie (Abb. 28 und 29), tendenziell aber auch zur Rangdemonstration der Luchse (Abb. 30 und 31). Das Packen des Kopfes von FESTETICS mit den Pranken in Verbindung mit Beknabbern unter starker Beißhemmung (Abb. 32 und 33) ist rein äußerlich vom Beutetöten allerdings kaum zu unterscheiden. (Fotos: T. BURMESTER und H. WÖLFEL)

230

Abb. 34

Abb. 35

Abb. 36

Abb. 37

(Fotos: ORF)

Das gemeinsame Frühstück mit den handaufgezogenen Braunbären in der Kärntner Bauernstube ist eine Szene aus seinem TV-Bestseller „Wildtiere und wir" (Abb. 34–37), für den Antal FESTETICS mit dem Fernsehpreis ROMY in Platin ausgezeichnet wurde. Vor den Dreharbeiten musste er allerdings eine Erklärung unterschreiben, dass er am Bärenfrühstück auf eigene Gefahr teilnimmt.

Abb. 38

Abb. 39

Abb. 40

Abb. 41   (Archivbilder)

Die Vorlesungen und Seminare von Prof. FESTETICS hatten die höchsten Teilnehmerzahlen an der Universität Göttingen zu verzeichnen (Abb. 38 und 39). Es ist ihm aber auch gelungen, weltberühmte Naturwissenschaftler als Gastreferenten für sein Kolleg zu gewinnen, wie etwa die Medizin-Nobelpreisträger Konrad LORENZ (Abb. 40) und Erwin NEHER (Abb. 41, links) sowie Chemie-Nobelpreisträger Manfred EIGEN (rechts). Die Büste des seinerzeit mit dem Physik-Nobelpreis ausgezeichneten Max Planck (Abb. 41) ziert den Hörsaal des Göttinger Max-Planck-Instituts für biophysikalische Chemie, Schauplatz der legendären Wildbiologischen Seminare von Prof. FESTETICS.

Abb. 42

Abb. 43

Abb. 44

Abb. 45

In den Semesterferien hat Antal FESTETICS Schulkinder in Nationalparke geführt, um ihr Interesse an Tierwelt und Naturschutz zu wecken, wie zum Beispiel am Ostufer des Neusiedler Sees (Abb. 42, 44 u. 45). Als Dank hat die Burgenländische Landesregierung seinen damaligen naturpädagogischen Wanderweg „Antal-Festetics-Naturpfad" genannt (Abb. 43 mit Nationalparkdirektor Kurt KIRCHBERGER). Ein weiteres Ziel seiner Exkursionen mit Kindern waren die Auwälder der Donau (Abb. 46) mit so farbenprächtigen Geschöpfen wie Eisvogel (Abb. 47) und Bienenfresser (Abb. 48).

(Fotos: A. FESTETICS und Archivbilder)

Abb. 46

Abb. 47

Abb. 48

233

Abb. 49

Abb. 50

Abb. 51

Abb. 52

Naturforscher im Sattel gab es früher häufiger. Antal FESTETICS (Abb. 49) und sein Lehrer Lukas HOFFMANN (Abb. 50) sind es bis heute geblieben, wenn es galt, seltene Vögel in unwegsamen Gelände zu beobachten. Dr. Lukas HOFFMANN hat in der Camargue, im Reich der Flamingos (Abb. 51), eine große, weltweit anerkannte Biologische Station aufgebaut und war Gründer des WWF-International. Auf Abb. 52 (von rechts) Prof. Urs GLUTZ VON BLOTZHEIM, Herausgeber des 15-bändigen Jahrhundertwerks „Handbuch der Vögel Mitteleuropas", Prof. Irenäus EIBL-EIBESFELDT, Begründer der Humanethologie, und Dr. Lukas HOFFMANN anlässlich seines 80. Geburtstages, bei dem Antal Festetics die Laudatio gehalten hat. (Foto: A. FESTETICS und Archivbilder)

Abb. 53   (Archivbild)

Abb. 54   (Archivbild)

Anpassung und Tarnung bei Tier und Mensch zwischen Alpen und Puszta.
Beim Schneehasen im Hochgebirge sind weiße Farbe und breite Schneesohlen
(Pfeil) von Natur aus gegeben. Analog dazu sind Schneehemd und Schnee-
reifen bei Antal FESTETICS zu sehen (Abb. 53). Er lag aber auch in der Steppe
oft stundenlang am Rande einer Suhle von Wollschweinen mitten in der Rot-
te (Abb. 54), um erstens die Vogelwelt der Umgebung und zweitens das Verhalten des halb wild lebenden Borstenviehs ungestört beobachten zu können.

Abb. 55

Abb. 56   (Archivbilder)

Auf Vorschlag des WWF-International hat sein Gründerpräsident Prinz
BERNHARD der Niederlande an Prof. FESTETICS u. a. gemeinsam mit Sir Ed-
mund HILLARY, Erstbesteiger des Mount Everest (Abb. 55, rechts), den
weltweit höchsten Naturschutzpreis, den „Orden der Goldenen Arche"
verliehen. Die holländische Königin JULIANE gratulierte anschließend persönlich dem Ausgezeichneten (Abb. 56).

Abb. 57   (Foto: P. Tomschi)

Abb. 58   (Archivbild)

Prof. FESTETICS im Gespräch mit dem deutschen Bundespräsidenten Dr. Richard VON WEIZSÄCKER bei einem Staatsempfang (Abb. 58), und mit dem österreichischen Bundespräsidenten Dr. Heinz FISCHER am Wiener Opernball (Abb. 57). Dieses mediale Großereignis ist für Antal FESTETICS an erster Stelle eine humanethologische Sondersituation sozialer Interaktionen, welches zu beobachten für ihn immer sehr lehrreich war.

Abb. 59   (Foto: KURIER)

Abb. 60   (Foto: INTERSPOT)

Für seine 35 TV-Sendungen der Serie „Wildtiere und wir" ist Antal FESTETICS als
erster Biologe mit dem ROMY in Platin ausgezeichnet worden (Abb. 59). Diesen
deutschsprachigen „OSCAR" haben u. a. Weltstars der Bühnenkunst wie Maximi-
lian SCHELL und Klaus Maria BRANDAUER erhalten. In der Begründung hieß es, Prof.
FESTETICS hat einen ganz neuen didaktischen Stil der Naturfilme kreiert: biologische Informationen mit kulturhistorischen Bezügen geistreich und humorvoll (Abb.
60) präsentiert, aber stets mit dem ernsten Ziel, sein Publikum für Tier- und Naturschutz zu motivieren.